复旦卓越·高职高专 21 世纪规划教材

液压与气动技术

主　编　陈燕春
副主编　曾德江　石　岚　站祥乐
参　编　蔡　满　张志伟
主　审　蔡　满

复旦大学出版社

内 容 提 要

本教材着重于对液压与气动技术基本内容的掌握和应用,将教材分为初步认识液压传动系统、液压传动基础知识的应用、液压动力元件的选用与故障分析、液压执行元件的认识和应用、液压控制元件及其控制回路的应用、液压辅助元件的认识和应用、典型液压系统图的阅读和分析、液压系统的故障排查和使用维护、气动系统的分析和应用等9个学习情境。每个学习情境尽量以任务为逻辑线索来统领教学过程,具体实现液压与气动元件的选用,液压与气动回路的分析,液压与气动回路的设计,液压与气动回路安装、调试、故障分析等4个技能目标。以上4个技能目标并不是相互独立的,而是彼此渗透,使技能呈递进方式。同时,各知识点和技能要素直接切入到各个任务中。

本教材可作为职业技术院校机械制造、机电一体化、汽车、模具、数控、自动化等专业的教学用书,也可供成人高校、中专相应专业选用,还可作为教师、学生、企业技术人员课内外学习或进一步提高时参考。

前　言

本书根据职业技术教育的教学要求,结合现代工业自动化飞速发展的需求,结合多年的教学、科研、生产实践经验,以及广泛征集多方的意见编写而成。本教材具有以下特点:

1. 使学生构建必要的知识体系。本门课程属于基础技术课,根据专业面适当放宽的原则,学习本课程应着重于液压与气动技术基本内容的掌握和应用,而不应局限于对某个专业的典型设备的了解。故在课程内容及其构建方式上,以应用性为原则,精心选取工业装备及其生产过程中涉及的既有针对性、应用性,又有综合性的液压、气动知识作为教学内容;理论知识以"必须与够用为度",简化推导过程,重视结论的应用,体现职业技术教学内容的实用性、时代性和拓展性。

2. 任务驱动型教材。本教材遵循以应用能力和综合素质培养为主线的指导思想,以任务为引领,对教学内容进行了整合。每一个教学内容都以任务为中心,根据任务需要合理安排理论知识,并使理论知识增加关联性。注重学生技能培养,体现了"教、学、做"合一的职业教育特色。

3. 校企合作,引用典型工程实例,强调能力培养。本教材从实践中提出问题,并从实例分析中引导学生解决问题,注重培养学生理解、分析和应用知识的能力,以及持续发展的能力;培养学生自主学习和运用科学的思维方法,强调解决工程实际问题的能力。

本教材编写团队具有丰富的教学经验和企业生产实践经验,由广东机电职业技术学院的陈燕春老师担任主编,广州市聚海光电子科技有限公司的高级工程师蔡满担任主审,分别负责全书的统稿和审稿。学习情境一由广东机电职业技术学院张志伟老师编写,学习情境四、五、九由陈燕春老师编写,学习情境二由广东机电职业技术学院的曾德江副教授编写,学习情境三由广东轻工职业技术学院的站祥乐副教授编写,学习情境六、七由广东机电职业技术学院的石岚副教授编写,学习情境八由蔡满高级工程师编写。

本教材编写过程中,得到了广州市聚海光电子科技有限公司工程师们的帮助,在此对他们表示深深的谢意!本书的编写还参阅了一些相关的文献资料,在此向文献资料的作者表示诚挚的感谢!

由于高等教育教学改革还处于探索阶段,加之编写时间仓促及编写水平有限,书中难免存在错误和不妥之处,恳请读者指正。

目　　录

学习情境一　初步认识液压传动系统 ·· 1
　任务　认识液压传动的工作原理和工作特点 ·· 1

学习情境二　液压传动基础知识的应用 ·· 9
　任务 2.1　液压油的选用和维护 ·· 9
　任务 2.2　压力的概念和静力学基本方程的应用 ································ 16
　任务 2.3　流量的概念和动力学基本方程的应用 ································ 20

学习情境三　液压动力元件的选用和故障分析 ·· 34
　任务 3.1　认识液压系统动力元件的工作原理和性能参数 ···················· 34
　任务 3.2　液压泵的结构和型号选择 ·· 37

学习情境四　液压执行元件的认识和应用 ·· 54
　任务 4.1　液压缸类型的选用 ··· 54
　任务 4.2　液压缸尺寸的设计 ··· 61
　任务 4.3　液压缸的结构设计和液压执行元件的故障分析 ···················· 66

学习情境五　液压控制元件及其控制回路的应用 ···································· 78
　任务 5.1　方向控制阀和方向控制回路的应用 ·································· 78
　　任务 5.1.1　液压换向阀及其换向回路的应用 ······························· 78
　　任务 5.1.2　液压单向阀的应用 ··· 86
　任务 5.2　压力控制阀和压力控制回路的应用 ·································· 91
　　任务 5.2.1　溢流阀及其控制回路的应用 ····································· 91
　　任务 5.2.2　减压阀及其控制回路的应用 ····································· 97
　　任务 5.2.3　顺序阀/压力继电器及其控制回路的应用 ···················· 101
　任务 5.3　流量控制阀和速度控制回路的应用 ·································· 114
　　任务 5.3.1　流量控制阀和调速回路的应用 ································· 114
　　任务 5.3.2　速度切换回路的应用 ·· 124

任务5.3.3　快速运动回路的应用 ……………………………………………… 127

学习情境六　液压辅助元件的认识和应用 ………………………………………… 145
　　任务　认识液压辅助元件 ……………………………………………………… 145

学习情境七　典型液压系统图的阅读和分析 ……………………………………… 158
　　任务　分析典型液压系统图 …………………………………………………… 158

学习情境八　液压系统的故障排查和使用维护 …………………………………… 174
　　任务　液压系统的故障排查和使用维护 ……………………………………… 174

学习情境九　气动系统的分析和应用 ……………………………………………… 187
　　任务9.1　气压传动的基本知识 ………………………………………………… 187
　　任务9.2　认识气源装置 ………………………………………………………… 191
　　任务9.3　气动执行元件的认识和选用 ………………………………………… 201
　　任务9.4　气动控制元件及其控制回路的应用 ………………………………… 212
　　　任务9.4.1　气动方向控制阀与方向控制回路的应用 ……………………… 212
　　　任务9.4.2　气动流量控制阀与速度控制回路的应用 ……………………… 223
　　　任务9.4.3　气动压力控制阀及压力控制回路的应用 ……………………… 229
　　任务9.5　气动系统的分析、维护和故障诊断 ………………………………… 235
　　　任务9.5.1　气压传动系统分析 ……………………………………………… 235
　　　任务9.5.2　气动系统故障诊断和维护 ……………………………………… 237

附录 …………………………………………………………………………………… 244

参考文献 ……………………………………………………………………………… 249

学习情境一

初步认识液压传动系统

本学习情境将了解液压传动系统的工作原理、基本组成,以及与其他传动方式之间的不同之处。

任务 认识液压传动的工作原理和工作特点

 知识点

(1) 液压传动的工作原理。
(2) 液压传动系统的基本组成和图形符号。
(3) 液压传动的特点和应用。

 技能点

掌握液压系统的基本组成和工作原理,了解学习本课程的方法,为后续学习打下基础。

 任务引入

如图1-1所示,游乐设备需要能量才能产生旋转运动,原动力为电动机。请问工作机

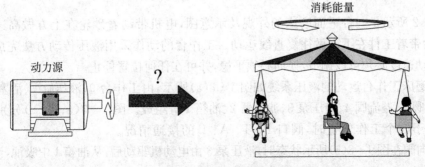

图1-1 游乐设备动力选择

与原动机如何连接可获得所需能量？请构思该游乐机器最佳的动力传递方式。

任务分析

现在机器有3种基本的动力传动方式：电力、机械和流体传动。在大多数应用中，都是这3种方式进行组合以使整个系统的效率最高。掌握各传动方式的特点，对正确决定使用哪种方式及如何组合这些方式是很重要的。电力、机械传动我们已经学过，在此我们要学习什么是流体传动。

相关知识

一、有关概念

1. 机器的组成

机器的一般结构如下：

$$机器\begin{cases}原动机部分\\传动机构及控制部分\\工作机部分\end{cases}$$

2. 机器传动方式的分类

（1）机械传动　通过齿轮、齿条、蜗轮、蜗杆等机件直接把动力传送到执行机构。

（2）电气传动　利用电力设备，通过调节电参数来传递或控制动力。

（3）流体传动　以流体为工作介质进行能量转换、传递和控制，包括液压传动、液力传动和气压传动3类。

液压传动和液力传动均是以液体作为工作介质传递能量的传动方式。液压传动主要是利用液体的压力能传递能量，而液力传动则主要是利用液体的动能传递能量。气压传动是利用气体压力能实现运动和动力传动的方式。

气压传动、液压传动和电气传动不能独立使用，必须与机械传动相结合。液压技术虽然是机械技术的一个分支，但其工作原理却与一般的机械传动不同。

（4）复合传动　含上述3种中的两种或3种。

二、液压传动的工作原理和基本组成

图1-2所示是一台平面磨床的外观及示意图，电机带动着砂轮在上方做高速旋转运动，工作台带着工件在下面做往复直线运动。工作台的动作采用液压传动方法完成。要求工作台运动速度必须可以调节，换向必须平稳，并可在任何位置停止。

驱动磨床工作台运动的液压系统如图1-3(a)所示，由工作台9、液压缸7、活塞8、换向阀6、节流阀5、溢流阀4、液压泵3、滤油器2、油箱1等组成。图1-3(a、b、c)分别表示了换向阀处于3个工作位置时，阀口P、T、A、B的接通情况。

当换向阀在图1-3(b)所示状态时，液压泵3由电动机驱动后，从油箱1中吸油，油液经滤

学习情境一　初步认识液压传动系统

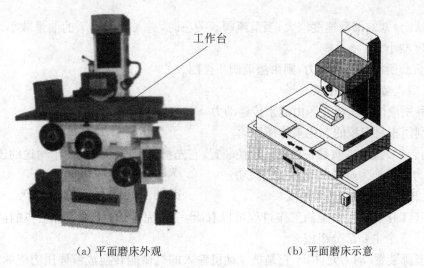

（a）平面磨床外观　　　　　　　（b）平面磨床示意

图 1-2　平面磨床

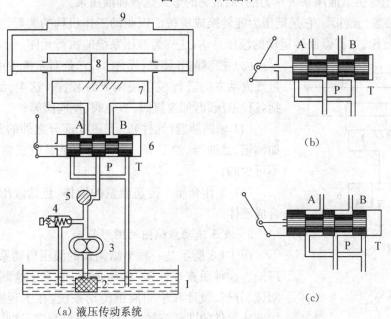

（a）液压传动系统

1—油箱；2—滤油器；3—液压泵；4—溢流阀；5—节流阀；
6—换向阀；7—液压缸；8—活塞；9—工作台

图 1-3　液压传动系统工作原理

油器 2 进入液压泵 3，由液压泵 3 输出的压力油通过节流阀 5、换向阀 6 进入液压缸 7 左腔，推动活塞 8 使工作台 9 向右移动。这时，液压缸 7 右腔的油经换向阀 6 和回油管排回油箱 1。

如果将换向阀手柄转换成图 1-3(c) 所示状态，由液压泵 3 输出的压力油将经过节流阀 5 和换向阀 6 进入液压缸 7 右腔，推动活塞 8 使工作台 9 向左移动，并使液压缸 7 左腔的油经换向阀 6 和回油管排回油箱 1。

如果将换向阀手柄转换成图 1-3(a) 所示状态，由液压泵 3 输出的压力油经过节流阀 5、到达换向阀 6 的 P 口后无法通往液压缸 7 的左腔或右腔，无法推动活塞 8 运动，即工作台 9 停止运动。

工作台的移动速度是通过节流阀 5 来调节的。当节流阀 5 开大时，进入液压缸 7 的油量增多,工作台 9 的移动速度增大;当节流阀 5 关小时,进入液压缸 7 的油量减小,工作台 9 的移动速度减小。

克服负载所需的工作压力,则由溢流阀 4 控制。

1. 液压传动的工作原理

(1) 利用液体挤压建立压力能来传递动力。

(2) 利用密封容积的变化来传递运动。

液压传动装置的本质是一种能量转换装置,它先将机械能转换为便于输送的压力能,而后又将压力能转换为机械能克服负载做功。

2. 液压传动系统的基本组成

从磨床工作台液压系统的工作过程可以看出,一个完整的、能够正常工作的液压系统,应该由以下 5 个主要部分组成。

(1) 能源装置(动力元件) 它是把原动机输入的机械能转换成液体压力能的能量转换装置。它的作用是供给液压系统压力油,最常见的形式是各种液压泵。

(2) 执行装置(元件) 它是把压力能转换成机械能以驱动工作机构的装置。其形式有做直线运动的液压缸,有做回转运动的液压马达,统称为液压系统的执行元件。

(3) 控制调节装置(元件) 它是对系统中的压力、流量或流动方向进行控制或调节的装置。这类元件主要包括各种液压阀,如溢流阀、节流阀、换向阀等。

(4) 辅助装置(元件) 上述 3 部分之外的其他装置,如油箱、滤油器、油管等。它们对保证系统正常工作是必不可少的。

(5) 工作介质 传递能量的液体,包括液压油或其他合成液体。

3. 液压传动系统图的图形符号

图 1-3 所示是一种半结构式的液压传动系统工作原理图。这种图直观性强,容易理解,但难于绘制。为便于阅读、分析、设计和绘制液压传动系统,在工程实际中,采用液压元件的图形符号来表示。按照规定,这些图形符号只表示液压元件的功能,不表示液压元件的结构和参数,并以元件的静止状态或零位状态表示。若液压元件无法用图形符号表述,则仍采用半结构原理图表示。我国制定了标准的液压与气动元(辅)件图形符号(GB/T 786.1—2009),其中最常用的部分列于附录中。图 1-4 所示为用图形符号表达的图 1-3 所示的机床往复运动工作台的液压传动系统工作原理图。

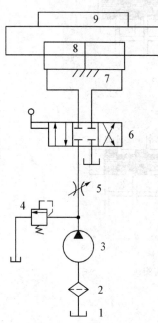

1—油箱;2—滤油器;3—液压泵;
4—溢流阀;5—节流阀;6—换向阀;
7—液压缸;8—活塞;9—工作台

图 1-4 液压传动系统图形符号

三、液压传动的特点

1. 液压传动系统的主要优点

(1) 能输出大的推力或转矩,可实现低速、大吨位传动。

(2) 体积小、质量轻、结构紧凑(如液压马达的质量只有同功率电动机质量的15%～20%),因而其惯性小、换向频率高。

(3) 方便实现无级调速,且调速范围大(调速比可达2 000)。而机械传动实现无级调速较为困难,电气传动虽可较方便地实现无级调速,但其传动功率和调速范围都比液压传动小(如中小型直流电动机一般为2～4)。

(4) 液压元件之间可采用管道连接或集成式连接,布局、安装有很大的灵活性。

(5) 即使在负载变化时,执行元件的运动仍保持均匀稳定,运动部件换向时无冲击。而且,由于其反应速度快,可实现快速启动、制动和频繁换向。

(6) 操作简单、调节控制方便,特别是与机、电、气联合使用时,能方便地实现复杂的自动工作循环。

(7) 便于实现过载保护,使用安全、可靠,不会因过载而造成液压元件的损坏。各液压元件中的运动件均在油液中工作,能自行润滑,故使用寿命长。

(8) 液压元件已实现了标准化、系列化和通用化,便于设计、制造和推广使用。

2. 液压传动系统的主要缺点

(1) 液压传动系统泄漏是不可避免的,实现精确传动比非常困难,所以液压传动不宜用在传动比要求较严格的场合。

(2) 液压传动中的液压冲击和气穴现象,会产生很大的振动和噪声。

(3) 在能量转换和传递过程中,由于存在机械摩擦、压力损失、泄漏损失,因而易使油液发热,总效率降低,故液压传动不宜用于远距离传动。

(4) 液压传动性能对温度比较敏感,使得工作的稳定性受到影响,故不易在高温及低温下工作。

(5) 液压传动装置对油液的污染亦较敏感,故要求有良好的过滤设施。

(6) 液压元件加工精度要求高,这些可能使产品成本提高。

(7) 液压系统出现故障时,不易追查原因,不易迅速排除。

综上所述,液压传动由于其优点比较突出,故在工农业各个部门获得广泛应用。它的某些缺点随着生产技术的不断发展、提高,正在逐步得到克服。

 任务实施

儿童游乐设备动力传动方案:

方案一 直接与电动机连接,由电机直接驱动,如图1-5所示。

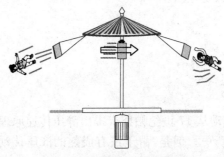

图1-5 直接与电动机连接

特点：极其危险。

方案二　机械传动，如图1-6所示。

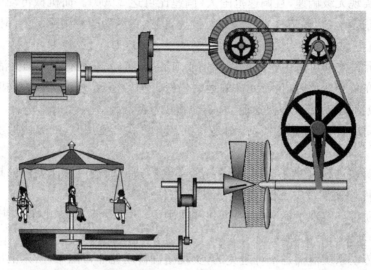

图1-6　机械传动

特点：结构复杂。

方案三　液压传动，如图1-7所示。

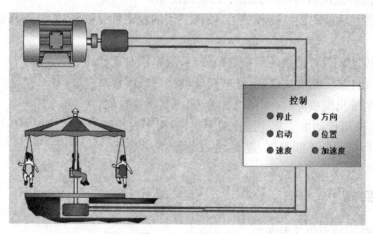

图1-7　液压传动

特点：结构简单、成本低、易控制。

知识链接

液压技术的发展和应用

1. 发展历史

（1）第一阶段　液压传动从17世纪帕斯卡提出静压传递原理、1795年世界上第一台水压机诞生，已有两百多年的历史。但是，由于没有成熟的液压传动技术和液压元件，且工艺制造水平低下,因此发展缓慢,几乎停滞。

(2) 第二阶段　20世纪30年代,由于工艺制造水平提高,开始生产液压元件,并首先应用于机床。

(3) 第三阶段　20世纪50、60、70年代,工艺水平有了很大提高,液压技术也迅速发展,渗透到国民经济的各个领域:从蓝天到水下、从军用到民用、从重工业到轻工业,到处都有流体传动与控制技术。

2. 应用

最近二三十年以来,液压传动技术在各种工业中的应用越来越广泛。液压传动在其他机械工业部门的应用情况,见表1-1。

表1-1　液压传动在各类机械行业中的应用实例

行业名称	应用场所举例
机床行业	磨床、铣床、刨床、拉床、压力机、自动机床、组合机床、数控机床、加工中心
工程机械	挖掘机、装载机、推土机、压路机、铲运机等
起重运输机械	汽车吊、港口龙门吊、叉车、装卸机械、皮带运输机等
矿山机械	凿岩机、开掘机、开采机、破碎机、提升机、液压支架等
建筑机械	打桩机、液压千斤顶、平地机等
农业机械	联合收割机、拖拉机、农具悬挂系统等
冶金机械	电炉炉顶及电极升降机、轧钢机、压力机等
轻工机械	打包机、注塑机、校直机、橡胶硫化机、造纸机等
汽车工业	自卸式汽车、平板车、高空作业车、汽车中的转向器、减振器等
船舶港口机械	起货机、锚机、舵机
铸造机械	砂型压实机、加料机、压铸机
智能机械	折臂式小汽车装卸器、数字式体育锻炼机、模拟驾驶舱、机器人等

在机床上,液压传动常应用在以下装置中。

(1) 进给运动传动装置　磨床砂轮架和工作台的进给运动,大部分采用液压传动;车床、六角车床、自动车床的刀架或转塔刀架,铣床、刨床、组合机床的工作台等的进给运动,也都可以采用液压传动。

(2) 往复运动传动装置　龙门刨床的工作台、牛头刨床或插床的滑枕,由于要做高速直线运动,且要求换向冲击小、换向时间短、能耗低,因此都可以采用液压传动。

(3) 仿形装置　车床、铣床、刨床上的仿形加工可以采用液压伺服系统来完成,其精度可达到0.01~0.02 mm。

(4) 辅助装置　机床上的夹紧装置、齿轮变速操纵装置、丝杠螺母间隙消除装置、垂直移动部件平衡装置、分度装置、工件和刀具装卸装置、工件运输装置等,采用液压传动后,有利于简化机床结构,提高机床自动化程度。

（5）静压支承 重型机床、高速机床、高精度机床上的轴承、导轨、丝杠螺母机构等处采用液体静压支承后,可以提高工作平稳性和运动精度。

3. 发展趋势

目前,流体传动技术正在向着高压、高速、高效率、大流量、大功率、微型化、低噪声、低能耗、经久耐用、高度集成化方向发展,向着用计算机控制机电一体化方向发展。

一、填空题

1. 一部完整的机器一般主要由3部分组成,即(　　　)、(　　　)、(　　　)。
2. 常见传动方式可分为(　　　)、(　　　)和(　　　)。
3. 流体传动是以流体为工作介质进行能量转换、传递和控制的传动,包括(　　　)、(　　　)和(　　　)等。
4. 液压传动是利用液体(　　　)能的流体传动。
5. 液压系统由(　　)、(　　)、(　　)、(　　)、(　　)5大基本组成部分组成。

二、选择题

1. 液压传动是以液体作为工作介质体,利用液体的(　　)来传递运动和动力的。
   A．动能　　　　　B．压力能　　　　C．机械能　　　　D．势能
2. 液压系统常用的工作介质是(　　)。
   A．矿物油　　　　B．乳化液　　　　C．水
3. 液压传动的动力元件是(　　)。
   A．电动机　　　　B．液压马达　　　C．蓄能器　　　　D．液压泵
4. 液压传动系统中可完成能量转换的是(　　)元件。
   A．执行　　　　　B．辅助　　　　　C．控制
5. 液压元件使用寿命长是因为(　　)。
   A．易过载保护　　　　　　　　　　B．能自行润滑
   C．工作平稳　　　　　　　　　　　D．操纵方便
6. 液压元件的制造成本较高是因为其(　　)。
   A．与泄漏无关　　　　　　　　　　B．对油液的污染比较敏感
   C．制造精度要求较高　　　　　　　D．不易泄漏
7. 液压传动(　　)。
   A．传动比准确　　　　　　　　　　B．反应慢
   C．调速范围大　　　　　　　　　　D．制造成本不高

三、简答题

简答液压传动的优缺点。

学习情境二

液压传动基础知识的应用

液压传动是利用液体(通常是矿物油)作为工作介质来传递动力和运动的,常将液压传动的工作介质称为液压油。液压油的物理、化学性质的优劣,尤其是其力学性质对液压系统工作的影响很大。所以在研究液压系统之前,必须对系统中所用的液压油及其力学性质进行较深入的了解,以便进一步理解液压传动的基本原理,为液压系统的分析与设计打下基础。本学习情境通过3个任务来了解液压传动基础知识的应用。

任务 2.1 液压油的选用和维护

知识点

(1) 液压油的物理性质。
(2) 液压油的分类和特点。
(3) 液压油的污染和保养方法。

技能点

(1) 掌握液压油的选用方法。
(2) 能合理使用液压油。

任务引入

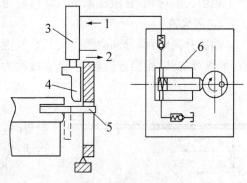

1—进油口;2—出油口;3—液压缸;
4—压头;5—薄板工件;6—液压泵

图 2-1 折弯机工作原理

如图 2-1 所示,折弯机液压系统利用压力油做功实现工件的成形,工作速度较快,系统温度能控制在 40℃以下,液压泵站采用额定工作压力 $p=2.5$ Mpa、额定流量 $q=16$ L/min 的齿轮泵。请选用该液压系统液压油的种类和代号,并制定保养方案。

任务分析

由于液压油的性质及其质量将直接影响液压系统的工作,因此有必要对液压油的性质进行研究,才能更好地应用液压油.

相关知识

一、液压油的用途

(1) 传动介质　传递运动与动力,将泵的机械能转换成液体的压力能,并传至各处。
(2) 润滑　液压元件内各移动部位都可受到液压油充分润滑,从而降低元件磨损。
(3) 密封　油本身的粘性对细小的间隙有密封的作用。
(4) 冷却　系统损失的能量会变成热,被油带出。

二、液压油的物理性质

1. 密度

单位体积液体的质量,称为液体的密度。体积为 V、质量为 m 的液体的密度为 $\rho = m/V$,单位 kg/m^3。

液体的密度随温度的升高而降低,随压力的升高而增大。矿物油型液压油在 15℃ 时的密度为 900 kg/m^3 左右,在实际使用中可认为它们不受温度和压力的影响。

2. 可压缩性

液体受外力的作用而使其体积发生变化(体积减小)的性质,称为液体的可压缩性。液体的可压缩性很小,是钢的 100~170 倍。通常可认为,液体不可压缩。但在高压下和需要精密控制的系统中,液体的压缩率则不能忽略不计。另外在液压设备工作过程中,液压油中总会混进一些空气,由于空气有很强的可压缩性,所以这些气泡的混入对油液的可压缩性会产生相当大的影响,在液压系统设计时应考虑到这方面的因素。

3. 闪火点

油温升高时,部分油会蒸发而与空气混合成油气,此油气所能点火的最低温度称为闪火点;如继续加热,则会连续燃烧,此温度称为燃烧点。

4. 粘性

(1) 粘性的定义　液体在外力作用下流动或有流动趋势时,液体内分子间的内聚力阻碍液体分子间的相对运动,由此而产生内摩擦力的性质,称为液体的粘性。

如图 2-2 所示,设两平行板间充满液体,下平行板不动,上平行板以速度 u_0 向右平移。由于附着力的作用,紧贴下平行板的液体层速度为零,紧贴上平行板的液体层速度为 u_0。而中间各层液体的速度,则根据它与下

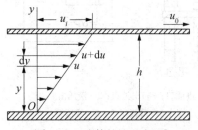

图 2-2　液体粘性示意图

平行板的距离大小近似呈线性规律分布。实验表明,液体流动时,相邻液层间的内摩擦力 F 与液层间的接触面积 A 和液层间相对运动的速度 du 成正比,与液层间的距离 dy 成反比,即

$$F = \mu A \frac{du}{dy}。 \qquad (2-1)$$

若用单位面积上的摩擦力(切应力)来表示,则式(2-1)可改写成

$$\tau = \frac{F}{A} = \mu \frac{du}{dy}, \qquad (2-2)$$

称为牛顿内摩擦定律。式中,μ 为比例系数;$\frac{du}{dy}$ 为速度梯度,即相对运动速度对液层距离的变化率。由式(2-2)可知,当 $\tau = 0$,$\frac{du}{dy} = 0$ 即速度梯度等于零(静止液体)时,内摩擦力为零。因此静止液体不呈现粘性,液体只在流动时才显示其粘性。

(2) 粘度 粘性的大小用粘度来衡量。我国常用的粘度单位有 3 种:μ 动力粘度、ν 运动粘度、$°E_t$ 恩氏粘度 3 种。

① 动力粘度。动力粘度是用液体流动时所产生的内摩擦力大小来表示的粘度。由牛顿内摩擦定律公式(2-2)导出比例系数 $\mu = \tau \frac{dy}{du}$,称为动力粘度。它的物理意义是:面积为 1 cm^2,相距为 1 cm 的两层液体,以 1 cm/s 的速度相对运动,所产生的内摩擦力大小,其法定计量单位为 N·s/m^2 或 P$_a$·s。

② 运动粘度。在理论分析和计算中常常碰到液体的动力粘度 μ 与它的密度 ρ 之比,为方便起见,用 ν 代替 $\frac{\mu}{\rho}$,称为运动粘度,即

$$\nu = \frac{\mu}{\rho}。$$

运动粘度 ν 的法定计量单位为米^2/秒(m^2/s),目前使用的单位还有斯(符号为 St)和厘斯(符号为 cSt)。斯(St)的单位太大,应用不便,常用厘斯,即

$$1\text{cSt}(\text{mm}^2/\text{s}) = 10^{-2}\text{St}(\text{cm}^2/\text{s}) = 10^{-6}\text{m}^2/\text{s}。$$

它之所以被称为运动粘度,是因为在它的量纲中只有运动学的长度和时间的缘故。

就物理意义而言,运动粘度 ν 没有什么明确的物理意义,按理它不能像 μ 一样直接表示液体的粘性大小。但对 ρ 值相近的液体,如各种矿物油型液压油之间,还是可用来大致比较它们的粘性。即它虽不是一个直接反映液体粘性的量,但习惯上却常用它标志液体的粘度。

我国现行的液压油的牌号是用液压油在 40℃ 时的运动粘度 ν 的平均值来表示。例如,牌号 L-HM46 表示液压油在 40℃ 的运动粘度 ν 的平均值为 46 厘斯;国际标准也是按运动粘度值来划分液压油的粘度等级的。

动力粘度和运动粘度是理论分析和推导中经常使用的粘度单位,它们都难以直接测量,因此,工程上采用另一种可用仪器直接测量的粘度单位,即相对粘度。

③ 相对粘度。相对粘度又称条件粘度,是根据一定的测量条件测定的。我国采用的是恩氏粘度 $°E_t$,它是用恩氏粘度计测量得到的。恩氏粘度测试示意图,如图 2-3 所示。

恩氏粘度的测量方法是,将 200 mL 的被测液体放入粘度计的容器内,加热到温度 t 后,

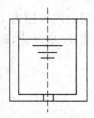

图 2-3 恩氏粘度测试示意

让它从容器底部一个直径为 $\phi 2.8$ mm 的小孔中流出,测出液体全部流出所用的时间 t_1,再测出 200 mL 温度为 20℃ 的蒸馏水在同一粘度计中流尽所需的时间 t_2。这两个时间的比值即为被测液体在温度 t 下的恩氏粘度,用 $°E_t$ 表示,$°E_t = \dfrac{t_1}{t_2}$。

一般常以 20℃、50℃ 和 100℃ 作为测定液体粘度的标准温度,由此得到的恩氏粘度用 $°E_{20}$、$°E_{50}$、$°E_{100}$ 标记。

恩氏粘度与运动粘度的换算经验公式为

$$\nu = \left(7.31°E - \dfrac{6.31}{°E}\right) \times 10^{-6} \quad (\text{m}^2/\text{s}) \tag{2-3}$$

综合上述:
- 粘度越大,则表明产生的内摩擦力越大,流动速度越慢。
- 粘度越小,则表明产生的内摩擦力越小,流动速度越快。

(3) 影响液体粘度稳定性的因素　液体的粘度是随液体的压力和温度的变化而变化的。压力增大时,液体分子间的距离变小,粘度增大。但在一般中低压系统中变化量很小可以忽略不计,在高压时,液压油的粘性会急剧增大。

液压油对温度的变化十分敏感,温度上升,粘度下降;温度下降,粘度上升。这主要是由于温度的升高会使油液中的分子间的内聚力减小,降低了流动时液体分子间的内摩擦力。

(4) 粘度的影响　液压油粘性对机械效率、磨损、压力损失、容积效率、漏油及泵的吸入性影响很大。

液压油的粘性易受温度影响,温度上升,油液粘度低,可实现高效率、小阻力的动作,但增加了磨损和泄漏,降低了容积效率;温度下降,粘度增加,可以降低泄漏,提高润滑效果,但会使压力损失增大,动作反应变慢,造成流动困难及泵转动不易,机械效率降低等问题。例如运转时,油液温度超过 60℃,就必须加装冷却器,因油温在 60℃ 以上,每超过 10℃,油的劣化速度就会加倍。

三、液压油的种类和代号

1. 液压油的种类

液压油主要可分为矿油型、合成型和乳化型 3 类,见表 2-1。

表 2-1　液压油的种类

类型	名称	ISO 代号	类型	名称	ISO 代号
矿油型	通用液压油	L-HL	乳化型	水包油乳化液	L-HFA
	抗磨型液压油	L-HM		油包水乳化液	L-HFB
	低温液压油	L-HV	合成型	水-乙二醇液	L-HFC
	高粘度指数液压油	L-HR		磷酸酯液	L-HFDR
	液压导轨油	L-HG			
	全损耗系统用油	L-HH			
	汽轮机油	L-TSA			

矿油型液压油是以石油的精炼物为基础,加入各种添加剂调剂而成,又称石油基液压油,它可分出很多品种。由于制造容易、来源多、价格较低,故在液压设备中,几乎90%以上使用石油基液压油。

2. 液压油的代号规定

我国液压油代号与世界大多数国家的表达方法相同。命名示例如下:

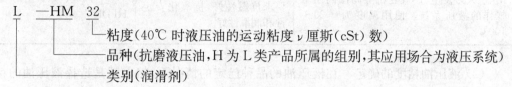

四、液压油的选用

液压油的选用,实质上就是对液压油的品种和粘度的确定。

(1) 液压油品种的选择　液压油品种的选择可参考表2-2的推荐。

表2-2　液压油品种选择参考表

液压设备液压系统举例	对液压油的要求	可选择的液压油品种
低压或简单机具的液压系统	抗氧化安定性和抗泡沫性一般,无抗燃要求	HH 无本产品时可选 HL
中、低压精密机械等液压系统	要求有较好的抗氧化安定性,无抗燃要求	HL 无本产品时可选用 HM
中、低压和高压液压系统	要求抗氧化安定性、抗泡沫性、防锈性好、抗磨性好	HM 无本产品时可选用 HV、HS
环境变化较大和工作条件恶劣的(指野外工程和远洋船舶等)低、中、高压系统	除上述要求外,要求凝点低、粘度指数高、粘温性好	HV、HS
环境温度变化较大和工作条件恶劣的(野外工程和远洋船舶等)低压系统	要求凝点低,粘度指数高	HR 对于有银部件的液压系统,北方选用L-HR油,南方用HM油或HL油
液压和导轨润滑合用的系统	在HM油基础上改善粘—滑性(防爬行性好)	HG
煤矿液压支架、静压系统和其他不要求回收废液和不要求有良好润滑的情况,但要求有良好的难燃性。使用温度为5~50℃	要求抗燃性好,并具有一定的防锈、润滑性和良好的冷却性,价格便宜	L-HFAE
冶金、煤矿等行业的中压和高压、高温和易燃的液压系统。使用温度为5~50℃	抗燃性、润滑性和防锈性好	L-HFB
需要难燃液的低压液压系统和金属加工等机械。使用温度为5~50℃	不要求低温性、粘温性和润滑性,但抗燃性要好,价格便宜	L-HFAS

(续表)

液压设备液压系统举例	对液压油的要求	可选择的液压油品种
冶金和煤矿等行业的低压和中压液压系统。使用温度为－20～50℃	低温性，粘温性和对橡胶的适用性好，抗燃性好	HFC
冶金、火力发电、燃气轮机等高温高压下操作的液压系统。使用温度为－20～100℃	要求抗燃性好，抗氧化安定性和润滑性好	HFDR

(2) 液压油粘度的确定　在液压油的品种已定的情况下，接着就是选择液压油的粘度等级，即确定液压油的牌号。选择液压油的粘度要注意以下几点：

① 工作环境。当液压系统工作环境温度较高时，应采用较高粘度的液压油；反之，则采用较低粘度的液压油。

② 工作压力。当液压系统工作压力较高时，应采用较高粘度的液压油，以防泄漏；反之，用较低粘度的液压油。

③ 运动速度。当液压系统工作部件运动速度高时，为了减少功率损失，应采用粘度较低的液压油；反之，采用较高粘度的液压油。

④ 液压泵的类型。在液压系统中，不同的液压泵对润滑的要求不同，选择液压油时应考虑液压泵的类型及其工作环境，见表2-3。

表2-3　液压泵用油的粘度范围及推荐牌号

名称	运动粘度/(mm²/s)		工作压力/MPa	工作温度/℃	推荐用油
	允许	最佳			
叶片泵	16～220	26～54	7	5～40	L-HH32，L-HH46
				40～80	L-HH46，L-HH68
			>14	5～40	L-HL32，L-HL46
				40～80	L-HL46，L-HL68
齿轮泵	4～220	25～54	<12.5	5～40	L-HL32，L-HL46
				40～80	L-HL46，L-HL68
			10～20	5～40	L-HL46，L-HL68
				40～80	L-HM46，L-HM68
			16～32	5～40	L-HM32，L-HM68
				40～80	L-HM46，L-HM68
径向柱塞泵	10～65	16～48	14～35	5～40	L-HM32，L-HM46
				40～80	L-HM46，L-HM68
轴向柱塞泵	4～76	16～47	>35	5～40	L-HM32，L-HM68
				40～80	L-HM68，L-HM100

五、液压油的污染控制

液压油是否清洁,不仅影响液压系统的工作性能和液压元件的使用寿命,而且直接关系到液压系统是否能正常工作。液压油的污染,常常是液压系统发生故障的主要原因,据统计液压系统的故障至少有75%是由于液压油的污染造成的。因此,液压油的正确使用、管理和防污是保证液压系统正常、可靠工作的重点。

1. 造成油液污染的主要原因

(1) 液压系统的管道及液压元件内的型砂、切屑、磨料、焊渣、锈片、灰尘等污垢在系统使用前未被洗干净,在液压系统工作时,这些污垢就进入到液压油里。

(2) 外界的灰尘、砂粒等,在液压系统工作过程中通过往复伸缩的活塞杆、流回油箱的漏油等进入液压油里。另外在检修时,稍不注意也会使灰尘、棉绒等进入液压油里。

(3) 液压系统本身也不断地产生污垢,而直接进入液压油里,如金属和密封材料的磨损颗粒、过滤材料脱落的颗粒或纤维及油液因油温升高氧化变质而生成的胶状物等。

2. 油液污染的危害

液压油污染对液压系统的危害可大致归纳为以下几点:

(1) 堵塞滤油器,使液压泵运转困难,造成吸空,产生噪声。

(2) 堵塞液压元件的微小孔道和缝隙,使液压阀性能下降或动作失灵。

(3) 加剧零件的磨损,缩短元件使用寿命。

(4) 加速密封件的磨损,引起泄漏增大,导致系统效率下降。

(5) 水分的混入会使液压油的润滑能力降低,并使油液乳化变质,促使液压元件加速腐蚀。

(6) 空气的混入会产生空穴,造成液压系统出现振动和爬行,产生噪声。

3. 防止污染的措施

对液压油的污染控制工作主要是从两个方面着手:一是防止污染物侵入液压系统;二是把已经侵入的污染物从系统中清除出去。污染控制要贯穿于整个液压装置的设计、制造、安装、使用、维护和修理等各个阶段。为防止油液污染,在实际工作中应采取如下措施。

(1) 使液压油在使用前保持清洁 液压油在运输和保管过程中都会受到外界污染,新买来的液压油看上去很清洁,其实很"脏",必须将其静放数天后经过滤后才可加入液压系统中使用。

(2) 使液压系统在装配后、运转前保持清洁 液压元件在加工和装配过程中必须清洗干净,液压系统在装配后、运转前应彻底清洗,最好用系统工作中使用的油液清洗,清洗时油箱除通气孔(加防尘罩)外必须全部密封,密封件不可有飞边、毛刺。

(3) 使液压油在工作中保持清洁 液压油在工作过程中会受到环境污染,因此应尽量防止工作中空气和水分的侵入。为完全消除水、气和污染物的侵入,应密封油箱,通气孔上加空气滤清器,防止尘土、磨料和冷却液侵入,经常检查并定期更换密封件和蓄能器中的胶囊。

(4) 采用合适的滤油器 这是控制液压油污染的重要手段。应根据设备的要求,在液压系统中选用不同的过滤方式,以及不同的精度和不同的结构的滤油器,并要定期检查和清洗滤油器和油箱。

(5) 定期更换液压油 更换新油前,油箱必须先清洗一次,系统较脏时,可用煤油清洗,排尽后注入新油。

(6) 控制液压油的工作温度 液压油的工作温度过高对液压装置不利,液压油本身也会加速变质,产生各种生成物,缩短它的使用期限。一般,液压系统的工作温度最好控制在65℃以下,机床液压系统则应控制在55℃以下。

任务实施

折弯机液压系统压力油的种类和牌号确定：
(1) 确定折弯机液压系统压力油的种类和牌号。
本液压系统采用齿轮泵,泵的额定工作压力为 6.3 Mpa,工作温度要求控制在 40℃以内,根据表 2-3 的推荐,本系统采用 L-HL32 液压油。
(2) 折弯机液压系统压力油保养方案:参照上述液压油的防污措施。

任务 2.2 压力的概念和静力学基本方程的应用

知识点

(1) 压力的概念和性质。
(2) 液体静力学基本方程及其物理意义。

技能点

掌握静力学基本方程在液压传动系统中的应用。

任务引入

图 2-4 所示是液压系统的简单示意图,请分析液压系统在图中工况下压力的变化情况,从而总结出液压系统压力的形成规律。

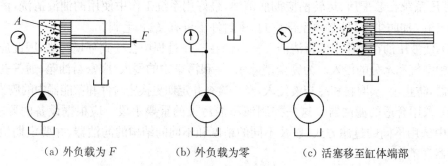

(a) 外负载为 F　　(b) 外负载为零　　(c) 活塞移至缸体端部

图 2-4 液压系统压力的形成

任务分析

静止液体是指液体内部质点间没有相对运动、不呈现粘性的液体。液体静力学研究的是液体静止时的平衡规律及其应用。

一、液体静压力及其性质

静止液体在单位面积上所受的法向力称为静压力,用 p 表示。静压力在液压传动中简称压力,在物理学中则称为压强。

静止液体中某点处微小面积 ΔA 上作用有法向力 ΔF,则该点的压力定义为

$$p = \lim_{\Delta A \to 0} \frac{\Delta F}{\Delta A} \text{。} \tag{2-4}$$

若法向作用力 F 均匀地作用在面积为 A 的液体表面上,则压力可表示为

$$p = \frac{F}{A} \text{。} \tag{2-5}$$

压力有多种单位。在 SI 制中,压力的单位是 Pa,$1\text{Pa}=1\text{N/m}^2$。由于 Pa 太小,工程上常用 MPa,目前也可用 bar,$1\text{ MPa}=10^6\text{ Pa}$,$1\text{ bar}=10^5\text{ Pa}$。

液体静压力有如下两个重要特性:

(1) 液体静压力垂直于承压面,其方向和该面的内法线方向一致。即静止液体只承受法向力,不承受剪切力和拉力,否则就破坏了液体静止状态。

(2) 静止液体内任一点所受到的压力在各个方向上都相等。如果某点受到的压力在某个方向上不相等,那么液体就会流动,这就违背了液体静止的条件。

二、液体静压力的基本方程

如图 2-5(a)所示,静止液体所受的力有液体的重力、液面上的压力 p_0、容器壁面对液体的压力。如要计算离液面深度为 h 处某点 A 的压力时,可以在液体内取出一个底面通过该点的、底面积为 ΔA 的垂直小液柱,如图 2-5(b)所示,这个小液柱的重量为 $G = \rho g h \Delta A$。由于小液柱在重力、液面上的压力及周围液体的压力作用下,处于平衡状态,于是有

$$p\Delta A = p_0 \Delta A + \rho g h \Delta A,$$

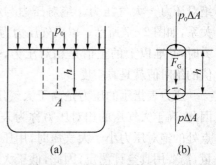

图 2-5 重力作用下静止的液体

等式两边同除以 ΔA,则得

$$p = p_0 + \rho g h \text{。} \tag{2-6}$$

式(2-6)即为静压力基本方程式。由此可见:

(1) 静止液体中任何一点的静压力为作用在液面的压力 p_0 和液体重力所产生的压力 $\rho g h$ 之和。

(2) 液体中的静压力随着深度 h 的增加而线性增加。

(3) 在连通器里,静止液体中只要深度 h 相同,其压力就相等。

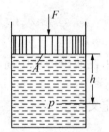

图 2-6 静止液体内的压力

【例 2-1】 如图 2-6 所示,容器内盛有油液。已知油的密度 $\rho = 900 \text{ kg/m}^3$,活塞上的作用力 $F = 1\,000 \text{ N}$,活塞的面积 $A = 1 \times 10^{-3} \text{ m}^2$。假设活塞的重量忽略不计,活塞下方深度为 $h = 0.5 \text{ m}$ 处的压力等于多少?

解:活塞与液体接触面上的压力均匀分布,有

$$p_0 = \frac{F}{A} = \frac{1\,000 \text{ N}}{1 \times 10^{-3} \text{ m}^2} = 10^6 \text{ N/m}^2 \text{。}$$

根据静压力的基本方程式(2-6),深度为 h 处的液体压力为

$$p = p_0 + \rho g h = 10^6 + 900 \times 9.8 \times 0.5$$
$$= 1.004\,4 \times 10^6 (\text{N/m}^2) \approx 10^6 (\text{Pa}) \text{。}$$

从本例可以看出,液体在受外界压力作用的情况下,液体自重所形成的那部分压力 $\rho g h$ 相对甚小,在液压系统中常可忽略不计,因而可近似认为整个液体内部的压力是相等的。以后我们在分析液压系统的压力时,一般都采用这一结论。

三、压力的计算基准

由于不同的度量基准,液体压力有两种表示方法:一种是以绝对真空作为基准所表示的压力,称为绝对压力;一种是以大气压力作为基准所表示的压力,称为相对压力。在地球表面,大气笼罩的一切物体,大气压力的作用都是自相平衡的,因此大多数测压仪表所测的压力都是相对压力。在液压技术中,如不特别指明,压力均指相对压力。

绝对压力和相对压力的关系为:相对压力 = 绝对压力 - 大气压力。绝对压力与相对压力的关系,如图 2-7 所示。以大气压力为基准计算压力时,基准以上的正值是相对压力,基准以下负值的绝对值就是真空度。

压力表指示的压力是高于大气压的压力值,因此,高于大气压的相对压力称为表压力。当某点处的绝对压力小于大气压时,用压力表无法测量,需要用真空计测定,因此,低于大气压的相对压力称为真空度,即

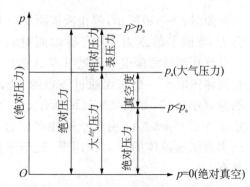

图 2-7 绝对压力、相对压力和真空度

表压力(相对压力之一) = 绝对压力 − 大气压力,
真空度(相对压力之二) = 大气压力 − 绝对压力。

四、静止液体对容器壁面上的作用力

具有一定压力的液体与固体表面接触时,固体壁面将受到液体作用力的作用。

(1) 当承受压力的表面为平面时　液体对该平面的总作用力 F 为液体的压力 p 与受压面积 A 的乘积,其方向与该平面相垂直。如图 2-8 所示,液压油作用在活塞上的作用力为

$$F = pA = p\frac{\pi}{4}D^2 \quad (2-7)$$

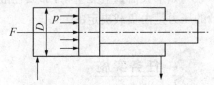

图 2-8　压力油作用在活塞上的力

式中,D 为活塞直径;A 为活塞的面积(m^2)。

(2) 当承受压力的表面为曲面时　由于压力总是垂直于承受压力的表面,所以作用在曲面上各点的力不平行但相等。要计算曲面上的总作用力,必须明确要计算哪个方向上的力。液体压力在该曲面某 x 方向上的总作用力 F_x 等于液体压力 p 与曲面在该方向的投影面积 A_x 的乘积。

图 2-9 所示的球面和圆锥面中,压力 p 的压力油沿垂直方向作用在球面和圆锥面上的力 F 等于压力 p 和曲面在该方向的投影面积 A 的乘积,其作用点通过投影圆的圆心,方向向上,即

$$F = pA = p\frac{\pi}{4}d^2 \quad (2-8)$$

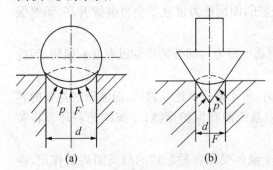

图 2-9　压力油作用在曲面上的力

式中,d 为承压部分曲面投影圆的直径。

五、压力的传递

由静压力基本方程可知,静止液体中任意一点的压力都包含了液面上的压力。这说明,在密闭容器中,由外力作用所产生的压力可以等值地传递到液体内所有各点。这就是帕斯卡原理,或称静压力传递原理。液压传动就是在这个原理的基础上建立起来的。

早期的水压机及之后的液压驱动装置等都是根据帕斯卡原理设计制成的。水压机可以把较小的输入力转换成较大的输出力,应用意义重大,所以帕斯卡被称为液压机之父。

图 2-10 所示是帕斯卡原理的应用。在小活塞上施加力 F_1 时,在液体中将产生压力 $p_1 = \dfrac{F_1}{A_1}$,它以相同大小

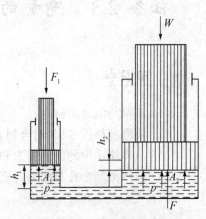

图 2-10　帕斯卡原理应用

传向液体各部分，在大活塞上将产生力 F_2 克服负载 W，$F_2 = W = p_1 A_2 = \dfrac{F_1}{A_1} A_2$。它们的关系可以进一步转化为 $\dfrac{F_1}{W} = \dfrac{A_1}{A_2}$ 或 $W = \dfrac{A_2}{A_1} F_1$。由此可看出，由于 $A_2 > A_1$，故 $W > F_1$，即进行了力的放大，放大比为 $\dfrac{A_2}{A_1}$。

如果大活塞上无重物，那么在液体中不会产生压力。由此可知，在密闭容器流体系统中的压力是由负载决定的。

任务实施

液压系统压力形成规律分析

如图 2-4(a)所示，液压泵连续地向液压缸供油，当油液充满后，由于活塞受到外界负载 F 的阻碍作用，使活塞不能向右移动，若液压泵继续强行向液压缸中供油，其挤压作用不断加剧，压力也不断升高。当作用在活塞有效作用面积 A 上的压力升高到足以克服外界负载时，活塞便向右运动，这时系统的压力 $p = F/A$。

如果 F 不再改变，则由于活塞的移动，使液压缸左腔的容积不断增加，这正好容纳了液压泵的连续供油量。此时油液不再受到更大的挤压，因而压力也就不会再继续升高，始终保持相应的 p 值。

如图 2-4(b)所示，外界的负载为零(不计管道的阻力)，油液的流动没有受到阻碍，因此建立不起压力，即该工况下压力应为 0。

如图 2-4(c)所示，当活塞移至缸体的端部时，由于液压泵连续供油，而液压缸左腔的容积却无法增加，所以系统的压力急剧升高。假如系统没有保护措施，系统的薄弱环节将被破坏。

由上述分析得知，液压系统中的压力，是由于液体受到各种形式的载荷阻碍的作用，使油液受到挤压，其大小取决于载荷的大小。

任务2.3　流量的概念和动力学基本方程的应用

知识点

(1) 流量与流速的概念。
(2) 液流连续性方程、伯努利方程。
(3) 液体流动中的压力损失和流量损失。
(4) 液体流经小孔及缝隙的流量特点。
(5) 气穴现象和液压冲击。

掌握动力学方程在液压系统中的应用。

分析液压泵吸油高度 H 对泵工作性能的影响。

图 2-11 所示为液压泵的吸油过程示意图,试分析为什么液压泵的吸油管径要大,要尽可能减小管路的长度,并限制液压泵的安装高度,一般控制在 0.5 m 范围内?

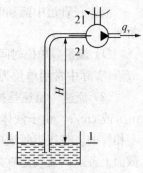

图 2-11 液压泵装置

在液压传动系统中,液压油总是在不断流动中,因此除了研究静止液体的性质外,还必须研究液体运动时的现象和规律。流体动力学基本方程不仅是液压系统分析的理论基础,也用来研究和计算各类液压问题。

一、基本概念

1. 理想液体和恒定流动

液体具有粘性,并在流动时表现出来,因此研究流动液体时就要考虑其粘性,而液体的粘性阻力是一个很复杂的问题,这就使对流动液体的研究变得复杂。因此,引入理想液体的概念。理想液体就是指没有粘性、不可压缩的液体。首先对理想液体进行研究,然后再通过实验验证的方法对所得的结论进行补充和修正,使之符合实际情况。这样,不仅使问题简单化,而且得到的结论在实际应用中仍具有足够的精确性。

我们把既具有粘性,又可压缩的液体称为实际液体。液体流动时,若液体中任一点处的压力、流速和密度不随时间变化而变化,则称为恒定流动(也称稳定流动或定常流动);反之,若液体中任一点处的压力、流速或密度中有一个参数随时间变化而变化,则称为非恒定流动。为使问题讨论简便,先假定液体在做恒定流动。图 2-12(a)所示的水平管内液流为恒定流动,图 2-12(b)所示为非恒定流动。

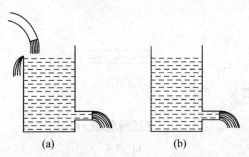

图 2-12 恒定流动和非恒定流动

2. 流量和平均流速

流量和平均流速是描述液体流动的两个主要参数。

液体在管道中流动时,通常将垂直于液体流动方向的截面积称为通流截面,或称过流断面。

(1) 流量　单位时间内通过某过流断面的液体的体积,称为流量,用 q 表示,国际单位为 m^3/s,实际中常用单位为 L/min 或 mL/s。

(2) 流速　流速是指流动液体内的质点在单位时间内流过的距离,用 v 表示,单位为 m/s 或 cm/s。由于液体具有粘性,所以在管道中流动时,在同一截面上各点的实际流速是不相等的。越接近管道中心,液体流速越高,越接近管壁其流速越低,即油液在管道中同一截面上各点的流动速度是呈抛物线分布。

为了便于计算,现假设过流断面上流速是均匀分布的,且以均布流速 v 流动,过流断面 A 的流量等于液体实际流过该断面的流量。于是有单位时间内通过某过流断面的液体的流量 $q = vA$,故平均流速为

$$v = \frac{q}{A}。 \tag{2-9}$$

以后所指的流速,除特别指出外,均按平均流速来处理。

在液压缸中,液体的流速与活塞的运动速度相同。由此可见,当液压缸的有效面积一定时,活塞运动速度的大小,由输入液压缸的流量来决定。这是一个重要的概念。

3. 层流、紊流和雷诺数

液体流动有两种基本状态:层流和紊流。两种流动状态的物理现象可以通过雷诺实验来观察,实验装置如图 2-13(a)所示。

图中水箱 4 有一隔板 1,当向水箱中连续注入清水时,隔板可保持水位不变。先微微打开开关 7 使箱内清水缓缓流出,然后打开开关 3,这时可看到水杯 2 内的有色水经细导管 5 呈一直线流束流动,如图 2-13(b)所示。这表明水管中的水流是分层的,而且层与层之间互不干扰,这种流动状态称为层流。

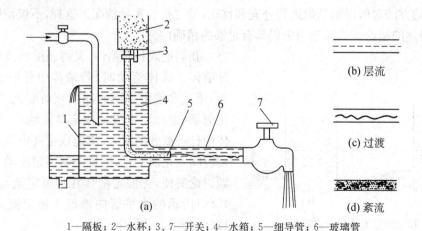

1—隔板;2—水杯;3、7—开关;4—水箱;5—细导管;6—玻璃管

图 2-13　雷诺实验

逐渐开大开关 7,管内液体的流速随之增大,有色水的流束逐渐产生振荡,如图 2-13(c) 所示。当流速超过一定值后,有色水流到玻璃管中便立即与清水混杂,水流的质点运动呈极其紊乱的状态,这种流动状态称为紊流,如图 2-13(d) 所示。大量试验证明,圆管中液体的流动状态与液体的流速 v、管路的直径 d 及油液运动粘度 ν 有关。真正能判定液体流动状态的则是这 3 个参数所组成的一个无量纲的雷诺数 Re,即雷诺数 $Re = \dfrac{vd}{\nu}$ 是流态判别数。

液体流动时,由层流变为紊流的雷诺数和由紊流转变为层流的雷诺数是不同的,后者数值小,所以一般工程中用后者作为判别液体流动状态的依据,称为临界雷诺数,记作 $Re_{临}$。光滑金属圆管的 $Re_{临} = 2\,000 \sim 2\,300$,橡胶软管的 $Re_{临} = 1\,600 \sim 2\,000$,圆柱形滑阀阀口的 $Re_{临} = 260$,锥阀阀口的 $Re_{临} = 20 \sim 100$。当液流实际流动时的雷诺数小于临界雷诺数(即 $Re < Re_{临}$)时,液流为层流;反之(即 $Re > Re_{临}$),液流为紊流。对于非圆截面管路的 Re 在此暂不讨论,请看相关设计手册。

二、液流连续性方程

液流连续性方程是质量守恒定律在流体力学中的一种表达形式。

如图 2-14 所示,理想液体在管道中恒定流动时,由于不可压缩(密度 ρ 不变),在压力作用下,液体中间也不可能有空隙。根据质量守恒定律,在单位时间内流过管道内任一个截面的液体质量一定是相等的,既不可能增多,也不可能减少。在单位时间内流过截面 1 和截面 2 处的液体质量应相等,故有 $\rho A_1 v_1 = \rho A_2 v_2$。即

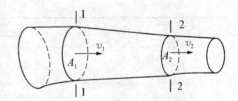

图 2-14 液流的连续性原理

$$A_1 v_1 = A_2 v_2, \text{ 或 } q_v = Av = \text{常数}。 \tag{2-10}$$

式中,A_1、A_2 为截面 1、2 处的面积;v_1、v_2 为截面 1、2 处的平均流速。上式即为液流连续性方程,从连续性方程可以看出:

① 液体在管道中流动时,流经管道每一个截面的流量是相等的。
② 液体流过管道一定截面时,流量越大,则流速越高。
③ 在流量不变的情况下,液体流过同一管道中各个截面的平均流速与过流断面面积成反比,管径细的地方流速大,管径粗的地方流速小。

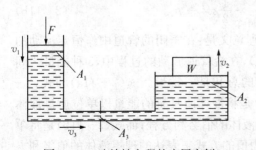

图 2-15 连续性方程的应用实例

【例 2-2】 已知,图 2-15 中,小活塞的面积 $A_1 = 10\,\text{cm}^2$,大活塞的面积 $A_2 = 100\,\text{cm}^2$,管道的截面积 $A_3 = 2\,\text{cm}^2$。小活塞以 $v_1 = 1\,\text{m/min}$ 的速度向下移动时,求大活塞上升的速度 v_2,管道中液体的流速 v_3。

解: 由连续性方程 $v_1 A_1 = v_2 A_2 = v_3 A_3$,有

$$v_2 = \dfrac{A_1}{A_2} \cdot v_1 = \dfrac{10}{100} \times 1 = 0.1(\text{m/min}),$$

$$v_3 = \frac{A_1}{A_3} \cdot v_1 = \frac{10}{2} \times 1 = 5 (\text{m/min})。$$

三、伯努利方程

伯努利方程是能量守恒定律在流体力学中的一种表达形式。流动的液体不仅具有动能和位能,而且还具有压力能。

1. 理想液体的伯努利方程

假定理想液体在如图2-16所示的管道中做恒定流动,质量为 m、体积为 V 的液体流经该管任意两个截面积分别为 A_1、A_2 的断面1-1、2-2。设两断面处的平均流速分别为 v_1、v_2,压力为 p_1、p_2,中心高度为 h_1、h_2。

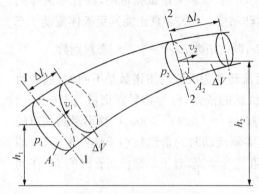

图2-16 理想液体伯努利方程的推导示意图

若在很短时间内,液体通过两断面的距离为 Δl_1、Δl_2,则液体在两断面处时所具有的能量为

	1-1断面	2-2断面
动能	$\frac{1}{2}mv_1^2$	$\frac{1}{2}mv_2^2$
位能	mgh_1	mgh_2
压力能	$p_1 A_1 \Delta l_1 = p_1 \Delta V = p_1 m/\rho$	$p_2 A_2 \Delta l_2 = p_2 \Delta V = p_2 m/\rho$

流动液体具有的能量也遵守能量守恒定律,因此可写成

$$mgh_1 + \frac{1}{2}mv_1^2 + p_1 m/\rho = mgh_2 + \frac{1}{2}mv_2^2 + p_2 m/\rho。$$

上式简化后得

$$gh_1 + \frac{1}{2}v_1^2 + \frac{p_1}{\rho} = gh_2 + \frac{1}{2}v_2^2 + \frac{p_2}{\rho}, \tag{2-11a}$$

或

$$\rho gh_1 + \frac{1}{2}\rho v_1^2 + p_1 = \rho gh_2 + \frac{1}{2}\rho v_2^2 + p_2。 \tag{2-11b}$$

式(2-11)称为理想液体的伯努利方程,其物理意义是:在密闭的管道中作恒定流动的理想液体具有3种形式的能量(动能、位能、压力能),在沿管道流动的过程中,3种能量之间可以互相转化,但是在管道任一断面处3种能量的总和是一常量。式(2-11a)和式(2-11b)的含义相同,只是表达方式不同。式(2-11a)是将液体所具有的能量以单位质量液体所具有的动能、位能和压力能的形式来表达的理想液体的伯努利方程;而式(2-11b)是将单位质量液体所具有的动能、位能、压力能用液体压力值的方式来表达的理想液体的伯努利方程。由于在实际应用中,液压系统内各处液体的压力可以用压力表很方便地测出来,所以式(2-11b)常用。

2. 实际液体的伯努利方程

实际液体在管道内流动时,由于液体粘性的存在,会产生内摩擦力,消耗能量;同时,管路中管道的尺寸和局部形状骤然变化使液流产生扰动,也引起能量消耗。因此,实际液体流动时存在能量损失。设单位质量液体在管道中流动时的压力损失为 Δp_w。另外,由于实际液体在管道中流动时,管道过流断面上的流速分布是不均匀的,若用平均流速计算动能,必然会产生误差。为了修正这个误差,需要引入动能修正系数 α,实际液体的伯努利方程为

$$p_1 + \rho g h_1 + \frac{1}{2}\alpha_1 v_1^2 = p_2 + \rho g h_2 + \frac{1}{2}\alpha_2 v_2^2 + \Delta p_w \text{。} \tag{2-12}$$

式中,当紊流时,取 $\alpha = 1$;当层流时,取 $\alpha = 2$。

伯努利方程揭示了液体流动过程中的能量变化规律,因此它是流体力学中的一个特别重要的基本方程。

应用伯努利方程时需注意:

(1) 断面 1-1、2-2 需顺流向选取(否则 Δp_w 为负值),且应选在缓变的过流断面上。

(2) 断面中心在基准面以上时,h 取正值;反之,取负值。通常,选取特殊位置的水平面作为基准面。

任务实施

用伯努利方程分析如图 2-11 所示液压泵的吸油过程,分析吸油高度 H 对泵工作性能的影响。

在利用伯努利方程时,必须选取两个截面,而且尽量选取"特殊截面",比如压力等于 0 (或大气压)的截面、位置高度等于 0 的截面或速度约等于 0 的截面等,以简化求解的过程。如图 2-11 所示,设泵的吸油口比油箱液面高 H,取油箱液面为截面 1-1,泵的进口处为截面 2-2,并以截面 1-1 为基准平面列伯努利方程,则有

$$p_1 + \rho g h_1 + \frac{1}{2}\alpha_1 v_1^2 = p_2 + \rho g h_2 + \frac{1}{2}\alpha_2 v_2^2 + \Delta p_w \text{。}$$

式中,$p_1 = p_a$,$h_1 = 0$,$v_1 \approx 0$,$h_2 = H$,代入上式后可写成

$$p_a + 0 + 0 = p_2 + \rho g H + \frac{1}{2}\alpha_2 v_2^2 + \Delta p_w \text{。}$$

整理得 $p_a - p_2 = \rho g H + \frac{1}{2}\alpha_2 v_2^2 + \Delta p_w$。

由上式可知,当泵的安装高度 $H > 0$ 时,等式右边的值均大于零,所以 $p_a - p_2 > 0$,即 $p_2 < p_a$。这时,泵进油口处的绝对压力低于大气压力,形成真空,油箱中的油在其液面上大气压力的作用下被泵吸入液压系统中。

实际工作时的真空度不能太大,若 p_2 低于空气分离压,溶于油液中的空气就会析出;若 p_2 低于油液的饱和蒸气压,油还会汽化,会形成大量气泡,产生噪声和振动,影响泵和系统的正常工作。因此,等式右边的 3 项之和不能太大,即其每一项的值都不能不受到限制。由上述分析可知,泵的安装高度 H 越小,泵越容易吸油,所以在一般情况下,泵的安装高度 H

不应大于 0.5 m。为了减少液体的流动速度 v_2 和油管的压力损失 Δp_w，液压泵一般应采用直径较粗的吸油管。

知识链接

一、管道流动的压力损失

由于流动液体具有粘性，并且流动过程中突然转弯或通过阀口时会产生撞击和旋涡，因此液体流动时必然会产生阻力。为了克服阻力，流动液体会损耗一部分能量，这种能量损失可用液体的压力损失来表示。压力损失即伯努利方程中的 Δp_w 项。

液压系统中的压力损失分为两类：沿程压力损失和局部压力损失。

1. 沿程压力损失

油液沿等直管流动时所产生的压力损失，称为沿程压力损失，是由液体流动时的内、外摩擦力所引起的。液体的流动状态不同，产生的沿程压力损失的值也不同。经理论推导，液体流经等直径 d 的直管时，在管长 l 段上的沿程压力损失（Pa）表达式为

$$\Delta p_\lambda = \lambda \frac{l}{d} \frac{\rho v^2}{2}。 \tag{2-13}$$

式中，ρ 为液体的密度（kg/m³）；v 为液体流的平均流速（m/s）；λ 为沿程阻力系数。若液体处于层流时，理论值 $\lambda = 64/Re$，实际上金属管 $\lambda = 75/Re$，橡胶管 $\lambda = 80/Re$；若液体处于紊流时，λ 的取值为：光滑管 $\lambda = 0.3164 Re^{0.25}$，而粗糙管的 λ 值不仅与 Re 有关，而且和管壁的表面粗糙度有关，具体的 λ 值可从有关手册上查取。

上式表明：管路越长，流速越快，则沿程压力损失越大；管径增大，沿程压力损失减小。

2. 局部压力损失

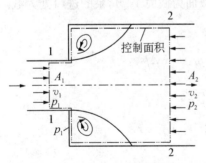

图 2-17 突然扩大处的局部损失

局部压力损失是液体流经阀口、弯管等通流截面变化的部位时所引起的压力损失。液流通过这些地方时，由于液流方向和速度均发生变化，如图 2-17 所示，形成旋涡使液体的质点间相互撞击，从而产生较大的能量损耗。局部压力损失（Pa）的计算表达式为

$$\Delta p_\xi = \xi \frac{\rho v^2}{2}。 \tag{2-14}$$

式中，ξ 为局部阻力系数，通过实验来确定，具体数据可查阅有关液压传动设计计算手册；v 为液体的平均流速（m/s），一般情况下均指局部阻力后部的流速；ρ 为液体密度（kg/m³）。

液体通过各种阀时的局部压力损失可在阀的产品样本中直接查得，查得的压力损失是指额定流量 q_e 情况下的压力损失 Δp_e。若实际通过阀的流量 q 不是额定流量 q_e 时，其压力损失可按下式计算，即

$$\Delta p = \Delta p_e \left(\frac{q}{q_e}\right)^2。 \tag{2-15}$$

3. 管路系统中的总压力损失

管路系统的总压力损失等于所有沿程压力损失和所有局部压力损失之和,即

$$\sum \Delta p = \sum \Delta p_\lambda + \sum \Delta p_\xi = \sum \lambda \frac{l}{d} \frac{\rho v^2}{2} + \sum \xi \frac{\rho v^2}{2}。 \quad (2-16)$$

液压传动中的压力损失过大,也就是液压系统中功率损耗过大,将导致油液发热加剧,泄漏量增加,效率下降,液压系统性能变坏。因此在液压技术中,正确估算压力损失的大小,找出减少压力损失的途径有着重要的意义。

减少压力损失的常用措施是:油液粘度适当,尽量采用光滑内壁的管道,尽量缩小管道长度,减少管道截面的突变及弯曲,就能把压力损失控制在最小的范围内。

二、小孔和缝隙的流量

液压传动中,常利用油液流经阀的小孔或缝隙来实现流量和压力的控制。因此,研究小孔和缝隙流量计算,有利于合理地设计液压系统、正确地分析液压元件和系统的工作性能。

1. 小孔流量特性

液体流经的小孔,根据其长径比分为薄壁孔、短孔和细长孔,如图 2-18 所示。

(1) 薄壁孔 当小孔的长径比 $l/d \leqslant 0.5$ 时,称为薄壁孔。

(2) 短孔 当小孔的长径比 $0.5 \leqslant l/d \leqslant 4$ 时,称为短孔。短孔加工比薄壁孔加工容易,实际应用较多。

(3) 细长孔 当小孔的长径比 $l/d > 4$ 时,称为细长孔。液体流在细长孔中的流动一般为层流。细长孔的流量与油液的粘度有关,当温度变化而引起油液粘度变化时,流经细长孔的流量也发生变化。另外,细长孔较易堵塞。

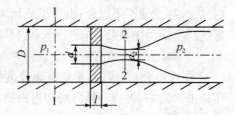

图 2-18 液体在小孔中的流动

小孔的流量可用一个通用公式来计算,即

$$q = KA\Delta p^m。 \quad (2-17)$$

式中,q 为小孔的流量;A 为小孔的流通面积;K 为孔口形状系数。对于薄壁孔和短孔,$K = C_q \sqrt{\frac{2}{\rho}}$($C_q$ 为流量系数,对于薄壁孔,当液流完全收缩时,$C_q = 0.60 \sim 0.62$;当不完全收缩时,$C_q = 0.7 \sim 0.8$。对于短孔,$C_q = 0.82$);对于细长孔,$K = \frac{d^2}{32\mu l}$。Δp 为孔口前后的压力差;m 为孔口形状决定的指数,薄壁孔 $m = 0.5$,细长孔 $m = 1$,短孔 $m = 0.5 \sim 1$。

2. 缝隙液流特性

液压系统是由一些元件、管接头和管道组成的,在这些元件组配时,通常需要一定的配合间隙,液体流经这些间隙就会造成泄漏。液压油总会通过这些间隙从压力较高处流向系统中压力较低处或大气中。前者称为内泄漏,后者称为外泄漏。

缝隙液流就意味着泄漏,泄漏主要由压力差和间隙造成。了解泄漏规律,对提高液压元件的性能和保证液压系统正常工作是十分重要的。

三、液压冲击和气穴现象

在液压传动中,液压冲击和气穴现象对液压系统的正常工作产生不利的影响,因此需要了解这些现象的成因,并采取措施加以防治。

1. 液压冲击

在液压系统中,由于某种原因引起油液的压力在某一瞬间突然急剧上升,形成很高的压力峰值,这种现象称为液压冲击。

(1) 产生液压冲击的原因　液压冲击多发生在液流突然停止运动的时候,如迅速关闭阀门,使液体的流动速度突然降为零,这时液体受到挤压,使液体的动能转换为液体的压力能,于是液体的压力急剧升高,而引起液压冲击。急速改变运动部件的速度,也会引起液压冲击,如液压缸作高速运动突然被制动,油液封闭在两腔中,由于惯性力的作用,液压缸仍继续向前运动,因而压缩回油腔的液体,油液受到挤压,瞬时压力急速升高,从而引起液压冲击。由于液压系统中某些元件反应动作不够灵敏,也会造成液压冲击。例如,溢流阀在超压时不能迅速打开,形成压力的超调量;限压式变量液压泵在油温升高时,不能及时减少输油量等,都会造成液压冲击。

(2) 液压冲击的危害　产生液压冲击时,液压系统的瞬时压力峰值有时比正常工作压力高好几倍,因此引起设备振动和噪声,影响系统正常工作;液压冲击还会损坏液压元件、密封装置,甚至使管子爆裂;由于压力增高,系统中的某些元件(如顺序阀和压力继电器等)也可能产生误动作,因而造成工作中的事故。

(3) 减小液压冲击的措施

① 缓慢开、关阀门,避免液流速度的急剧变化,延缓速度变化的时间,能有效地防止液压冲击。例如,将液动换向阀和电磁换向阀联用可减少液压冲击,这是因为液动换向阀能把换向时间控制得慢一些。

② 限制管路中液体流的流速。

③ 在管路中易发生液压冲击的地方采用橡胶软管或设置蓄能器,以吸收液压冲击的能量,减少冲击波传播的距离。

④ 在液压元件中设置液压缓冲装置,如液动换向阀的节流元件和液压缸的缓冲装置等。

⑤ 在容易出现液压冲击的地方,安装限制压力升高的安全阀。

2. 气穴现象

在液压系统中,由于某种原因会产生低压区(如流速很快的区域压力会降低)。当压力低于空气分离压力时,溶于液体中的空气就游离出来,以气泡的形式存在于液体中,使原来充满管道的液体出现了大量气泡,这种现象称为气穴或空穴现象。

当液压系统中出现气穴现象时,大量的气泡破坏了液流的连续性,造成流量和压力脉动。气泡随液流进入高压区时又急剧破灭,以致引起局部压力冲击,发出噪声并引起振动。当附着在金属表面上的气泡破灭时,它所产生局部高温和高压会使金属剥蚀,这种由气穴造成的腐蚀作用称为气蚀。气蚀会使液压元件的工作性能变坏,并大大地缩短使用寿命。

气穴多发生在阀口和液压泵的进口处。由于阀口通道狭窄,液流的速度增大,压力大大下降,造成气穴产生。若泵安装过高,吸油管直径太小,吸油阻力太大或泵的转速过高,造成进口处真空度过大,亦会产生气穴。此外,当液体流经节流部位时,流速增高、压力降低,在节流部位前后压差达到一定程度时,即会产生气穴。根据这些情况,减小和预防气穴产生的措施如下:

（1）液压泵的吸油管管径不能过小，并应限制液压泵吸油管中油液流速，降低吸油高度。即合理设计液压泵安装高度，避免在油泵吸油口产生气穴。必要时，可通过适当加大吸油管内径来控制液压油在吸油管中的流速，降低沿程压力损失，这样就可以增加泵的吸油高度而不会产生空气。

（2）液压泵转速不能过高，以防吸油不充分。

（3）管路尽量平直，避免急转弯及狭窄处。

（4）减少液体流经节流小孔前后的压力差，一般控制节流口前后压力比 $\dfrac{p_1}{p_2}<3.5$。

（5）良好密封，防止外部空气侵入液压系统，降低液体中气体的含量。

思考与练习

一、填空题

1. 液体在流动时产生（　　　）的性质称为液体的粘性。
2. 油液粘度因温度升高而（　　　），因压力增大而（　　　）。
3. 雷诺数是（　　　），其表达式 Re 是（　　　）。
4. 液体在管路中流动时，有两种不同的流动状态，即（　　　）和（　　　）。
5. 一般情况下，测压仪表所测得的压力都是（　　　）。
6. 在研究流动液体时，把假设既（　　　）又（　　　）的液体称为理想液体。
7. 流量连续性方程式是（　　　）在流体力学中的表达式，而伯努利方程是（　　　）在流体力学中的表达式。
8. 静止液体单位面积上所受到的法向作用力称为（　　　），它的符号是（　　　），计算公式为（　　　），国际单位是（　　　）。
9. 传动系统中，压力的大小取决于（　　　）。

二、选择题

1. 油液在管道中同一截面上各点的流动速度是（　　）。
   A．均匀的　　　　B．直线分布　　　　C．相等的　　　　D．呈抛物线
2. 抗磨液压油的品种代号是（　　）。
   A．HL　　　　B．HM　　　　C．HV　　　　D．HG
3. 流量单位换算关系，$1\ m^3/s=$（　　）L/min。
   A．60　　　　B．600　　　　C．$6×10^4$　　　　D．1 000
4. 液体层流的错误描述是（　　）。
   A．液体质点只沿管路作直线运动　　　B．流体也有横向运动
   C．各层间互不混杂　　　　　　　　　D．层流时能量损失小
5. 对压力损失影响最大的是（　　）。
   A．管径　　　　B．管长　　　　C．流速　　　　D．阻力系数

三、简答题

1. 液压油粘度的选择与系统工作压力、环境温度及工作部件的运动速度有何关系？

2. 液体静压力具有两个基本特性是什么?
3. 理想液体的伯努利方程的物理意义是什么?其应用形式是什么?
4. 液体流动中压力损失有哪几种?其值与哪些因素有关?
5. 什么是液压传动系统的泄漏?其不良后果是什么?如何预防?
6. 薄壁孔和细长孔有何区别?各有哪些应用?
7. 气穴现象产生的原因和危害是什么?如何减小这些危害?
8. 液压冲击产生的原因和危害是什么?如何减小压力冲击?
9. 液压系统中的油液污染有何不良后果?应如何预防?

四、计算题

1. 如图 2-19 所示两盛水圆筒,作用于活塞上的力 $F = 3.0 \times 10^3$ N,$d = 1.0$ m,$h = 1.0$ m,$\rho = 1\,000$ kg/m³。求圆筒底部的液体静压力和液体对圆筒底面的作用力。

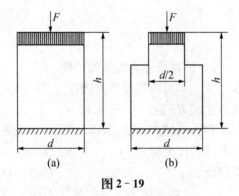

图 2-19

2. 如图 2-20(a)所示,U 形管测压计内装有水银,U 形管左端与装有液体的容器相连,右端开口与大气相通,已知 $h_1 = 20$ mm,$h_2 = 30$ mm,容器内液体为水,水银的密度为 13.6×10^3 kg/m³。
(1) 试利用静力学基本方程中等压面的概念,计算 A 点的相对压力和绝对压力;
(2) 如图(b)所示,容器内装有同样的水,$h_1 = 15$ mm,$h_2 = 30$ mm,试求 A 点处的真空度和绝对压力。

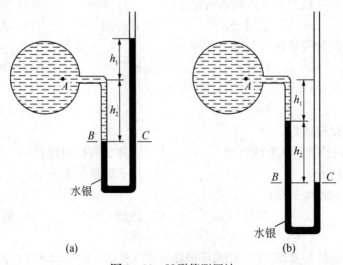

图 2-20 U 形管测压计

3. 如图 2-21 所示,液压千斤顶中,F 是手掀动手柄的力,假定 $F=300\,\mathrm{N}$,两活塞直径分别为 $D=20\,\mathrm{mm}$,$d=10\,\mathrm{mm}$,试求:
   (1) 作用在小活塞上的力 F_1;
   (2) 系统中的压力 p;
   (3) 大活塞能顶起重物的重量 G;
   (4) 大、小活塞的运动速度之比 v_1/v_2。

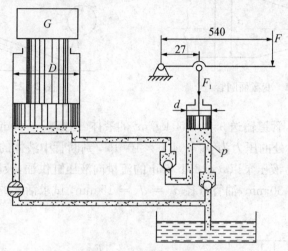

图 2-21 液压千斤顶

4. 如图 2-22 所示,有一直径为 d、质量为 m 的活塞浸在液体中,并在力 F 的作用下处于静止状态。若液体的密度为 ρ,活塞浸入的深度为 h,试确定液体在测压管内的上升高度 x。

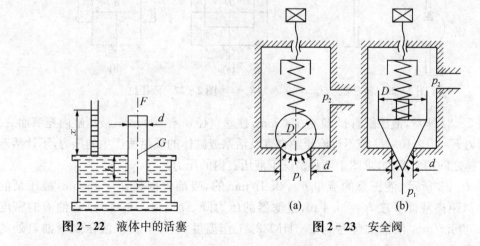

图 2-22 液体中的活塞　　图 2-23 安全阀

5. 如图 2-23 所示,两种安全阀,阀芯的形状分别为球形和圆锥形,阀座孔直径 $d=10\,\mathrm{mm}$,钢球和锥阀的最大直径 $D=15\,\mathrm{mm}$。当油液压力 $p_1=10\,\mathrm{MPa}$ 时,压力油克服弹簧力顶开阀芯而溢油,溢油腔有背压 $p_2=0.5\,\mathrm{MPa}$,试求两阀弹簧的预紧力。

6. 如图 2-24 所示，变截面水平圆管通流面积直径 $d_1 = \dfrac{d_2}{4}$，在 1-1 截面处的液体平均流速为 $v = 8\text{ m/s}$，压力为 $p = 1.0\text{ MPa}$，液体的密度为 $\rho = 1\,000\text{ kg/m}^3$。求 2-2 截面处的平均流速和压力（按理想液体考虑）。

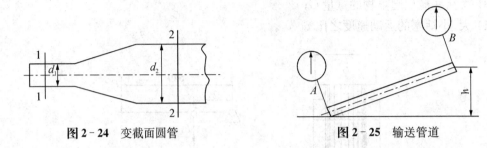

图 2-24　变截面圆管　　　　图 2-25　输送管道

7. 如图 2-25 所示，管道输送 $\rho = 1\,000\text{ kg/m}^3$ 的液体。已知 $h = 15\text{ m}$，A 处的压力为 $p_A = 4.5 \times 10^5\text{ Pa}$，$B$ 处的压力为 $p_B = 4.0 \times 10^5\text{ Pa}$，判断管中液体的方向。

8. 如图 2-26 所示，液压泵以 $q = 25\text{ L/min}$ 的流量向液压缸供油，液压缸内径 $D = 50\text{ mm}$，活塞杆直径 $d = 30\text{ mm}$，油管直径 $d_1 = d_2 = 15\text{ mm}$，试求活塞的运动速度及油液在进回油管中的流速。

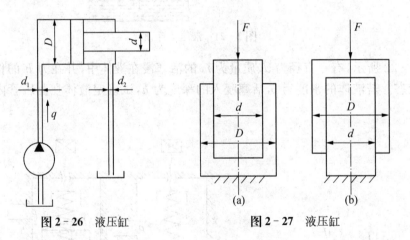

图 2-26　液压缸　　　　图 2-27　液压缸

9. 如图 2-27 所示，液压缸直径 $D = 150\text{ mm}$，柱塞直径 $d = 100\text{ mm}$，液压缸内充满油液。作用力 $F = 5 \times 10^4\text{ N}$。若不计液压油自重及活塞或缸体的质量所产生的压力，不计活塞和缸体之间的摩擦力，求图中两种情况下液压缸内的压力。

10. 如图 2-28 所示，液压泵的流量 $q = 25\text{ L/min}$，吸油管内径 $d = 25\text{ mm}$，液压泵的吸油口距离液面高度 $h = 0.4\text{ m}$，过滤器的压力降 $\Delta p = 1.5 \times 10^4\text{ Pa}$，油液的密度 $\rho = 900\text{ kg/m}^3$，油液的牌号为 L-HM32，工作温度为 40℃。求液压泵吸油口处的真空度。

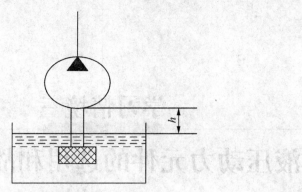

图 2-28 液压泵

11. 如图 2-29 所示,抽吸设备水平放置,出口和大气相通,细管处截面积 $A_1 = 3.2 \times 10^{-4}$ m²,出口处管道截面积 $A_2 = 4A_1$,$h = 1$ m。求开始抽吸时水平管中必须通过的流量 q。(液体为理想液压液体,不计损失)

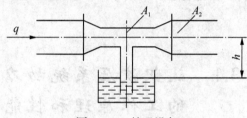

图 2-29 抽吸设备

学习情境三

液压动力元件的选用和故障分析

动力元件(液压泵)是液压系统的核心元件,它是将原动机的机械能转换为液体的压力能的能量转换装置。本学习情境通过两个任务来了解液压动力元件的工作、选用和故障分析。

任务 3.1 认识液压系统动力元件的工作原理和性能参数

知识点

液压泵的工作原理和性能参数。

技能点

能分析液压泵的工作原理,能对液压泵的主要性能参数进行分析和计算。

任务引入

如图 2-1 所示,折弯机液压系统利用液压油驱动压力头向下运动实现工件弯曲成形。若已知该系统的动力元件液压泵实际工作压力 $p = 2.2\ \text{Mpa}$,实际输出流量 $q = 16\ \text{L/min}$,液压泵的流量损失 10%、机械损失 10%,能否确定该系统驱动电动机的功率?

任务分析

本任务要求了解折弯机液压系统中的动力元件是怎么工作的,它的主要性能参数有哪些,如何进行相关的计算。

相关知识

一、容积式液压泵的工作原理

图3-1所示是一单柱塞液压泵的工作原理图,图中柱塞2装在泵体3中形成一个密封容积a,柱塞在弹簧4的作用下始终压紧在偏心轮1上。原动机驱动偏心轮1旋转使柱塞2做往复运动,使密封容积a的大小发生周期性的交替变化。当a由小变大时,形成局部真空,使油箱中油液在大气压作用下,经吸油管顶开单向阀6进入泵体a腔而实现吸油;反之,当a由大变小时,a腔中的油液受挤压将顶开单向阀5流入系统而实现压油。这样液压泵就将原动机输入的机械能转换成液体的压力能,原动机驱动偏心轮不断旋转,液压泵就不断地吸油和压油。这种依靠密封容积变化来实现吸油和压油的液压泵,称为容积式液压泵。

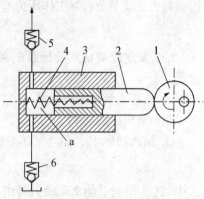

图3-1 液压泵工作原理图

容积式液压泵的工作原理可概括为:密闭容积的大小随运动件的运动作周期性的变化,当密封容积由小变大时,其内压力减小,泵吸油;当密封容积由大变小时,其内压力增大,泵压油。

二、容积式液压泵正常工作的3个必备条件

(1) 具有若干个密封,且可以周期性变化的容积。液压泵输出流量与此容积变化量和单位时间内的变化次数成正比,与其他因素无关。这是容积式液压泵的一个重要特性。

(2) 油箱内液体的绝对压力必须恒等于或大于大气压力。这是容积式液压泵能够吸入油液的外部条件。因此,为保证液压泵正常吸油,油箱必须与大气相通,或采用密闭的充压油箱。

(3) 具有相应的配油装置,将吸油腔和压油腔隔开,保证液压泵有规律地、连续地吸、压油体。液压泵的结构原理不同,其配油装置也不相同,图3-1中的单向阀5、6就是配油装置。

三、液压泵的性能参数

1. 液压泵的压力

(1) 工作压力 p 液压泵的工作压力是指液压泵实际工作时的输出压力。其大小取决于负载和排油管路上的压力损失,与液压泵的流量无关。

(2) 额定压力 p_e 液压泵的额定压力是指液压泵在正常工作条件下,按试验标准规定连续运转的最高压力。超过此压力值就是过载。

(3) 最高允许压力 p_{max} 液压泵的最高允许压力是指液压泵在超过额定压力的条件下,根据试验标准规定,允许液压泵短暂运行的最高压力。

2. 液压泵的排量

排量 V 是指泵轴每转一周,由其密封容积的几何尺寸变化计算而得的排出液体的体积。排量的单位为 mL/r。

3. 液压泵的流量

（1）理论流量 q_t　液压泵的理论流量是指在不考虑泄漏的情况下，泵在单位时间内所排出的液体体积。显然，如果液压泵的排量为 V，其主轴转速为 n，则该液压泵的理论流量 q_t 为

$$q_t = Vn。 \tag{3-1}$$

（2）实际流量 q　液压泵的实际流量是泵工作时实际排出的流量，等于理论流量减去因泄漏损失的流量 Δq，与工作压力有关，即

$$q = q_t - \Delta q。 \tag{3-2}$$

（3）额定流量 q_e　液压泵的额定流量是泵在额定压力和额定转速下必须保证的输出流量。

4. 液压泵的功率和效率

（1）液压泵的功率

① 输入功率 P_i。驱动液压泵的机械功率为液压泵的输入功率，即

$$P_i = 2\pi n T_i。 \tag{3-3}$$

式中，T_i 为泵轴上的实际输入转矩；n 为泵轴的转速。

② 输出功率 P_o。液压泵输出的液压功率为液压泵的输出功率，即

$$P_o = pq。 \tag{3-4}$$

（2）液压泵的效率　有以下 3 种表示：

① 机械效率 η_m。由于液压泵内有各种摩擦损失（机械摩擦、液体摩擦），液压泵的实际输入转矩 T_i 总是大于其理论转矩 T_t。其机械效率 η_m 为

$$\eta_m = \frac{T_t}{T_i}。 \tag{3-5}$$

根据液压泵的理论机械功率应无损耗地全部变换为液压泵的理论液压功率，得 $T_t 2\pi n = pVn$，于是

$$T_t = \frac{pV}{2\pi}， \tag{3-6}$$

$$\eta_m = \frac{pV}{2\pi T_i}。 \tag{3-7}$$

② 容积效率 η_v。由于液压泵存在泄漏（高压区流向低压区的内泄漏、泵体内流向泵体外的外泄漏），液压泵的实际输出流量 q 是小于其理论流量 q_t。其容积效率 η_v 为

$$\eta_v = \frac{q}{q_t}， \tag{3-8}$$

或

$$\eta_v = \frac{q}{Vn}。 \tag{3-9}$$

③ 总效率 η。由于液压泵在能量转换时有能量损失（机械摩擦损失、泄漏流量损失）液压泵的输出功率 P_o 总是小于泵的输入功率 P_i。其总效率 η 为

$$\eta = \frac{P_o}{P_i}。 \tag{3-10}$$

将式(3-3)、(3-4)代入式(3-10),得

$$\eta = \frac{pq}{2\pi n T_i} = \frac{pV}{2\pi T_i} \frac{q}{Vn} = \eta_m \eta_v \quad (3-11)$$

即泵的总效率 η 等于机械效率 η_m 和容积效率 η_v 的乘积。

【例3-1】 液压泵的输出油压 $p=10\,\text{MPa}$,转速 $n=1450\,\text{r/min}$,排量 $V=46.2\,\text{mL/r}$,容积效率 $\eta_v=0.95$,总效率 $\eta=0.9$。求液压泵的输出功率和驱动泵的电动机功率。

解:(1) 求液压泵的输出功率。

液压泵输出的实际流量为

$$q = q_t \eta_v = V n \eta_v = 46.2 \times 10^{-3} \times 1\,450 \times 0.95 = 63.64\,(\text{L/min})$$

液压泵的输出功率为

$$P_0 = pq = \frac{10 \times 10^6 \times 63.64 \times 10^{-3}}{60}(\text{W}) = 10.6 \times 10^3(\text{W}) = 10.6\,(\text{kW})$$

(2) 求驱动泵的电动机功率。

驱动泵的电动机功率,即泵的输入功率为

$$P_i = \frac{P_0}{\eta} = \frac{10.6}{0.9} = 11.8\,(\text{kW})$$

任务实施

分析折弯机液压系统的工作参数,在折弯机液压系统中,液压泵的工作压力 $p=2.2\,\text{MPa}$,实际输出流量 $q=16\,\text{L/min}$,泵的容积效率 $\eta_v=0.9$,机械效率 $\eta_m=0.9$,则

(1) 液压泵的输出功率 $P_0 = pq = \dfrac{2.2 \times 10^6 \times 16 \times 10^{-3}}{60} = 587\,(\text{W})$;

(2) 液压泵的总效率 $\eta = \eta_m \eta_v = 0.9 \times 0.9 = 0.81$;

(3) 驱动泵的电动机功率即泵的输入功率 $P_i = \dfrac{P_0}{\eta} = \dfrac{587}{0.81} = 723\,(\text{W})$。

任务3.2 液压泵的结构和型号选择

知识点

常用液压泵的结构原理和工作性能。

技能点

能根据系统的工作要求,选择液压泵的类型和型号。

任务引入

在图 2-1 所示的折弯机液压系统中,已知该液压系统克服负载做功时,流入液压缸的流量为 16 L/min,液压缸的工作压力为 20 kgf/cm²。试选择满足该折弯机液压系统工作要求的液压泵的结构和型号。

 任务分析

液压泵的种类很多,各类液压泵的结构、工作原理和工作特点各不相同,应根据不同的使用场合选择合适的液压泵。这对于降低液压系统的能耗、提高系统的效率、降低噪声、改善工作性能和保证系统的可靠工作都十分重要。

 相关知识

液压泵的分类方式很多,按结构形式不同,可分为齿轮泵、叶片泵、柱塞泵等;按流量能否改变,可分为定量泵和变量泵。

一、齿轮泵

齿轮泵按其结构形式,可分为外啮合齿轮泵和内啮合齿轮泵。在此主要介绍工程上常用的外啮合齿轮泵。

1. 外啮合齿轮泵的工作原理

图 3-2 所示是 CB-B 外啮合齿轮泵的结构图,它是分离三片式结构,三片是指前后泵

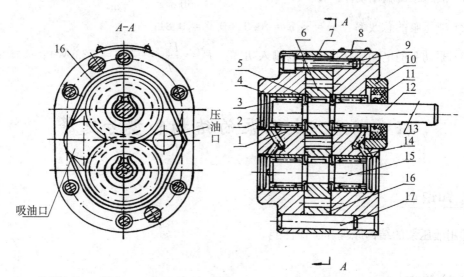

1—轴承外环;2—堵头;3—滚子;4—后泵盖;5—键;6—齿轮;7—泵体;8—前泵盖;9—螺钉;
10—压环;11—密封圈;12—主动轴;13—键;14—泄油孔;15—从动轴;16—泄油槽;17—定位销

图 3-2 CB-B 齿轮泵的结构

盖4、8和泵体7。泵体7内装有一对齿数相同、宽度和泵体宽度一样而又互相啮合的齿轮6,这对齿轮与两端盖和泵体形成一密封腔,并由齿轮的齿顶和啮合线把密封腔划分为两部分,即吸油腔和压油腔。两齿轮分别用键固定在由滚针轴承支承的主动轴12和从动轴15上,主动轴由电动机带动旋转。

工作原理如图3-3所示,当泵的主动齿轮按图示箭头方向旋转时,齿轮泵右侧齿轮脱开啮合,齿轮的轮齿退出齿间,使密封容积增大,形成局部真空,油箱中的油液在外界大气压的作用下,经吸油管路进入齿间,完成了齿轮泵的吸油过程;随着齿轮的旋转,吸入齿间的油液被带到另一侧,这时轮齿进入啮合,使

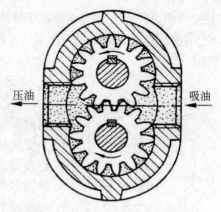

图3-3 外啮合齿轮泵工作原理图

密封容积逐渐减小,齿轮间部分的油液被挤出,完成了齿轮泵的压油过程。

2. 外啮合齿轮泵的流量特点

当齿轮齿数为z、模数为m、宽度为B、泵转速为n,泵的容积效率为η_v时,外啮合齿轮泵的平均实际流量为

$$q = 6.66zm^2 Bn\eta_v \text{。} \tag{3-12}$$

从上面公式可以看出,外啮合齿轮泵的流量特点为:

(1) 输油量与齿轮模数m的平方成正比。在泵的体积一定时,齿数少,模数就大,输油量增加,但流量脉动大;齿数增加时,模数就小,输油量减少,流量脉动也小。

(2) 输油量和齿轮宽度B、泵转速n成正比。齿轮泵的供油流量无法调节,只能作定量泵用。

3. 外啮合齿轮泵的结构问题

(1) 困油 齿轮泵要能连续地供油,就要求齿轮啮合的重叠系数ε大于1。也就是说,当一对齿轮尚未脱开啮合时,另一对齿轮已进入啮合,这样,就出现同时有两对齿轮啮合的瞬间,在两对齿轮的齿向啮合线之间形成了一个封闭容积,一部分油液也就被困在这一封闭容积中,如图3-4(a)所示。齿轮连续旋转时,这一封闭容积便逐渐减小,到两啮合点处于节点两侧的对称位置时,封闭容积为最小,如图3-4(b)所示。齿轮再继续转动时,封闭容积又逐渐增大,直到图3-4(c)所示位置时,容积又变为最大。在封闭容积减小时,被困油液受到挤压,压力急剧上升,使轴承上突然受到很大的冲击载荷,使泵剧烈振动。这时高压油从一切可能泄漏的缝隙中挤出,造成功率损失,使油液发热。当封闭容积增大时,由于没有油液补充,

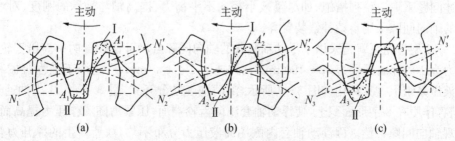

图3-4 齿轮泵的困油现象

因此形成局部真空,使原来溶解于油液中的空气分离出来,形成了气泡。油液中产生气泡后,会引起噪声、气蚀等一系列恶果。这种困油现象极为严重地影响着泵的工作平稳性和使用寿命。

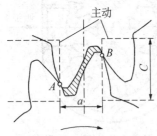

图3-5 齿轮泵的困油卸荷槽图

CB-B型齿轮泵为了消除困油现象,在泵盖上铣出两个困油卸荷凹槽,其几何关系如图3-5所示。卸荷槽的位置应该使困油腔由大变小时,能通过卸荷槽与压油腔相通;而当困油腔由小变大时,能通过另一卸荷槽与吸油腔相通。两卸荷槽之间的距离为 a,必须保证在任何时候都不能使压油腔和吸油腔互通。在很多齿轮泵中,两卸荷槽并不对称于齿轮中心线分布,而是向吸油腔侧平移一定距离,这样才能更好地卸荷。若按上述对称开的卸荷槽,当困油封闭腔由大变至最小时,由于油液不易从即将关闭的缝隙中挤出,故封闭油压仍将高于压油腔压力;齿轮继续转动,当封闭腔和吸油腔相通的瞬间,高压油又突然和吸油腔的低压油相接触,会引起冲击和噪声。如果将卸荷槽的位置整个向吸油腔侧平移一个距离,这时封闭腔只有在由小变至最大时才和压油腔断开,油压没有突变,封闭腔和吸油腔接通时,封闭腔不会出现真空也没有压力冲击。这样改进后,使齿轮泵的振动和噪声得到了进一步改善。

(2) 径向不平衡力 齿轮泵工作时,液体作用在齿轮外缘上的压力是不均匀的,如图3-6所示,从低压腔到高压腔,压力沿齿轮旋转方向逐齿递增,因此齿轮和轴受到径向不平衡力的作用。工作压力越高,这个不平衡力就越大,其结果不仅加速了轴承的磨损,降低了轴承的寿命,甚至使轴变形,造成齿顶和泵体内壁的摩擦等。为了解决径向力不平衡问题,常采用缩小压油口的办法,以减少压油腔压力油对轮齿的作用面积来减小径向不平衡力。

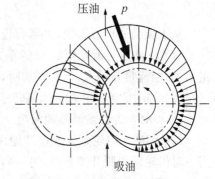

图3-6 齿轮泵的径向不平衡力

(3) 泄漏 外啮合齿轮泵中容易产生泄漏的部位有3处:齿轮齿顶圆与泵体配合处、齿轮端面与端盖配合处,以及两个齿轮的啮合处。其中端面间隙处的泄漏影响最大,占泵总泄漏的70%~80%,而且泵的压力越高,端面间隙泄漏就越大,因此其容积效率在各类液压泵中相对较低。

4. 高压齿轮泵

一般齿轮泵,由于泄漏大,且存在径向不平衡力,因而限制了压力的提高。高压齿轮泵针对上述问题采取一系列措施,如尽量减小径向不平衡力、提高轴与轴承的刚度、对泄漏量最大处的轴向间隙采用自动补偿装置等。

CB-46型齿轮泵就是采用了浮动轴套式的轴向间隙自动补偿装置的中高压齿轮泵,其额定压力为10 Mpa、排量为32~100 mL/r,转速为1 450 r/min,广泛用于工程机械和各种拖拉机液压系统上。其结构如图3-7所示,浮动轴套是分开式,呈8字形,压力油通过孔b进入a腔,作用在8字形面积上,使浮动轴套压向齿轮端面,压紧力随工作压力提高而增大,从而实现轴向间隙补偿。因浮动轴套内侧端面液压力分布不均,故所产生的撑开力合力的作用线偏移到压油腔一侧,使轴套倾斜,增加泄漏并加剧磨损。为了使轴套两侧液压力合力

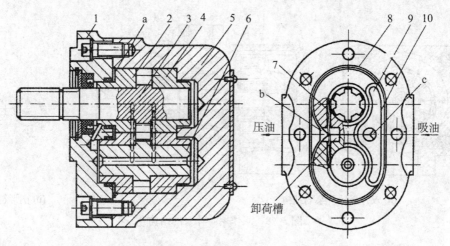

1—端盖；2、4—浮动轴套；3—主动齿轮轴；5—泵体；6—从动齿轮轴；
7—弹簧钢丝；8、10—密封圈；9—卸压片；10—密封圈

图 3-7 CB-46 型齿轮泵的结构

的作用线重合，在轴套和端盖之间靠近吸油腔安装了卸压片 9 和密封圈 10，形成卸压区。卸压区通过卸压片上的小孔 c 与吸油腔相通，高压油不能进入卸压区，使轴套外侧压紧力合力作用线也向压油腔偏移，从而使压紧力和撑开力合力的作用线趋于重合，使轴套磨损均匀。在泵启动和空载时，密封圈的弹性使浮动轴套与齿轮间产生必要的预紧力，有助于提高容积效率和机械效率。两轴套接合面的密封由弹簧钢丝 7 来保证。安装弹簧钢丝时，应使两轴套（在弹簧力作用下）的扭转方向与从动齿轮的旋转方向一致。

5. 齿轮泵的应用

在各种类型的容积式液压泵中，齿轮泵具有结构简单、制造容易、成本低、体积小、重量轻、工作可靠，以及对油液污染不太敏感等优点，但容积效率较低、流量脉动和压力脉动较大、噪声也大。低压齿轮泵国内已普遍产生，广泛应用于机床（磨床、研磨机）的传动系统和各种补油、润滑及冷却装置的液压系统中的控制油源等；中高压齿轮泵主要用于工程机械、农业机械、轧钢设备和航空技术中。

二、叶片泵

叶片泵的结构较齿轮泵复杂，广泛应用在机床、自动线等中低液压系统中。叶片泵有双作用和单作用叶片泵两类。

1. 双作用叶片泵

（1）结构和工作原理　双作用叶片泵结构如图 3-8 所示，由定子、转子、叶片、配油盘、泵体、泵盖、泵轴等组成。在左泵体 1 和右泵体 7 内安装有定子 5、转子 4、左配油盘 2 和右配油盘 6。转子 4 上开有 12 条具有一定倾斜角度的槽，叶片 3 装在槽内。转子由泵轴 11 带动回转，传动轴由左、右泵体内的两个径向球轴承 9 和 12 支撑。盖板 8 与传动轴用两个油封 10 密封，以防止漏油和空气进入。定子、转子和左右配油盘用两个螺栓 13 组装成一个部件后再装入泵体内，这种组装式的结构便于装配和维修。螺栓 13 的头部装在左泵体后面孔内，以保证定子及配油盘与泵体的相对位置。

双作用叶片泵的工作原理，如图 3-9 所示。定子内表面由两段长半径圆弧、两段短半

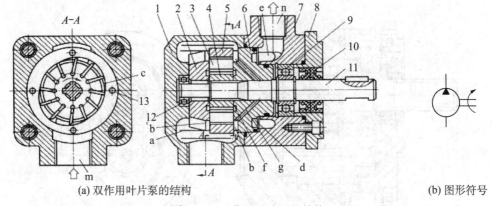

(a) 双作用叶片泵的结构　　　　　　　　　(b) 图形符号

图 3-8　双作用叶片泵的结构

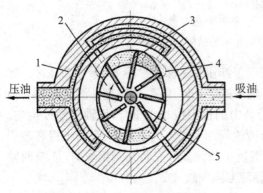

1—定子；2—转子；3—叶片；4—配油盘；5—轴

图 3-9　双作用叶片泵工作原理

径圆弧和 4 段过渡曲线组成，形似椭圆，且定子和转子是同心安装的。转子旋转时，叶片靠离心力和根部油压作用伸出并紧贴在定子的内表面上，两叶片之间和转子的外圆柱面、定子内表面及前后配油盘形成了若干个密封工作容腔。

当转子按图示方向旋转时，小半径圆弧处的密封空间在经过渡曲线运动到大半径圆弧的过程中，叶片外伸，密封空间的容积增大，吸入油液；再从大半径圆弧经过渡曲线运动到小半径圆弧的过程中，叶片被定子内壁逐渐压进槽内，密封空间容积变小，将油液从压油口压出。转子每转一周，每个工作空间要完成两次吸油和压油，所以称为双作用叶片泵。由于有两个吸油腔和两个压油腔，并且各自的中心夹角是对称的，所以作用在转子上的油液压力相互平衡，因此双作用叶片泵又称为平衡式（卸荷式）叶片泵。

(2) 流量特点　不计叶片所占容积，设定子曲线的长半径为 R，短半径为 r，定子宽度为 B，转子转速为 n，泵的容积效率为 η_v 时，双作用叶片泵的平均实际流量为

$$q = 2\pi B(R^2 - r^2)n\eta_v 。 \qquad (3-13)$$

双作用叶片泵的供油流量无法调节，只能作定量泵用。

(3) 结构特点　有以下几点：

① 叶片倾角。叶片沿着旋转方向前倾 $10°\sim14°$，以减少压力角。当叶片以前倾角安装时，叶片泵不允许反转。

② 端面间隙自动补偿。为了使转子和叶片能自由旋转，转子与两配油盘端面间应保持一定间隙。泵工作时，为了提高压力，减少端面泄漏，采取的间隙自动补偿措施是将配油盘的外侧与压油腔连通，使配油盘在液压推力作用下压向转子。泵的工作压力愈高，配油盘就愈加贴紧转子，对转子端面间隙进行自动补偿。

③ 叶片底部通以压力油，防止压油区叶片内滑。

④ 转子上的径向负荷平衡。

⑤ 配油盘上开有三角槽(眉毛槽),防止压力跳变,同时避免困油。

(4) 应用　双作用叶片泵不仅作用在转子上的径向力平衡,且运转平稳、输油量均匀、噪声小。但结构较复杂,不能做成变量泵;吸油特性差,转速须大于 500 r/min 才能可靠吸油;对油液的污染较敏感,定子表面易磨损,叶片易咬死、折断,可靠性差,一般常用在机床、注塑机、液压机、起重运输机械、工程机械、飞机等中压液压系统中。

2. 单作用叶片泵

(1) 工作原理　单作用叶片泵的工作原理如图 3-10 所示,单作用叶片泵由转子、定子、叶片和端盖等组成。定子具有圆柱形内表面,定子和转子间有偏心距 e。叶片装在转子槽中,并可在槽内滑动,当转子旋转时,离心力的作用使叶片紧靠在定子内壁,这样在定子、转子、叶片和两侧配油盘间就形成若干个密封的工作空间。当转子按图示的方向转动时,在图的右部,叶片逐渐伸出,叶片间的工作空间逐渐增大,完成吸油;在图的左部,叶片被定子内壁逐渐压进槽内,工作空间逐渐缩小,完成压油。这种叶片泵在转子每转一周,则每

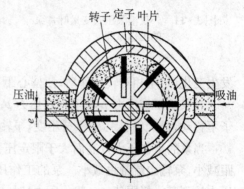

图 3-10　单作用叶片泵工作原理

个工作容积完成一次吸油和压油,因此称为单作用叶片泵。单作用叶片泵因只有一个吸油区和一个压油区,因而作用在转子上的径向液压力不平衡,所以又称为非平衡式叶片泵。

(2) 流量特点　如果不考虑叶片的厚度,设定子内径为 D、宽度为 B,定子与转子的偏心距为 e,转子转速为 n,泵的容积效率为 η_v 时,单作用叶片泵的平均实际流量为

$$q = 2\pi BeDn\eta_v \quad (3-14)$$

由于转子与定子偏心距 e 和偏心方向可调,所以单作用叶片泵可作双向变量泵使用。

(3) 结构特点　有以下几点:

① 单作用叶片泵叶片底部的油液是自动切换的,即当叶片在压油区时,其底部通压力油;在吸油区时,则与吸油腔通。所以,叶片上、下的液压力是平衡的,有利于减少叶片与定子间的磨损。

② 叶片的向外运动主要依靠其旋转时所受到的离心惯性力,因此叶片倾斜方向与双作用叶片泵相反。叶片后倾一个角度,称后倾角,一般为 24°,利于叶片在离心惯性力作用下向外伸出。

③ 转子受到不平衡的径向液压作用力。

④ 改变定子和转子之间的偏心距可改变流量。偏心反向时,吸油、压油方向也相反。

(4) 限压式变量叶片泵

单作用叶片泵改变定子和转子间的偏心距 e,可改变其流量输出。e 的调节方法有手动调节和自动调节。自动调节有限压式、恒压式和恒流量式 3 类。下面介绍常用的限压式变量叶片泵。

① 结构和工作原理。图 3-11 所示为外反馈限压式变量叶片泵的工作原理,转子 1 的

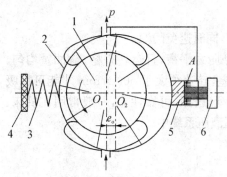

图 3-11 外反馈限压式变量叶片泵的工作原理

中心 O_1 是固定的,定子 2 可以左右移动,在右端限压弹簧 3 的预紧力 kx_0(k 为弹簧压缩系数,x_0 为弹簧的预压缩量)的作用下,定子被推向左端,紧靠在反馈缸活塞 5 的右端面上,使定子中心 O_2 和转子中心 O_1 之间有一原始偏心距 e_0,它决定了泵的最大流量。e_0 的大小可用流量调节螺钉 6 调节。泵的出口压力油经泵体内的通道作用于活塞 5 的左端面上,使活塞对定子 2 产生作用力 pA,用于平衡限压弹簧力 kx_0。调节限压弹簧 3 的预紧力 kx_0,即调节了泵的限定压力 $p_B = \dfrac{kx_0}{A}$。当负载变化时,pA 发生变化,定子相对转子移动,使偏心距 e_0 改变。

当泵的工作压力 p 小于限定压力 p_B 时,$pA < kx_0$,此时限压弹簧的预压缩量不变,定子不移动,最大偏心距 e_0 保持不变,泵输出流量为最大。

当泵的工作压力升高而大于限定压力 p_B 时,$pA \geqslant kx_0$,限压弹簧压缩,定子右移,偏心距减小,泵输出流量也减小。泵的工作压力越高,偏心距越小,泵输出流量也越小。当工作压力达到某一极限值 p_C(截止压力)时,定子移到最右端位置,偏心距减至最小,使泵内偏心所产生的流量全部用于补偿泄漏,输出流量为零。此时,不管外负载如何加大,泵的输出压力也不会再升高。

图 3-12 所示为 YBX 型外反馈限压式变量叶片泵的结构,主要由定子、转子、叶片、传动轴、滑块、滚针、反馈活塞、调压弹簧等组成。转子 4 中心是不变的,定子 5 可左右移动,滑块 6 用来支持定子并承受压力油对定子的作用力,滑块支承在滚针 11 上,提高定子随滑块对油压变化时移动反应的灵敏度。在定子 5 的左侧作用有调压弹簧 2 和预紧力调整螺钉 1,右侧有反馈活塞 9,活塞的右端有最大偏心调节螺钉 10。反馈缸通过控制油路与泵的压油口相连通。

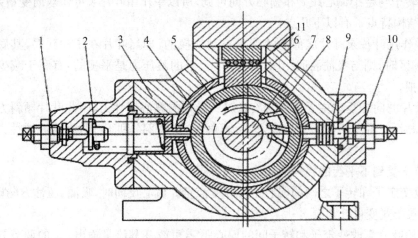

1—预紧力调整螺钉;2—调压弹簧;3—泵体;4—转子;5—定子;6—滑块;
7—传动轴;8—叶片;9—反馈活塞;10—最大偏心距调节螺钉;11—滚针

图 3-12 YBX 型外反馈限压式变量叶片泵的结构

② 限压式变量叶片泵的特性曲线。限压式变量叶片泵的流量与压力的特性,如图3-13所示。图中AB段表示工作压力小于限定压力p_B,流量最大,而且基本保持不变,只是因泄漏随工作压力的增加而增加,使实际输出流量减小。B为拐点,p_B为泵输出最大流量时可达到的最高工作压力,其大小可由图3-11中的限压弹簧3调节。图中BC段表示工作压力超过限定压力p_B后,输出流量开始变化,即流量随压力升高而自动减小,直到C点,这时输出流量为零,压力为截止压力p_C。

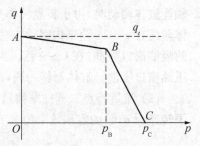

图3-13 限压式变量叶片泵的特性曲线

对既要实现快速行程,又要实现工作进给(慢速移动)的执行元件来说,限压式变量叶片泵是一种合适的油源:快速行程时,需要大的流量,负载压力较低,正好使用特性曲线的AB段;工作进给时,负载压力升高,需要流量减少,正好使用其特性曲线的BC段。因而,合理调整拐点压力p_B是使用该泵的关键。目前,这种泵被广泛用于要求执行元件有快速、慢速和保压阶段的中低压系统中,有利于节能和简化回路。

(5) 单作用叶片泵的优缺点及应用 单作用叶片泵转子承受不平衡的径向液压力,一般不适用于高压;其自吸能力较差、噪声较大,容积效率和机械效率都没有双作用叶片泵高。但是,单作用叶片泵易于实现流量调节,可降低功率损耗、减少油液发热、简化油路、节省液压元件。常用于有快慢速运动的机床、注塑机械液压系统中。

三、柱塞泵

柱塞式液压泵是靠柱塞的往复运动,改变柱塞腔内的容积来实现吸压油的。柱塞式液压泵由于其主要零件柱塞和缸体均为圆柱形,加工方便、配合精度高、密封性能好、工作压力高而得到广泛的应用。柱塞泵可分为径向柱塞泵和轴向柱塞泵。

1. 轴向柱塞泵

(1) 工作原理 轴向柱塞泵将多个柱塞配置在同一个缸体的圆周上,并使柱塞中心线和缸体中心线平行,工作原理如图3-14所示。主要由缸体1、配油盘2、柱塞3和斜盘4等组成,柱塞沿圆周均匀分布在缸体内,斜盘轴线与缸体轴线倾斜一角度。柱塞靠机械装置或低压油作用压紧在斜盘上(图中为弹簧6),配油盘2和斜盘4固定不转。当原动机通过传动

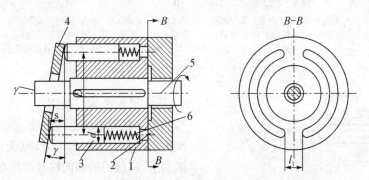

1—缸体;2—配油盘;3—柱塞;4—斜盘;5—传动轴;6—弹簧

图3-14 轴向柱塞泵的工作原理

轴使缸体转动时,由于斜盘的作用,迫使柱塞在缸体内作往复运动。图中方向回转时,当缸体转角在 π~2π 范围内时,柱塞向外伸出,柱塞底部缸孔的密封工作容积增大,通过配油盘的吸油窗口吸油;在 0~π 范围内时,柱塞被斜盘推入缸体,使缸孔容积减小,通过配油盘的压油窗口压油。缸体每转一周,每个柱塞各完成吸、压油一次。

(2) 流量特点 若柱塞数目为 z、直径为 d,柱塞孔的分布圆直径为 D,斜盘倾角为 γ,转子转速为 n,泵的容积效率为 η_v 时,轴向柱塞泵的平均实际流量为

$$q = \frac{\pi}{4}d^2 D\tan\gamma \cdot zn\eta_v \text{。} \tag{3-15}$$

改变斜盘倾角 γ 的大小,也就改变了泵的流量;改变斜盘的倾斜方向,就能改变泵的吸、压油方向。可见,轴向柱塞泵可成为双向变量轴向柱塞泵。

(3) 结构特点 图 3-15 所示为常见的斜盘式轴向柱塞泵的结构,它由两部分组成:右边的主体部分(又分为前泵体部分、中间泵体部分)和左边的变量部分。缸体 5 安装在中间泵体 1 和前泵体 7 内,由传动轴 8 通过花键带动旋转。在缸体内的 7 个轴向缸孔中,分别装有柱塞 9。柱塞的球形头部装在滑履 12 的孔内,并可作相对滑动。弹簧 3 通过内套 2、钢珠 13 和回程盘 14 将滑履 12 紧紧地压在斜盘 15 上,同时弹簧 3 又通过外套 10 将缸体 5 压向配油盘 6。当缸体由传动轴带动旋转时,柱塞相对缸体做往复运动。于是容积发生变化,这时油液可通过缸孔底部月牙形的通油孔、配油盘 6 上的配油窗口,以及前泵体 7 的进、出油孔等完成吸、压油工作。

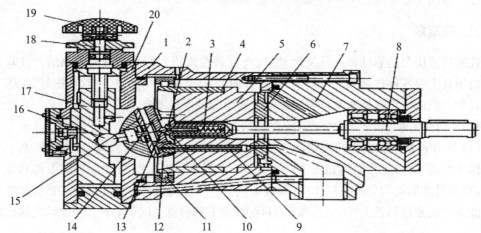

1—中间泵体;2—内套;3—弹簧;4—钢套;5—缸体;6—配油盘;7—前泵体;
8—传动轴;9—柱塞;10—外套;11—轴承;12—滑履;13—钢珠;14—回程盘;
15—斜盘;16—轴销;17—广变量活塞;18—螺杆;19—手轮;20—变量机构壳体

图 3-15 斜盘式轴向柱塞泵的结构

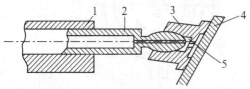

1—缸体;2—柱塞;3—滑履;4—斜盘;5—油室

图 3-16 滑履的结构

① 滑履结构。在图 3-14 中,各柱塞以球形头部直接接触斜盘而滑动,柱塞头部与斜盘之间为点接触。泵工作时,柱塞头部接触应力大,极易磨损,故一般轴向柱塞泵都在柱塞头部装有滑履,如图 3-16 所示,改点接触为面接触。并且各相对运动表面之间通过滑履上的小孔引入

压力油,实现可靠的润滑,大大降低了相对运动零件表面磨损。这样,有利于保证轴向柱塞泵在高压、高速下工作。

② 弹簧机构。柱塞泵要想正常工作,柱塞头部的滑履必须始终紧贴斜盘。图 3-14 中在每个柱塞底部加一个弹簧,但在这种结构中,随着柱塞的往复运动,弹簧易疲劳损坏。图 3-15 中改用一个弹簧 3,通过钢珠 13 和回程盘 14 将滑履压向斜盘,从而使泵具有较好的自吸能力。这种结构中的弹簧只受静载荷,不易疲劳损坏。

③ 缸体端面间隙的自动补偿。由图 3-15 可见,在使缸体紧压配油盘端面的作用力中,除弹簧 3 的推力外,还有柱塞孔底部台阶面上所受的液压力,此液压力比弹簧力大得多,而且随泵工作压力的增大而增大。由于缸体始终受力而紧贴着配油盘,使得端面间隙得到了自动补偿,提高了泵的容积效率。

④ 变量机构。在变量轴向柱塞泵中,均设有专门的变量机构,用来改变斜盘倾角 γ 的大小,以调节泵的排量。轴向柱塞泵的变量方式有多种,其变量机构的结构形式也多种多样。

图 3-15 中采用的是手动变量机构,设置在泵的左侧。变量时,转动手轮 19,螺杆 18 随之转动,因导键的作用,变量活塞 17 便上下移动,通过轴销 16 使支承在变量壳体上的斜盘 15 绕其中心转动,从而改变了斜盘倾角 γ。手动变量机构的结构简单,但操作力较大,通常只能在停机或泵压较低的情况下实现变量。

(4) 优缺点及其应用 轴向柱塞泵的柱塞与缸体柱塞孔之间为圆柱面配合,其优点是加工工艺性好,易于获得很高的配合精度,因此密封性能好、泄漏少,能在高压下工作,且容积效率高、流量容易调节。但不足之处是其结构复杂、价格较高,对油液污染敏感。一般用于高压、大流量及流量需要调节的液压系统中,多用在矿山、冶金机械设备上。

2. 径向柱塞泵

(1) 工作原理 图 3-17 所示为径向柱塞泵的工作原理。这种泵柱塞垂直于缸体轴心线,由柱塞 1、转子(缸体)2、定子 3、衬套 4、配油轴 5 等零件组成。衬套紧配在转子孔内随着转子一起旋转,而配油轴则是不动的。

当转子顺时针旋转时,柱塞在离心力或在低压油作用下,压紧在定子内壁上。由于转子和定子间有偏心量 e,故转子在上半周转动时柱塞向外伸出,径向孔内的密封工作容积逐渐增大,形成局部真空,吸油腔则通过配油轴上面两个吸油孔从油箱中吸油;转子转到下半周时,柱塞向里推入,密封工作容积逐渐减小,压油腔通过配油轴下面两个压油孔将油液压出。转子每转一周,每个柱塞底部的密封容积完成一次吸油、压油,转子连续运转,即完成泵的吸、压油工作。

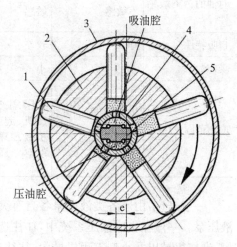

图 3-17 径向柱塞泵工作原理

(2) 流量特点 当转子和定子间的偏心量为 e 时,柱塞在缸体孔中的行程为 $2e$。柱塞数目为 z,直径为 d,泵的转速为 n,泵的容积效率为 η_v,则径向柱塞泵的实际流量为

$$q = \frac{\pi}{2} d^2 e z n \eta_v \quad (3-16)$$

可见，改变径向柱塞泵转子和定子间偏心量的大小，可以改变输出流量；若偏心方向改变，则液压泵的吸、压油腔互换，这就成为双向变量泵。

（3）优缺点及应用　径向柱塞泵输油量大，压力高，性能稳定，耐冲击性能好，工作可靠；但其径向尺寸大，结构较复杂，自吸能力差，且配油轴受到不平衡液压力的作用，柱塞顶部与定子内表面为点接触，容易磨损。这些都限制了它的使用，已逐渐被轴向柱塞泵替代。

四、液压泵的选择

选择液压泵的原则是：根据主机工况、功率大小和系统对工作性能的要求，首先确定液压泵的类型，然后按系统所要求的压力、流量大小确定其规格型号。

1. 液压泵的类型选择

了解各种常用泵的性能有助于正确地选用泵，表3-1列举了最常用泵的各种性能值，供大家在选用时参考。

表3-1　常用液压泵的主要性能和应用范围

项目	齿轮泵	双作用叶片泵	单作用叶片泵	轴向柱塞泵	径向柱塞泵
工作压力/MPa	<20	6.3～20	≤7	20～35	10～20
流量调节	不能	不能	能	能	能
容积效率	0.70～0.95	0.80～0.95	0.80～0.90	0.90～0.98	0.85～0.95
总效率	0.60～0.85	0.75～0.85	0.70～0.85	0.85～0.95	0.75～0.92
流量脉动率	大	小	中等	中等	中等
对油的污染敏感性	不敏感	敏感	敏感	敏感	敏感
自吸特性	好	较差	较差	较差	差
噪声	大	小	较大	大	较大
应用范围	机床、工程机械、农业机械、航空、船舶、一般机械	机床、注塑机、液压机、起重运输机械、工程机械、航空	机床、注塑机	机床、工程机械、锻压机械、起重运输机械、矿山机械、冶金机械、船舶、航空	机床、液压机、船舶

一般来说，由于各类液压泵各自有突出的特点，因此应根据不同的使用场合选择合适的液压泵。一般在机床液压系统中，往往选用双作用叶片泵和限压式变量叶片泵；而在筑路机械、港口机械以及小型工程机械中，往往选择抗污染能力较强的齿轮泵；在负载大、功率大的场合，往往选择柱塞泵。

2. 液压泵性能参数的确定

（1）确定泵的额定压力　液压泵的工作压力是根据执行元件的最大工作压力来决定的，考虑到各种压力损失，泵的最大工作压力 $p_泵$ 可按下式确定，即

$$p_泵 \geqslant K_压 \times p_执， \tag{3-17}$$

式中，$p_泵$ 表示液压泵所需的最大工作压力(Pa)；$K_压$ 表示系统中压力损失系数，一般取 1.3～1.5，系统复杂或管路较长者取大值，反之取小值；$p_执$ 表示执行元件所需的最大工作压力(Pa)。

（2）确定泵的额定流量　液压泵的输出流量取决于系统所需最大流量及泄漏量，即

$$q_泵 \geqslant K_漏 \, q_执, \qquad (3-18)$$

式中，$q_泵$ 为液压泵所需输出的流量(m^3/min)；$K_漏$ 为系统的泄漏系数，取 1.1～1.3，系统复杂或管路较长者取大值，反之取小值；$q_执$ 为执行元件所需的最大流量(m^3/min)。

若为多个执行元件同时动作，$q_执$ 应为同时动作的几个执行元件所需的最大流量之和。

总之，在 $p_泵$、$q_泵$ 求出以后，就可具体选择液压泵的规格，选择时应使实际选用泵的额定压力大于所求出的 $p_泵$ 值，通常可放大 25%；泵的额定流量略大于或等于所求出的 $q_泵$ 值即可。

（3）电动机参数的选择　液压泵是由电动机驱动的，可根据液压泵的功率计算出电动机所需要的功率，再考虑液压泵的转速，然后从样本中合理地选定标准的电动机。

驱动液压泵所需的电动机功率可按下式确定，即

$$P_电 = \frac{p_泵 \, q_泵}{60\eta}, \qquad (3-19)$$

式中，$P_电$ 表示电动机所需的功率(kW)；$p_泵$ 表示泵所需的最大工作压力(Pa)；$q_泵$ 表示泵所需输出的最大流量(m^3/min)；η 表示泵的总效率。

任务实施

折弯机液压系统在结构上较为紧凑，液压管道较短，因此可以取 $K_压 = 1.2$，$K_漏 = 1.1$，据此分别计算出液压泵的输出流量和工作压力。

（1）液压泵的输出流量　$q_泵 \geqslant K_漏 \, q_缸 = 1.1 \times 16 = 17.6 (L/min)$；

（2）液压泵的工作压力　$p_泵 \geqslant K_压 \times p_缸 = 1.2 \times 20 = 24 (kgf/cm^2)$。

折弯机是小型工程机械，整个液压系统对噪声和流量稳定性要求不高，要求成本较低、维护方便。故可以选择外啮合齿轮泵作为系统的动力元件。

查液压泵的样本资料，选择 CB-B25 型齿轮泵。该泵的额定流量为 25 L/min，略大于 $q_泵$；该泵的额定压力为 25 kgf/cm^2（约为 2.5 MPa），大于泵所需要提供的最大压力。选取泵的总效率 $\eta = 0.7$，驱动泵的电动机功率为

$$P_电 = \frac{p_泵 \, q_泵}{60\eta} = \frac{2.4 \times 10^6 \times 25 \times 10^{-3}}{60 \times 0.7} = 1.43 (kW)。$$

由上式可见，在计算电机功率时用的是泵的额定流量，而没有用计算出来的泵的流量，这是因为所选择的齿轮泵是定量泵的缘故，定量泵的流量是不能调节的。

知识链接

一、液压泵的图形符号和说明

液压泵的图形符号，如图 3-18 所示。

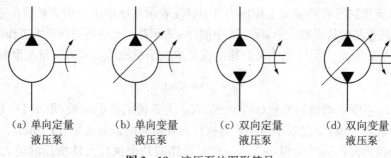

(a) 单向定量　　(b) 单向变量　　(c) 双向定量　　(d) 双向变量
　　液压泵　　　　　液压泵　　　　　液压泵　　　　　液压泵

图 3-18　液压泵的图形符号

二、液压泵的故障分析和排查

液压泵常见故障及其排除方法,见表 3-2。

表 3-2　液压泵常见故障及其排除方法

故障现象	原因分析	排除方法
不排油或无压力	(1) 原动机和液压泵转向不一致 (2) 油箱油位过低 (3) 吸油管或滤油器堵塞 (4) 启动时转速过低 (5) 油液粘度过大或叶片移动不灵活 (6) 叶片泵配油盘与泵体接触不良或叶片在滑槽内卡死 (7) 进油口漏气 (8) 组装螺钉过松	(1) 纠正转向 (2) 补油至油标线 (3) 清洗吸油管路或滤油器,使其畅通 (4) 使转速达到液压泵的最低转速以上 (5) 检查油质,更换粘度适合的液压油或提高油温 (6) 修理接触面,重新调试,清洗滑槽和叶片,重新安装 (7) 更换密封件或接头 (8) 拧紧螺钉
流量不足或压力不能升高	(1) 吸油管滤油器部分堵塞 (2) 吸油端连接处密封不严,有空气进入,吸油位置太高 (3) 叶片泵个别叶片装反,运动不灵活 (4) 泵盖螺钉松动 (5) 系统泄漏 (6) 齿轮泵轴向和径向间隙过大 (7) 叶片泵定子内表面磨损 (8) 柱塞泵柱塞与缸体或配油盘与缸体间磨损,柱塞回程不够或不能回程,引起缸体与配油盘间失去密封 (9) 柱塞泵变量机构失灵 (10) 侧板端磨损严重,漏损增加 (11) 溢流阀失灵	(1) 除去脏物,使吸油畅通 (2) 在吸油端连接处涂油,若有好转,则紧固连接件或更换密封,降低吸油高度 (3) 逐个检查,不灵活叶片应重新研配 (4) 适当拧紧 (5) 对系统进行顺序检查 (6) 找出间隙过大部位,采取措施 (7) 更换零件 (8) 更换柱塞,修磨配油盘与缸体的接触面,保证接触良好,检查或更换弹簧 (9) 检查变量机构,纠正其调整误差 (10) 更换零件 (11) 检修溢流阀
噪声严重	(1) 吸油管或滤油器部分堵塞 (2) 吸油端连接处密封不严,有空气进入,吸油位置太高 (3) 从泵轴油封处有空气进入	(1) 除去脏物,使吸油管畅通 (2) 在吸油端连接处涂油,若有好转,则紧固连接件或更换密封,降低吸油高度 (3) 更换油封

(续表)

故障现象	原因分析	排除方法
	(4) 泵盖螺钉松动 (5) 泵与联轴器不同心或松动 (6) 油液粘度过高,油中有气泡 (7) 吸入口滤油器通过能力太小 (8) 转速太高 (9) 泵体腔道阻塞 (10) 齿轮泵齿形精度不高或接触不良,泵内零件损坏 (11) 齿轮泵轴向间隙过小,齿轮内孔与端面垂直度或泵盖上两孔平行度超差 (12) 溢流阀阻尼孔堵塞 (13) 管路振动	(4) 适当拧紧 (5) 重新安装,使其同心,紧固连接件 (6) 更换粘度适当的液压油,提高油液质量 (7) 改用通过能力较大的滤油器 (8) 使转速降至允许的最高转速以下 (9) 清理或更换泵体 (10) 更换齿轮或研磨修整,更换损坏零件 (11) 检查并修复有关零件 (12) 拆卸溢流阀并清洗 (13) 采取隔离消振措施
泄漏	(1) 柱塞泵中心弹簧损坏,使缸体与配油盘间失去密封性 (2) 油封或密封圈损伤 (3) 密封表面不良 (4) 泵内零件间磨损、间隙过大	(1) 更换弹簧 (2) 更换油封或密封圈 (3) 检查修理 (4) 更换或重新配研零件
过热	(1) 油液粘度过高或过低 (2) 侧板和轴套与齿轮端面严重摩擦 (3) 油液变质,吸油阻力增大 (4) 油箱容积太小,散热不良	(1) 更换粘度适合的液压油 (2) 修理或更换侧板和轴套 (3) 换油 (4) 加大油箱,扩大散热面积
柱塞泵变量机构失灵	(1) 在控制油路上可能出现阻塞 (2) 变量活塞以及弹簧心轴卡死	(1) 净化油,必要时冲洗油路 (2) 如机械卡死,可研磨修复;如油液污染,则清洗零件并更换油液
柱塞泵不转	(1) 柱塞与缸体卡死 (2) 柱塞球头折断,滑履脱落	(1) 研磨、修复 (2) 更换零件

一、填空题

1. 液压泵的工作原理:当泵体内所构成的密封容积增大时,泵内压力(　　　),(　　　)油;当泵体内所构成的密封容积减小时,泵内压力(　　　),(　　　)油。
2. 齿轮泵具有泄漏大、工作压力提高受到限制的缺点,一般用于(　　　)系统中。
3. 柱塞泵具有密封性能好、泄漏少和效率高的特点,一般用于(　　　)的液压系统中。
4. 变量叶片泵的流量改变是通过改变定子和转子的(　　　)来实现,而轴向柱塞泵的流量改变是通过改变斜盘的(　　　)来实现。
5. 液压泵的机械损失是指液压泵在(　　　)上的损失。

6. 液压泵的理论流量只与（　　　）和（　　　）有关。

7. 齿轮泵的泄漏一般有 3 个渠道：（　　　）、（　　　）、（　　　）。其中以（　　　）最为严重。

二、选择题

1. 限制齿轮泵压力提高的主要因素是（　　　）。
　　A．流量脉动　　　　B．困油现象　　　　C．泄漏　　　　D．径向不平衡力

2. 总效率较高的一般是（　　　）。
　　A．齿轮泵　　　　B．叶片泵　　　　C．柱塞泵　　　　D．转子泵

3. 液压泵的选择首先是确定（　　　）。
　　A．价格　　　　B．额定压力　　　　C．输油量　　　　D．结构型式

4. 齿轮泵齿轮脱开啮合,则（　　　）。
　　A．容积增大压油　　　　　　　　B．容积增大吸油
　　C．容积减小不变化　　　　　　　D．容积减小吸油

5. 工作环境较差、工作压力较高时,采用（　　　）。
　　A．高压叶片泵　　B．柱塞泵　　C．高压齿轮泵　　D．变量叶片泵

6. 径向柱塞泵的（　　　）与定子有偏心距 e。
　　A．转子　　　　B．柱塞　　　　C．配油轴　　　　D．铜套

三、简答题

1. 试述容积式液压泵工作的必要条件。

2. 什么叫液压泵的工作压力、最高压力和额定压力？三者有何关系？

3. 什么叫液压泵的排量、流量、理论流量、实际流量和额定流量？它们之间有什么关系？

4. 齿轮泵的径向力不平衡是怎样产生的？会带来什么后果？消除径向力不平衡的措施有哪些？

5. 为什么称单作用叶片泵为非卸荷式叶片泵,称双作用叶片泵为卸荷式叶片泵？

6. 限压式变量叶片泵适用于什么场合？有何优缺点？

7. 为什么柱塞泵一般比齿轮泵或叶片泵能达到更高的压力？

四、计算题

1. 一个液压齿轮泵的齿轮模数 $m=4$ mm、齿数 $z=9$、齿宽 $B=18$ mm,在额定压力下,转速 $n=2\,000$ r/min 时,泵的实际输出流量 $q=30$ L/min,求泵的容积效率。

2. 某液压泵铭牌上标有转速 $n=1450$ r/min,额定流量 $q_e=60$ L/min,额定压力 $p_e=8$ MPa,泵的效率 $\eta=0.8$,试求该泵应选配的电机功率。

3. 某液压泵的机械效率 $\eta_m=0.92$,泵的转速 $n=950$ r/min 时的理论流量为 $q_t=160$ L/min,若泵的工作压力 $p=2.95$ MPa,实际流量 $q=152$ L/min。试求：
(1) 液压泵的总效率；(2) 泵在上述工况所需的电动机功率。

4. 某液压泵输出油压 $p=10$ MPa,转速 $n=1450$ r/min,泵的排量 $V=100$ mL/r,容积效率为 0.95,总效率为 0.9。求该泵的输出功率 P_1 和驱动该泵所需电动机的功率 P_2。

5. 已知轴向柱塞泵的额定压力 $p=16$ MPa,额定流量 $q=330$ L/min,设液压泵的总效率为 $\eta=0.9$,机械效率为 $\eta_m=0.93$。求：
(1) 驱动泵所需的额定功率；(2) 计算泵的泄漏流量。

6. 直轴式轴向柱塞泵斜盘倾角 $\gamma = 20°$，柱塞直径 $d = 22\,\text{mm}$，柱塞分布圆直径 $D_0 = 68\,\text{mm}$，柱塞数 $z = 7$，机械效率 $\eta_m = 0.90$，容积效率 $\eta_v = 0.97$，泵转速 $n = 1\,450\,\text{r/min}$，输出压力 $p = 28\,\text{MPa}$。试计算：(1) 平均理论流量；(2) 实际输出的平均流量；(3) 泵的输入功率。

7. 某较简单液压系统工作时，流入执行元件的最大流量 $q = 18\,\text{L/min}$，执行元件的最高工作压力 $p = 1.8\,\text{MPa}$。应如何确定该系统液压泵的压力和流量大小？如何确定驱动泵的电动机功率？

8. 某液压泵的额定流量 $q_e = 32\,\text{L/min}$，额定压力 $p_e = 2.5\,\text{MPa}$，额定转速 $n = 1\,450\,\text{r/min}$，泵的机械效率 $\eta_m = 0.85$。由实验测得，当泵的出口压力近似为零时，其流量 $q_t = 35.6\,\text{L/min}$。泵的容积效率和总效率是多少？如果在额定压力下，泵的转速为 $500\,\text{r/min}$，估算泵的流量为多少？该转速下泵的容积效率为多少？两种转速下，泵的驱动电机功率又是多少？

9. 某液压系统较简单，管路较短，压力损失取 $\Delta p = 0.5\,\text{MPa}$，执行元件液压缸的工作阻力 $F = 45\,\text{kN}$，液压缸的有效面积 $A = 90\,\text{cm}^2$，该液压系统采用的液压泵铭牌上的压力 $p_e = 6.3\,\text{MPa}$。请问所选的液压泵是否满足压力要求？

学习情境四

液压执行元件的认识和应用

液压系统中执行元件分为液压缸和液压马达两种,液压缸主要驱动工作机做直线运动,而液压马达主要驱动工作机做回转运动。本学习情境通过 3 个任务掌握常用执行元件的工作原理和应用。

任务 4.1 液压缸类型的选用

知识点

常用液压缸的工作原理和应用特点。

技能点

能根据需要正确选用液压缸的类型。

任务引入

如图 4-1 所示,液压压力机配以适当的模具可用作成型机,用以将金属材料翻边、弯形或压制成型等。该压力机工作时,液压执行元件带动主轴向下压制工件,压制后主轴向上复位。请根据该液压压力机的工作要求,考虑选择其液压执行元件的类型和结构。

任务分析

显然在图 4-1 所示的液压压力机中,主轴是靠液压执行元件带动作直线运动,其执行元件可确定是液压缸。但如果想进一步落实液压缸的具体结构形式,则必须了解液压缸的类型和输出特点。

图 4-1 液压压力机

相关知识

液压缸的类型和输出特点

液压缸按作用方式不同,可分为单作用式和双作用式两大类。按结构形式的不同,可分为活塞式、柱塞式、摆动式、伸缩式等形式,其中活塞式液压缸应用最多。

一、活塞式液压缸

活塞式液压缸可分为双杆式和单杆式两种结构形式,其安装方式有固定缸(缸定)式和固定活塞杆(杆定)式两种形式。

1. 双杆活塞式液压缸

活塞两侧有等径活塞杆的液压缸,称为双杆活塞式液压缸,也称双活塞杆液压缸。其外观如图4-2所示,其结构如图4-3所示。

图4-2 双杆活塞式液压缸外观

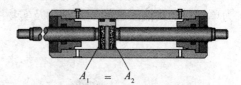

图4-3 双杆活塞式液压缸结构

双杆活塞式液压缸的两端都有活塞杆伸出,根据安装方式不同分为缸固式和杆固式两种,如图4-4所示,其活塞两侧都可以被加压,可实现往复运动,是双作用液压缸。

图4-4(a)所示是缸体固定式结构简图,当压力油从左腔输入时,活塞2上产生推力F_1和速度v_1,运动方向向右;当压力油从右腔输入时,活塞2上产生推力F_2和速度v_2,运动方向向左。工作台4的运动范围略大于缸有效长度的3倍,一般用于小型设备的液压系统。

图4-4(b)所示是杆固定式结构简图,液压油经空心活塞杆1的中心孔及其活塞2处的径向孔进、出液压缸。当缸的左腔进压力油、右腔回油时,缸体3带动工作台4向左移动;反之,右腔进压力油、左腔回油时,缸体带动工作台4向右移动。工作台的运动范围略大于缸有效长度的两倍,常用于行程长的大、中型设备的液压系统。

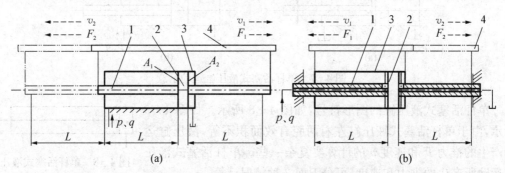

图4-4 双杆活塞式液压缸往复运动示意

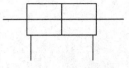

图 4-5 双杆活塞式液压缸的图形符号

双杆活塞式液压缸的图形符号,如图 4-5 所示。如图 4-3 所示,双杆活塞式液压缸的两活塞杆直径通常相等,活塞两端有效面积相同,即 $A_1 = A_2$。如果供油压力和流量不变,活塞往复运动时两个方向的作用力和速度均相等。

设输入液压缸的压力油流量为 q,液压缸进油口油压为 p_1,出油口油压 $p_2 \approx 0$(不考虑摩擦和回油阻力),液压缸内径为 D,活塞杆直径为 d,则

液压缸有效作用面积 $A_1 = A_2 = A = \dfrac{\pi}{4}(D^2 - d^2)$; (4-1)

往复运动推力 $F_1 = F_2 = (p_1 - p_2)A \approx p_1 A = \dfrac{\pi}{4}(D^2 - d^2)p_1$; (4-2)

往复运动速度 $v_1 = v_2 = \dfrac{q}{A} = \dfrac{4q}{\pi(D^2 - d^2)}$。 (4-3)

2. 单杆活塞式液压缸

活塞只有一端带活塞杆,称为单杆活塞式液压缸,也称单活塞杆液压缸。图 4-6 所示为单杆活塞式液压缸的剖面结构及实物图。

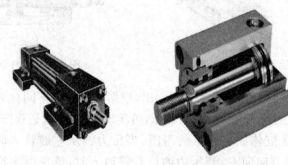

图 4-6 单杆活塞式液压缸剖面结构及实物

图 4-7 所示为单杆活塞式液压缸运动示意图,当油液从无杆腔输入时,其活塞上所产生的推力 F_1 和速度 v_1,运动方向向右;当油液从有杆腔输入时,其活塞上所产生的推力 F_2 和速度 v_2,运动方向向左。液压缸往复运动均由液压作用力推动实现,是双作用液压缸。

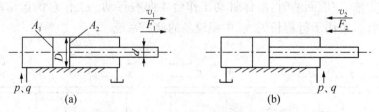

图 4-7 单杆活塞式液压缸运动示意

单杆活塞式液压缸的图形符号,如图 4-8 所示。如图 4-9 所示,由于单杆活塞式液压缸左右两腔有效面积不等,液压缸运动产生的推力 F 和速度 v 的计算要复杂一些。单杆活塞式液压缸运动所产生的推力和速度,可分下面 3 种情况计算。

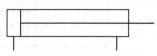

图 4-8 单杆活塞式液压缸的图形符号

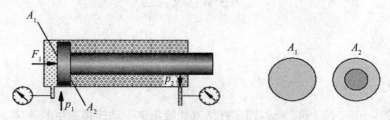

图 4-9 单活塞杆液压缸活塞两端有效面积不等

若供油压力和流量相等,设输入液压缸的压力油流量为 q,液压缸进油口油压为 p_1,出油口油压 $p_2 \approx 0$(不考虑摩擦和回油阻力),液压缸缸体内径为 D,活塞杆直径为 d,液压缸无杆腔和有杆腔有效作用面积 A_1、A_2 分别为 $A_1 = \frac{\pi}{4}D^2$,$A_2 = \frac{\pi}{4}(D^2-d^2)$。

① 从图 4-7(a)中可知,当无杆腔进油、有杆腔回油,活塞杆伸出时,推力 F_1 和运动速度 v_1 分别为

$$F_1 = p_1 A_1 - p_2 A_2 \approx p_1 A_1 = \frac{\pi}{4}D^2 p_1, \qquad (4-4)$$

$$v_1 = \frac{q}{A_1} = \frac{4q}{\pi D^2}。 \qquad (4-5)$$

② 从图 4-7(b)中可知,当有杆腔进油、无杆腔回油,活塞杆缩回时,推力 F_2 和运动速度 v_2 分别为

$$F_2 = p_1 A_2 - p_2 A_1 \approx p_1 A_2 = \frac{\pi}{4}(D^2-d^2)p_1, \qquad (4-6)$$

$$v_2 = \frac{q}{A_2} = \frac{4q}{\pi(D^2-d^2)}。 \qquad (4-7)$$

比较上面公式可知:$v_1 < v_2$,$F_1 > F_2$。即无杆腔进压力油工作时,推力大,速度低;有杆腔进压力油工作时,推力小,速度高。所以当单杆活塞式液压缸无杆腔进油时,常用于驱动机床工作部件做慢速工作进给运动,用于克服较大外负载的作用;当有杆腔进油时,常用于驱动机床工作部件做快速退回运动,这时一般只要克服摩擦力的作用。

③ 如果向单杆活塞缸的左、右两腔同时通压力油,如图 4-10 所示,这种连接方式称为差动连接,差动连接的单杆液压缸称为差动液压缸。

差动连接的单杆活塞式液压缸,由于无杆腔面积大于有杆腔面积,两腔互通且压力油压力相等,活塞向右的液压作用力大于向左的液压作用力,这时活塞向右运动,相应输出的液压推力和速度分别为

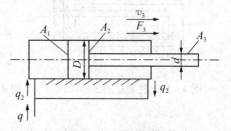

图 4-10 差动连接

$$F_3 = p_1(A_1-A_2) = p_1 \frac{\pi d^2}{4}, \qquad (4-8)$$

$$v_3 = \frac{q+q_2}{A_1} = \frac{q+v_3 A_2}{A_1}. \tag{4-9}$$

化简得

$$v_3 = \frac{q}{A_1 - A_2} = \frac{4q}{\pi d^2}. \tag{4-10}$$

比较可知：$F_3 < F_1$，$v_3 > v_1$，即单杆活塞式液压缸差动连接产生的速度v_3和输出的液压推力F_3，与非差动连接液压油进入无杆腔时的产生的速度v_1和液压推力F_1相比，速度变快，推力变小。因为差动连接可在不增加泵的流量的前提下实现快速运动，因而常应用于组合机床的动力滑台和其他机械设备的快进工况。若要求单杆活塞式液压缸往复速度相等，即$v_3 = v_2$，则由式(4-7)、式(4-9)可得$D = \sqrt{2}d$。

单活塞杆式液压缸可以缸体固定，也可以活塞杆固定，工作台的移动范围都是缸有效长度的两倍。

二、柱塞缸

图 4-11 所示为一单杆柱塞缸结构示意图，由缸体、柱塞和导向套等组成。

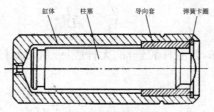

图 4-11 柱塞缸结构示意图

柱塞缸的工作原理如图 4-12 所示，柱塞与工作部件相连，缸筒固定在机体上。压力油进入缸筒时，柱塞带动运动部件向外伸出，但反向退回时必须依靠其他外力或自重才能实现，故柱塞缸是一种单作用液压缸。其图形符号，如图 4-13 所示。

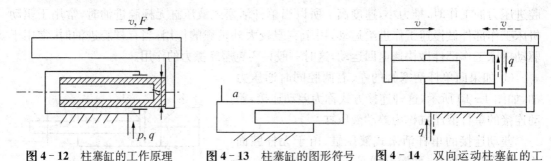

图 4-12 柱塞缸的工作原理　　图 4-13 柱塞缸的图形符号　　图 4-14 双向运动柱塞缸的工作原理

为了获得双向运动，往往将柱塞缸成对使用，各负责一个方向的运动，如图 4-14 所示。

柱塞缸参数计算公式为

$$v = \frac{q}{A} = \frac{4q}{\pi d^2}, \quad (4-11)$$

$$F = pA = \frac{p\pi d^2}{4}. \quad (4-12)$$

式中，A 为柱塞面积；d 为柱塞直径。

柱塞缸特点是：

(1) 柱塞式液压缸是单作用液压缸，即靠液压力只能实现一个方向的运动，回程要靠自重(当液压缸垂直放置时)或靠其他外力，为此柱塞缸常成对使用。

(2) 柱塞运动时，由缸盖上的导向套来导向，缸筒内壁和柱塞有一定的间隙而不用直接接触，缸筒内孔只需粗加工，甚至不加工，故工艺性好，更适用于长行程。

(3) 柱塞缸的柱塞端面是承受油压的工作面，动力是通过柱塞本身传递的，工作时柱塞总是受压，因此它必须具有足够的刚度。

(4) 柱塞一般较粗，重量往往较大，一般不宜水平安装，水平放置会导致柱塞因自重而下垂，造成导向套和密封圈单向磨损，所以柱塞做成空心的或垂直使用更为有利。

三、摆动缸

将输入的压力能转化为转矩，并进行往复摆动的液压缸，称为摆动缸，也称为摆动式液压马达，在结构上有单叶片和双叶片两种形式。图 4-15 所示为摆动缸的工作原理，它由叶片 1、摆动轴 2、定子块 3、缸体 4 等主要零件组成。定子块固定在缸体上，而叶片和摆动轴连接在一起，当两油口相继通以压力油时，叶片即带动摆动轴作往复摆动。图 4-15(c)为摆动缸图形符号。

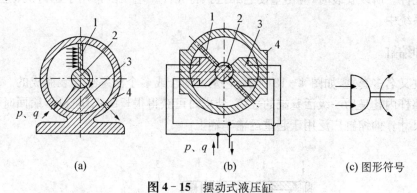

(a)　　　　　　　　(b)　　　　　　　(c) 图形符号

图 4-15　摆动式液压缸

图 4-15(a)所示的单叶片摆动缸的摆角一般不超过 280°，图 4-15(b)所示的双叶片摆动缸的摆角一般不超过 150°。此类液压缸常用于机床的送料装置、间歇进给机构、回转夹具、工业机器人手臂和手腕的回转机构等液压系统。

四、增压缸

增压缸又称增压器，结构和图形符号如图 4-16 所示，主要由直径分别为 D 和 d 的复合缸筒及有特殊结构的复合活塞组件组成。增压缸能将输入的低压油转变为高压油，供液压系统中的某一支油路使用。其工作原理如图 4-17 所示。当压力为 p_1 的压力油如图示进入增压缸大端油腔时,作用在大活塞上的液压作用力 F_1 推动大、小活塞一起向右运动,小端油腔的油液以压力 p_2 进入工作液压缸,推动其活塞运动。小腔和工作液压缸的泄漏,可通过单向阀由辅助油箱补油。

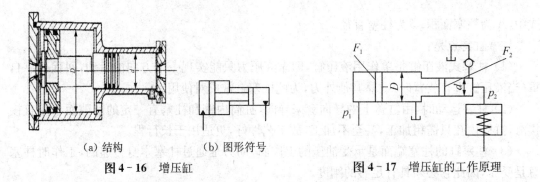

(a) 结构　　　(b) 图形符号

图 4-16　增压缸　　　　　　　图 4-17　增压缸的工作原理

因为作用在大活塞左端和小活塞右端的液压作用力相平衡,即 $F_1 = F_2$,即

$$\frac{\pi}{4}D^2 p_1 = \frac{\pi}{4}d^2 p_2, \quad p_2 = \frac{D^2}{d^2}p_1 = kp_1 \quad (4-13)$$

式中, $k = \dfrac{D^2}{d^2}$ 称为增压比,代表其增压程度。由式(4-13)可知,当 $D = 2d$ 时, $p_2 = 4p_1$,即可增压 4 倍。

应该指出,增压缸只能将高压端输出油通入其他液压缸以获取大的推力,本身不能直接作为执行元件。所以安装时,应尽量使它靠近执行元件。增压缸常用于压铸机、造型机等设备的液压系统中。

五、伸缩缸

伸缩缸又名多套缸,如图 4-18 所示,它是由两个或多个活塞缸套装而成的。前一级活塞杆的活塞杆内孔是后一级活塞缸的缸筒,伸出时可获得很长的工作行程,缩回时可保持很小的结构尺寸。伸缩缸广泛用于起重运输车辆上。

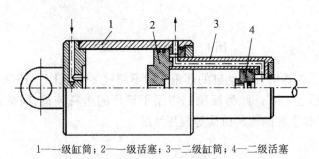

1——级缸筒;2——级活塞;3—二级缸筒;4—二级活塞

图 4-18　伸缩式液压缸

伸缩缸也有单作用和双作用之分,图 4-19(a)所示为单作用式伸缩缸,图 4-19(b)所示为双作用式伸缩缸,前者靠外力回程,后者靠液压回程。

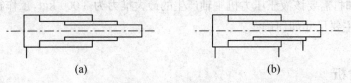

图 4-19 伸缩缸

伸缩缸的外伸动作是逐级进行的。首先是最大直径的缸筒以最低的油液压力开始外伸,当到达行程终点后,稍小直径的缸筒开始外伸,直径最小的末级最后伸出。随着工作级数变大,外伸缸筒直径越来越小,工作油液压力随之升高,工作速度变快。而缸筒空载缩回的顺序,则一般是从小到大。

六、齿轮缸

图 4-20 所示为齿轮液压缸,由带有齿条杆的双活塞缸和齿轮齿条机构组成。这种缸的特点是将活塞的直线往复运动经过齿轮齿条机构转换成回转运动,常用于机械手、回转工作台的转位机构和回转夹具等。

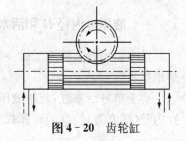

图 4-20 齿轮缸

 任务实施

液压压力机执行元件(液压缸)在生产中要求向下能产生很大的推力,同时速度不可太快,以便能完成对工件的压制工作。而液压缸反向复位只需要克服摩擦阻力,不需太大的输出力,同时速度可稍快一些,因此可选择双作用单出杆液压缸作为液压压力机的执行元件(见图 4-7)。

任务 4.2 液压缸尺寸的设计

 知识点

液压缸的尺寸设计方法。

 技能点

能合理确定液压缸的尺寸。

 任务引入

如图 4-1 所示,液压压力机主轴由一单杆活塞液压缸带动,对工件进行压制,压制后主

轴复位。若工作时,需要该液压压力机主轴产生的最大推力为 3 000 kgf,工作行程为 500 mm,请问,该液压缸主要尺寸如何确定?

任务分析

液压缸的主要尺寸包括液压缸内径、活塞杆直径和液压缸长度等。上述参数主要根据液压缸的负载 F,活塞运动速度 v 和行程 l 等因素来确定。

相关知识

一、液压缸内径 D 和活塞杆直径 d 的确定

动力输出较大的液压设备(如拉床、刨床、车床、组合机床、液压机等)液压缸的内径通常是根据负载来确定。

对于单杆活塞缸,若用液压缸无杆腔进油克服负载,且液压缸回油阻力暂视为 0,则液压缸内径(活塞直径)D 的计算式为

$$D = \sqrt{\frac{4F}{\pi p}} \approx 1.13\sqrt{\frac{F}{p}} \qquad (4-14)$$

若液压缸有杆腔进油克服负载,且液压缸回油阻力暂视为 0,则液压缸内径(活塞直径)D 的计算式为

$$D = \sqrt{\frac{4F}{\pi p} + d^2}。 \qquad (4-15)$$

式中,F 为液压缸的最大负载,包括工作负载、摩擦负载、惯性力等;p 为液压缸工作压力,可根据液压缸的负载由表 4-1 确定,也可按液压设备类型确定,见表 4-2。液压缸额定压力系列见表 4-3。

表 4-1 液压缸负载与工作压力之间的关系

负载 F/kN	<5	5~10	10~20	20~30	30~50	>50
缸工作压力 p/MPa	<0.8~1	1.5~2	2.5~3	3~4	4~5	≥5~7

表 4-2 各类液压设备常用的工作压力

设备类型	磨床	组合机床	车床 铣床 镗床	拉床	龙门刨床	农业机械 小型工程机械	液压机 重型机械 起重运输机械
工作压力 p/MPa	0.8~2	3~5	2~4	8~10	2~8	10~16	20~32

表 4-3 液压缸额定压力　　　　　　　　　　　　　　　　　　　　　单位：MPa

0.63	1	1.6	2.5	4.0	6.3	10	16	20.0	25	31.5	40

注意 当液压缸的负载给定时,液压缸的工作压力取得高,则活塞有效面积 A 就越小,液压缸结构紧凑。系统压力高,对液压元件的性能和密封要求相应也提高。在确定工作压力 p 和液压缸内径 D 时,应根据机械工况要求、工作条件以及液压元件供货等因素综合考虑。

活塞杆直径 d 与液压缸内径 D 之间的关系,可按液压缸工作压力或设备类型选择,见表 4-4 和 4-5。如果液压缸两个方向的运动速度比有一定要求,可按运动速度比定活塞杆直径 d 与液压缸内径 D 的关系。实际采用的液压缸内径 D 和活塞杆直径 d 还应符合国家颁布的有关标准,见表 4-6、4-7。

表 4-4 液压缸工作压力和活塞杆直径

液压缸工作压力 p/MPa	≤5	5～7	>7
推荐活塞杆直径 d	$(0.5～0.55)D$	$(0.6～0.7)D$	$0.7D$

表 4-5 设备类型与活塞杆直径

设备类型	磨床、珩磨及研磨机	插、拉、刨床	钻、镗、车、铣床
活塞杆直径 d	$(0.2～0.3)D$	$0.5D$	$0.7D$

表 4-6 液压缸内径系列　　　　　　　　　　　　　　　　　　　　　单位：mm

8	10	12	16	20	25	32	40	50	63
80	100	125	160	200	250	320	400	500	

表 4-7 活塞杆直径系列　　　　　　　　　　　　　　　　　　　　　单位：mm

4	5	6	8	10	12	14	16	18	20
22	25	28	32	36	40	45	50	56	63
70	80	90	100	110	125	140	160	180	200
220	250	280	320	360	400				

动力输出较小的液压设备(如磨床、珩磨机床及研磨机床),液压缸(单杆式)内径 D 和活塞杆直径 d 可按往复运动速度的比值 φ 来确定,即

$$\varphi = \frac{v_2}{v_1} = \frac{D^2}{D^2 - d^2}, \tag{4-16}$$

$$d = D\frac{\sqrt{\varphi - 1}}{\varphi}。 \tag{4-17}$$

液压缸常用速度比值 φ，见表4-8。

表4-8 液压缸速度比值系列

1.06	1.12	1.25	1.4	1.6	2	2.5	5

若给出一定的往复速度比，可在选定适当的液压缸标准内径后，根据式(4-17)确定相应的活塞杆直径。

二、液压缸缸筒长度的选择

液压缸缸筒长度的选择主要由液压缸工作行程 l 来决定，并考虑制造工艺。一般可参考图4-21计算：液压缸缸筒长度 L = 活塞行程 l + 活塞长度 B + 活塞杆导向长度 A + 活塞杆密封长度 + 其他长度 C。其中，活塞长度 $B = (0.6 \sim 1)D$，导向套长度 A 与液压缸内径 D 和活塞杆直径 d 有关。当 $D < 80$ mm 时，取 $A = (0.6 \sim 1)D$；当 $D > 80$ mm 时，取 $A = (0.6 \sim 1)d$。其他长度 C 是一些特殊装置所需长度，如缸两端缓冲所需长度等。一般，液压缸缸筒长度应不大于液压内径的 20～30 倍。液压缸行程系列，见表4-9。

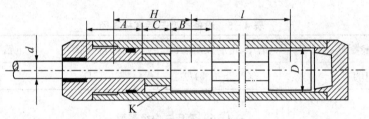

图4-21 液压缸结构尺寸图

表4-9 液压缸行程系列　　　　　　　　　　　　　　　　　单位：mm

10	16	20	25	32	40	50	60	(70)	80
(90)	100	(110)	125	(140)	160	(180)	200	(220)	250
(280)	320	(360)	400	(450)	500	(560)	630	(710)	800
(900)	1000	(1120)	1250	(1400)	1600	(1800)	2000	(2240)	2500

有时某些单杆活塞缸提出最小导向长度 H 的要求。当活塞杆全部外伸时，从活塞支承面中点到导向滑动面中点的距离称为最小导向长度 H，如图4-21所示。导向长度 H 过小会使液压缸的初始挠度（间隙引起的挠度）增大，影响液压缸的稳定性，因此设计时必须保证有一最小导向长度。对于一般的液压缸，当液压缸的最大行程为 l，液压缸内径为 D 时，最小导向长度为 $H \geq \dfrac{l}{20} + \dfrac{D}{2}$。为了满足这个要求，在图4-21中增加了一个导套 K。

三、液压缸壁厚 δ 的校核

在一般中低压液压系统中,液压缸缸筒的壁厚不用计算,而由结构和工艺上的要求决定。强度问题是次要的,一般都不需要验算。只有当液压缸的工作压力较高且直径较大时,才有必要对其最薄弱部位的壁厚进行强度校核。

当 $\dfrac{D}{\delta} \geqslant 10$ 时,可按薄壁圆筒的计算公式校核,即

$$\delta \geqslant \frac{p_y D}{2[\sigma]}; \tag{4-18}$$

当 $\dfrac{D}{\delta} < 10$ 时,可按厚壁圆筒的计算公式校核,即

$$\delta \geqslant \frac{D}{2}\left[\sqrt{\frac{[\sigma]+0.4p_y}{[\sigma]-1.3p_y}}-1\right]。 \tag{4-19}$$

式中,δ 为缸筒壁厚;D 为缸筒内径。p_y 为试验压力,当液压缸额定压力 $p_e \leqslant 16$ MPa 时,$p_y = 1.5 p_e$;当液压缸额定压力 $p_e > 16$ MPa 时,$p_y = 1.25 p_e$。$[\sigma]$ 为缸筒材料的许用应力,对于铸铁,$[\sigma] = 60 \sim 70$ MPa;对于铸钢、无缝钢管,$[\sigma] = 100 \sim 110$ MPa;对于锻钢,$[\sigma] = 110 \sim 120$ MPa。

任务实施

根据液压压力机在实际生产中的工作特点,选择单杆活塞式液压缸作为液压压力机的执行元件,并采用缸固定、无杆腔进油、有杆腔回油的油路连接方式克服负载(见图 4-7(a))。

1. 液压缸内径 D 和活塞杆直径 d 的确定

已知液压压力机最大推力 $F = 3\,000$ kgf,查表 4-1 可确定系统工作压力 $p = 4$ MPa,代入式(4-14)可算出

$$D = 1.13\sqrt{\frac{F}{p}} = 1.13\sqrt{\frac{3\,000 \times 9.8}{4}} = 97 (\text{mm})。$$

对其值进行圆整。查阅符合国家颁布的有关标准的液压缸内径系列表(见表 4-6),最终确定 D 为 100 mm。因工作压力 $p = 4$ MPa,查表 4-4 选 $d = 0.5D$,因此,活塞杆直径为 $d = 0.5D = 50$ mm。

2. 液压缸缸筒长度 L 的确定

考虑液压压力机的工作行程为 500 mm,并考虑液压缸活塞宽度、活塞杆导向长度、活塞杆密封长度及其他长度的需要,选择比 500 mm 大 20%~30% 的数值作为液压缸缸筒长度 L 的初选值。因 500 mm $\leqslant L \leqslant$ (20~30)×100 mm,故满足对液压缸长度选择的要求。

综合以上的分析和计算,最终选定液压缸缸体内径为 100 mm,活塞杆直径为 50 mm,长度约为 500 mm 的双作用单杆活塞式液压缸作为液压压力机的执行元件。

任务 4.3 液压缸的结构设计和液压执行元件的故障分析

知识点

（1）液压缸的典型结构。
（2）液压马达的工作原理和性能参数。
（3）液压执行元件常见故障形式。

技能点

（1）能选择合理的液压缸的结构形式。
（2）掌握液压马达的工作原理和性能参数。
（3）能对液压执行元件的故障进行初步分析。

任务引入

任务 4.1 和任务 4.2 选择了液压压力机液压缸的类型和尺寸，但在实际应用时，只知道液压缸的类型和大小还不够，还需要确定液压缸的具体结构。本任务设计液压压力机液压缸的结构。

任务分析

液压缸的结构形式对液压缸的工作性能起着至关重要的作用，液压缸的结构千变万化，没有统一的规格，不像液压泵和液压阀已经标准化，因此有时需要自行设计。

相关知识

液压缸的典型结构举例

图 4-22 所示为单活塞杆液压缸结构图，主要由缸底 1、缸筒 6、缸盖 10、活塞 4、活塞杆 7 和导向套 8 等组成。缸筒一端与缸底焊接，另一端与缸盖采用螺纹连接。活塞与活塞杆采用卡键连接。为了保证液压缸的可靠密封，在相应部位设置了密封圈 3、5、9、11 和防尘圈 12。

液压缸的结构基本上可以分为缸筒和缸盖、活塞和活塞杆、密封装置、缓冲装置和排气装置 5 个部分，分述如下。

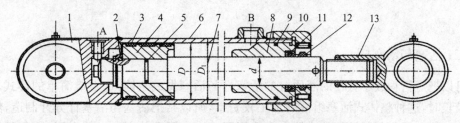

1—缸底；2—卡键；3、5、9、11—密封圈；4—活塞；6—缸筒；
7—活塞杆；8—导向套；10—缸盖；12—防尘圈；13—耳轴

图 4-22 双作用单活塞杆液压缸结构图

一、缸体和缸盖

一般来说，缸筒和缸盖的结构形式和其使用的材料有关。工作压力 $p < 10$ MPa 时，使用铸铁；$p < 20$ MPa 时，使用无缝钢管；$p > 20$ MPa 时，使用铸钢或锻钢。

图 4-23 所示是几种常见的缸体与端盖的连接形式。

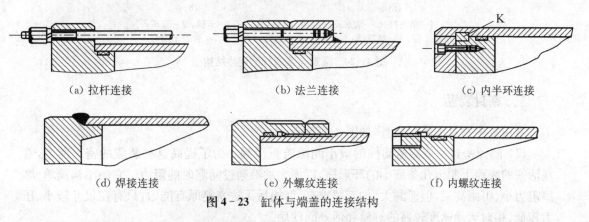

(a) 拉杆连接　　(b) 法兰连接　　(c) 内半环连接

(d) 焊接连接　　(e) 外螺纹连接　　(f) 内螺纹连接

图 4-23 缸体与端盖的连接结构

(1) 拉杆连接　前、后端盖装在缸体两边，用 4 根拉杆（螺栓）紧固。这种连接结构简单、装拆方便，但外形尺寸较大、重量较大，通常只用于较短的液压缸。

(2) 法兰连接　在无缝钢管的缸体上焊上法兰盘，再用螺钉与端盖紧固。这种连接结构简单、加工和装拆都很方便，其外形尺寸和重量比拉杆式连接要小些，但比螺纹连接和半环连接要大些，此种结构应用最广，中压液压缸均采用这种结构。

(3) 内半环连接　图中 K 为半环，把半环切成 3 块装于缸体槽内。半环连接结构重量小、工作可靠，但缸体铣出了半环槽后，削弱了其强度，所以相应要加大缸体的壁厚。当液压缸轴向尺寸受到限制，又要获得较大行程时，可采用外半环连接。

(4) 焊接连接　优点是结构简单、尺寸小、工艺性好；缺点是清洗缸体内孔较为困难，同时由于焊接可能造成缸体变形。一般短行程液压缸多用焊接，不少液压缸的底盖都采用焊接。

(5) 外螺纹连接　装有防松螺母防止端盖松动。

(6) 内螺纹连接　特点是重量轻、外径小、结构紧凑。但螺纹连接加工较复杂，并需要专门的装拆工具。

对于自制的中小型非标准型液压缸，一般采用法兰连接、螺纹连接和焊接连接的结构较多。

二、活塞与活塞杆

可以把短行程或小直径的液压缸的活塞杆与活塞做成一体,这是最简单的形式。但当行程较长时,这种整体式活塞组件的加工较费事,所以常把活塞与活塞杆分开制造,然后再连接成一体。活塞与活塞杆的连接大多采用图4-24所示的方法。其中图(a)所示为螺纹连接结构。这种连接形式结构简单、实用,应用较为普遍。当液压缸工作压力较大,工作机械振动较大时,常采用图(b)所示的卡键连接结构。这种连接方法可以使活塞在活塞杆上浮动,使活塞与缸体不易卡住,它比螺纹连接要好,但结构稍复杂些。

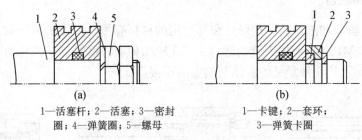

1—活塞杆;2—活塞;3—密封圈;4—弹簧圈;5—螺母

1—卡键;2—套环;3—弹簧卡圈

图4-24 活塞与活塞杆的连接结构图

三、密封装置

液压缸中常见的密封装置,如图4-25所示。

(1) 间隙密封 依靠运动件的微小间隙防止泄漏。为了提高这种装置的密封能力,常在活塞的表面上制出几条细小的环形槽,以增大油液通过间隙时的阻力。它的结构简单、摩擦阻力小、可耐高温,但泄漏大、加工要求高,磨损后无法恢复原有能力,只有在尺寸较小、压力较低、相对运动速度较高的缸筒和活塞间使用。

(2) 摩擦环密封 依靠套在活塞上的摩擦环(尼龙或其他高分子材料制成),在O形密封圈弹力作用下贴紧缸壁而防止泄漏。这种材料效果较好,摩擦阻力较小且稳定,可耐高温,磨损后有自动补偿能力,但加工要求高、装拆较不便,适用于缸筒和活塞之间的密封。

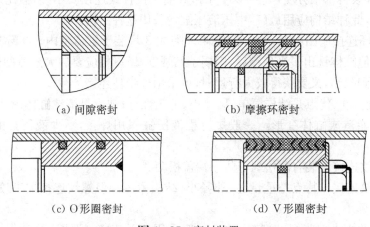

(a) 间隙密封　　(b) 摩擦环密封

(c) O形圈密封　　(d) V形圈密封

图4-25 密封装置

(3) 密封圈(O形圈、V形圈等)密封　利用橡胶或塑料的弹性使各种截面的环形圈贴紧在静、动配合面之间防止泄漏。它结构简单、制造方便,磨损后有自动补偿能力,性能可靠,在缸筒和活塞之间、缸盖和活塞杆之间、活塞和活塞杆之间、缸筒和缸盖之间都能使用。

由于活塞杆外伸部分很容易把脏物带入液压缸,使油液受污染,使密封件磨损,因此常需在活塞杆密封处增添防尘圈,并放在向着活塞杆外伸的一端。

四、缓冲装置

液压缸一般都设置缓冲装置,特别是对大型、高速或要求高的液压缸,为了防止活塞在行程终点时和缸盖相互撞击,引起噪声、冲击,则必须设置缓冲装置。

缓冲装置的工作原理是利用活塞或缸筒在其走向行程终端时,封住活塞和缸盖之间的部分油液,强迫它从小孔或细缝中挤出,以产生很大的阻力,使工作部件受到制动,逐渐减慢运动速度,达到避免活塞和缸盖相互撞击的目的。

如图 4-26(a)所示,当缓冲柱塞进入与其相配的缸盖上的内孔时,孔中的液压油只能通过间隙 δ 排出,使活塞速度降低。由于配合间隙不变,故缓冲作用不可调。

如图 4-26(b)所示,当缓冲柱塞进入配合孔之后,油腔中的油只能经节流阀排出。由于节流阀是可调的,因此缓冲作用也可调节。

如图 4-26(c)所示,在缓冲柱塞上开有三角槽,随着柱塞逐渐进入配合孔中,其节流面积越来越小,解决了在行程最后阶段缓冲作用减弱的问题。

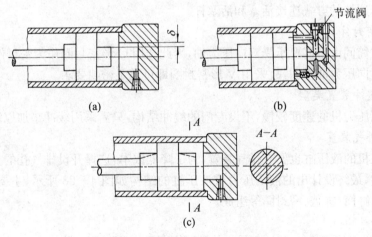

图 4-26　液压缸的缓冲装置

五、排气装置

液压缸在安装过程中或长时间停放重新工作时,液压缸里和管道系统中会渗入空气,液压系统混入空气,会使系统工作不稳定,产生振动、噪声及工作部件爬行和前冲等现象,严重时会使系统不能正常工作,因此设计液压缸时必须考虑排出空气。

要求不高的液压缸往往不设专门的排气装置,而是将油口布置在缸筒两端的最高处,也能使空气随油液排往油箱,再从油面逸出;速度稳定性要求较高的液压缸或大型液压缸,常在液压缸两侧面的最高位置处(该处往往是空气聚集的地方)设置专门的排气装置,如排气塞、排气阀等。图4-27所示为两种排气塞的结构。松开排气塞螺钉后,让液压缸全行程空载往复运动若干次,油液里的气泡就会被排出;然后再拧紧排气塞螺钉,液压缸便可正常工作。

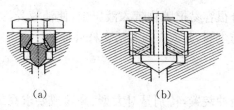

图4-27 排气塞的结构

任务实施

液压压力机液压缸结构设计

1. 确定液压缸缸体材料和缸盖连接形式

液压压力机的工作压力为 $p=40\,\mathrm{kgf/cm^2}$,经换算约为3.9 MPa,小于10 MPa,故液压缸缸体材料可选择铸铁。因铸铁的焊接性能很差,所以缸盖采用螺纹连接的方式与缸体连接。

2. 确定活塞与活塞杆的连接形式

考虑到液压压力机工作行程为500 mm,如采用焊接方式将活塞与活塞杆连接,将增加活塞组件的加工难度;考虑到液压压力机工作时较为平稳、冲击小,同时也为了便于装拆,故确定采用螺母连接的方式连接活塞和活塞杆。

3. 确定密封件类型

活塞与缸筒间由于需要承受双向压力油,因此选用O形密封圈作为密封件;而活塞杆与缸盖间只受单向压力油作用,故采用V形密封圈即可满足密封要求。

4. 确定缓冲装置类型

因为液压压力机的速度较慢,不设专门的缓冲结构,只需采用缓冲垫加以缓冲。

5. 确定排气装置

液压压力机的液压缸也要有排气装置,为了降低成本,选择开设排气孔的方式。

综上所述,最终设计出的液压压力机液压缸的结构如图4-28所示,主要由活塞、活塞杆、排气装置、缸筒、缸盖、密封圈等组成。

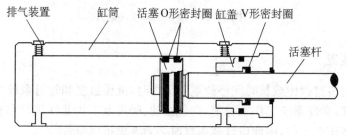

图4-28 液压压力机液压缸结构设计

学习情境四 液压执行元件的认识和应用

知识链接

一、液压马达的应用

液压马达是能够连续旋转的执行元件。液压马达和液压泵的工作原理是互逆的,其内部结构是相似的,但也存在一定的差别。液压泵的旋转是由电机带动的,输出的是液压油;液压马达输入的是液压油,输出的是转矩和转速。

1. 液压马达的工作原理

以叶片式液压马达为例介绍液压马达的工作原理。

图 4-29 所示为叶片式液压马达的工作原理,当压力油通入压油腔后,在叶片 1、3 和 5、7 上,一面作用有高压油,另一面则为低压油。由于叶片 3、7 受力面积大于叶片 1、5,因而由叶片受力差构成的力矩推动转子和叶片做逆时针方向旋转。当改变输油方向时,液压马达反转。

为使液压马达正常工作,叶片式液压马达在结构上与叶片泵有区别。根据液压马达要双向旋转的要求,马达的叶片既不前倾也不后倾,而是径向放置。为使叶片始终紧贴定子内表面以保证正常启动,在吸、压油腔通入叶片根部的通路上应设置单向阀,使叶片底部能与压力油相通。另外还设有弹簧,使叶片始终处于伸出状态,保证初始密封。

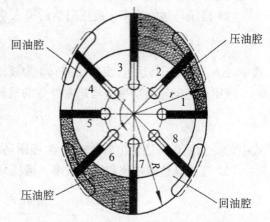

图 4-29 叶片式液压马达的工作原理

2. 液压马达分类及特点

液压马达按其结构类型,可以分为齿轮式、叶片式、柱塞式等形式;按其排量是否可调,可分为变量式液压马达和定量式液压马达;按液压马达的额定转速分,可分为高速和低速两大类。其中,额定转速高于 500 r/min 的属于高速液压马达,额定转速低于 500 r/min 的属于低速液压马达。

高速液压马达的基本形式有齿轮式、螺杆式、叶片式和轴向柱塞式等,主要特点是转速高、转动惯量小、便于启动和制动等。通常,高速液压马达输出转矩不大(仅几十牛·米到几百牛·米),所以又称为高速小转矩马达。

低速液压马达的基本形式是径向柱塞式,主要特点是排量大、体积大、转速低(几转,甚至零点几转/分钟)、输出转矩大(可达几千牛·米到几万牛·米),所以又称为低速大转矩液压马达。

图 4-30 所示为液压马达的 4 种图形符号。

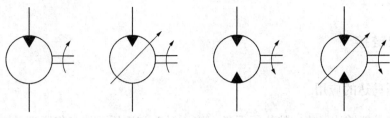

(a) 单向定量马达　(b) 单向变量马达　(c) 双向定量马达　(d) 双向变量马达

图 4-30　液压马达的图形符号

3. 液压马达的主要性能参数

（1）液压马达的压力、排量和流量　液压马达的压力、排量、流量均是指液压马达进油口处的输入值。其定义和液压泵相同。

（2）液压马达的功率　液压马达的输入功率为液压功率，用 P_{iM} 表示，即

$$P_{iM} = \Delta p_M q_M 。 \tag{4-20}$$

式中，Δp_M 为液压马达进、出口压差；q_M 为液压马达的流量。

液压马达的输出功率为马达对外做的机械功率，用 P_{oM} 表示，即

$$P_{oM} = 2\pi n T_M 。 \tag{4-21}$$

式中，T_M 为液压马达输出的转矩；n 为液压马达的转速。

（3）液压马达的转速和容积效率　液压马达的理论流量用 q_t 表示，即

$$q_t = V_M n 。 \tag{4-22}$$

式中，V_M 为液压马达的排量。

因泄漏等损失，液压马达中输入的实际流量要比理论流量大，因此要达到需要的转速 n，就必须使实际输入的流量 q_M 大于理论流量 q_t，以补偿其泄漏损失 q_l，即

$$q_M = V_M n + q_l 。 \tag{4-23}$$

因此，马达的容积效率为

$$\eta_{vM} = \frac{q_t}{q_M} \times 100\%, \tag{4-24}$$

马达的实际转速为

$$n = \frac{q_t}{V_M} = \frac{q_M \eta_{vM}}{V_M}。 \tag{4-25}$$

（4）液压马达的转矩　在不考虑任何损失的情况下，根据压力能转换为机械能的能量恒等关系，可得液压马达理论转矩为

$$T_t = \frac{\Delta p_M V_M}{2\pi}。 \tag{4-26}$$

实际上，液压马达也存在机械摩擦损失所造成的转矩损失，所以马达实际输出的转矩 T_M 小于理论转矩 T_t。其机械效率 η_{mM} 为

$$\eta_{mM} = \frac{T_M}{T_t} \times 100\%, \qquad (4-27)$$

液压马达的实际转矩为

$$T_M = T_t \eta_{mM} = \frac{\Delta p_M V_M \eta_{mM}}{2\pi}。 \qquad (4-28)$$

(5) 液压马达的总效率　与液压泵同理,液压马达的总效率为它的输出功率和输入功率之比,即

$$\eta_M = \frac{P_{OM}}{P_{iM}} = \frac{2\pi n T_M}{\Delta p_M q_M} = \frac{2\pi n T_M}{\Delta p_M \dfrac{V_M n}{\eta_{VM}}} = \eta_{VM} \frac{T_M}{\dfrac{\Delta p_M V_M}{2\pi}} = \eta_{VM} \eta_{mM}。 \qquad (4-29)$$

4. 液压马达与液压泵的相似性和差异性

液压马达与液压泵一个是执行装置,一个是动力装置,作用完全不同,但工作原理是可逆的,结构上有相似性。

(1) 液压马达与液压泵的相似性　有以下几点:

① 都必须满足两个工作条件,即必须有密封且可周期性变化的容积,必须有配油机构。

② 困油、径向力不平衡、液压冲击、流量脉动和泄漏等现象,几乎存在于所有的液压泵和液压马达中。

③ 机械能和压力能互相转换的装置,在能量转换过程中都会引起能量损失,所以液压马达和液压泵都有容积效率、机械效率和总效率。两者的 3 种效率之间关系也相同。

④ 在进行效率计算时,最容易出现的问题是输入量与输出量关系的混淆。例如,液压泵的流量是输出量,而液压马达的流量是输入量。

(2) 液压马达与液压泵的差异性　有以下几点:

① 液压马达是靠输入压力液体来启动工作的;而液压泵是由电动机或其他动力装置直接带动的。液压马达有正、反转需求,所以配油盘一般是对称设计的,进出油口孔径相等;液压泵一般是由电动机带动着单向旋转,配油盘及其卸荷槽可以不对称。

② 在自吸性要求上不同。液压马达是依靠输入压力油工作,不需要有自吸能力;而液压泵则必须有自吸能力。

③ 在防止泄漏方面,液压泵常采用内泄漏形式,内部泄漏口直接与液压泵吸油口相通;而液压马达一般是双向运转,高低压油口随时可能互相变换,当用出油口节流调速时,产生回油压力,使内泄漏孔压力增高,很容易因压力冲击而损坏密封圈。

④ 液压马达起动转矩大,为了使起动转矩与工作状态尽量接近,要求液压马达的转矩脉动要小,因此液压马达的齿数或叶片数或柱塞数一般都比对应类型的液压泵多。

因此,液压马达和液压泵作为两种不同类型的装置,一般不能直接互换使用。

二、液压执行元件的常见故障及其排除方法

液压缸常见故障和排除方法,见表 4-10。

表 4-10 液压缸的常见故障和排除方法

故障现象	产生原因	排除方法
爬行	(1) 外界空气进入缸内 (2) 密封件压得太紧 (3) 活塞与活塞杆不同轴,活塞杆不直 (4) 缸内壁拉毛,局部磨损严重或腐蚀 (5) 缸安装位置有偏差,其中心线与导轨不平行 (6) 双活塞杆两端螺母拧得太紧,使其同轴度降低 (7) 导轨润滑不良	(1) 设置排气装置或开动系统强迫排气 (2) 调整密封,但不得泄漏 (3) 校正或更换,使同轴度小于 0.04 mm (4) 适当修理,严重者重新磨缸内孔,按要求重配活塞 (5) 校正 (6) 调整 (7) 保持良好润滑
冲击	(1) 缓冲间隙过大 (2) 端头缓冲的单向阀失灵,不起作用	(1) 减小缓冲间隙 (2) 修正、研配单向阀与阀座或更换
推力不足,速度不够或逐渐下降	(1) 由于缸与活塞配合间隙过大或密封圈损坏,造成内泄漏 (2) 工作段不均匀,造成局部几何形状有误差,使高低压腔密封不严,产生泄漏 (3) 缸端活塞杆密封压得太紧或活塞杆弯曲,使摩擦力或阻力增加 (4) 油温太高,粘度降低,泄漏增加,使缸速度减慢 (5) 液压泵流量不足	(1) 更换活塞或密封圈,调整到合适的间隙 (2) 镗磨修复缸孔径,重配活塞 (3) 放松密封,校直活塞杆 (4) 检查温升原因,采取散热措施,如间隙过大,可单配活塞或增装密封环 (5) 检查泵或调节控制阀
外泄漏	(1) 活塞杆表面损伤或密封圈损坏造成活塞杆处密封不严 (2) 管接头密封不严 (3) 缸盖处密封不良	(1) 检查并修复活塞杆和密封圈 (2) 检修密封圈及接触面 (3) 检查并修整

液压马达的常见故障和排除分别见表 4-11。

表 4-11 液压马达的常见故障及其排除方法

故障现象	原因分析	排除方法
转速低且输出转矩小	(1) 由于滤油器阻塞,油液粘度过大,泵间隙过大,泵效率低,使供油不足 (2) 电机转速低,功率不匹配 (3) 密封不严,有空气进入 (4) 油液污染,堵塞马达内部通道 (5) 油液粘度小,内泄漏增大 (6) 油箱中油液不足,管径过小或过长 (7) 齿轮马达侧板和齿轮两侧面、叶片马达配油盘和叶片等零件磨损而造成内泄漏和外泄漏 (8) 单向阀密封不良,溢流阀失灵	(1) 清洗滤油器、更换粘度适合的油液,保证供油量 (2) 更换电机 (3) 紧固密封 (4) 拆卸、清洗马达,更换油液 (5) 更换粘度适合的油液 (6) 加油,加大吸油管径 (7) 对零件进行修复 (8) 修理阀芯和阀座

(续表)

故障现象	原因分析	排除方法
噪声过大	(1) 进油口滤油器堵塞,进油管漏气 (2) 联轴器与马达轴不同心或松动 (3) 齿轮马达齿形精度低,接触不良,轴向间隙小,内部个别零件损坏,齿轮内孔与端面不垂直,端盖上两孔不平行,滚针轴承断裂,轴承架损坏 (4) 叶片和主配油盘接触的两侧面、叶片顶端或定子内表面磨损或刮伤,扭力弹簧变形或损坏 (5) 径向柱塞马达的径向尺寸严重磨损	(1) 清洗、紧固接头 (2) 重新安装调整或紧固 (3) 更换齿轮或研磨修整齿形,研磨有关零件,重配轴向间隙,对损坏零件进行更换 (4) 根据磨损程度修复或更换 (5) 修磨缸孔,重配柱塞
泄漏	(1) 管接头未拧紧 (2) 接合面未拧紧 (3) 密封件损坏 (4) 配油装置发生故障 (5) 相互运动零件间的间隙过大	(1) 拧紧管接头 (2) 拧紧螺钉 (3) 更换密封件 (4) 检修配油装置 (5) 重新调整间隙或修理、更换零件

思考与练习

一、填空题

1. 液压缸是将液压能转变为机械能,用来实现(　　　　)的执行元件。

2. 活塞式液压缸的基本形式有(　　　　)、(　　　　)两种。

3. 液压马达是将(　　　　)转换为(　　　　)的装置,可以实现连续地旋转运动。

4. 低速液压马达的基本形式是(　　　　)。

5. 高速液压马达的基本形式有(　　　　)、(　　　　)、(　　　　)、(　　　　)。

6. 伸缩缸的活塞缩回的顺序是(　　　　)。

7. 单活塞杆式液压缸,活塞往复运动的速度不相等,常用于需要(　　　　)前进,(　　　　)退回的工作场合。

8. 柱塞缸常用于(　　　　)。

9. 排气装置应设在液压缸的(　　　　)位置。

10. 在液压缸中,为了减少活塞在终端的冲击,应采取(　　　　)措施。

11. 间隙密封适用于(　　　　)、(　　　　)(　　　　)的场合。

二、选择题

1. 液压缸速比 φ 指(　　)。

  A. 往返速度比　　　　　　　　　　B. v_2/v_1

  C. 与活塞杆直径无关　　　　　　　D. D/d

2. 差动连接的活塞缸可使活塞实现(　　)运动。
   A. 匀速　　　　B. 慢速　　　　C. 快速

3. 双活塞杆式液压缸,活塞直径 $D=0.18$ m,活塞杆直径 $d=0.04$ m,当进入液压缸流量 $q=4.16\times10^{-4}$ m³/s 时,往复运动速度 v 各为(　　)。
   A. 相同
   B. 1.72×10^{-2} m/s
   C. 1.63×10^{-2} m/s
   D. 1.72×10^{-2} m/s 和 1.63×10^{-2} m/s

4. 某液压系统工作阻力 $F_阻=30$ kN,工作压力 $p=40\times10^5$ Pa,取 $d=0.7D$,则单杆活塞式液压缸的活塞杆直径为(　　)mm。
   A. 98　　　B. 9.8　　　C. 68　　　D. 6.8

5. 已知单杆活塞液压缸两腔有效面积 $A_1=2A_2$,液压泵供油流量为 q,如果将液压缸差动连接,活塞实现差动快进,那么进入大腔的流量是(　　),如果不差动连接,则小腔的排油流量是(　　)。
   A. $0.5q$　　　B. $1.5q$　　　C. $1.75q$　　　D. $2q$

三、简答题

1. 何谓差动液压缸?一般应用在什么场合?

2. 液压缸不密封会出现哪些问题?哪些部位需要密封?

3. 单杆活塞式液压缸差动连接时,有杆腔与无杆腔相比谁的压力高?为什么?

4. 要使差动连接的单杆活塞式液压缸快进速度是快退速度的2倍,则活塞与活塞杆直径之比应为多少?

5. 如图4-31所示,液压缸的缸固定,回油腔阻力暂视为0,请用箭头标出在下面3种油路下,活塞杆的运动方向,并列出它们输出的推力和速度的计算公式。

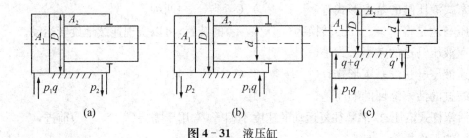

图 4-31　液压缸

6. 液压缸卡紧力是怎样产生的?它有什么危害?减小液压缸卡紧力的措施有哪些?

四、计算题

1. 已知单杆活塞液压杆缸的缸筒内径 $D=100$ mm,活塞直径 $d=50$ mm,工作压力 $p_1=2$ MPa,流量 $q=10$ L/min,回油压力 $p_2=0$。试求活塞往返运动时的推力和运动速度。

2. 在图4-32所示的串联液压缸中,A_1 和 A_2 均为液压缸有效工作面积,W_1 和 W_2 为两活塞杆的外负载,在不计压力损失的情况下,求 p_1、p_2、v_1 和 v_2。

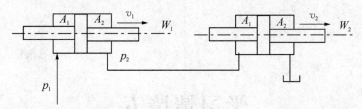

图 4-32 串联液压缸

3. 差动液压缸如图 4-33 所示,若无杆腔面积 $A_1 = 50 \text{ cm}^2$,有杆腔面积 $A_2 = 25 \text{ cm}^2$,负载 $F = 27.6 \times 10^3$ N,机械效率 $\eta_m = 0.92$,容积效率 $\eta_v = 0.95$。试求:
   (1) 供油压力大小;
   (2) 当活塞以 $v = 1.5 \times 10^{-2}$ m/s 的速度运动时,所需的供油量;
   (3) 液压缸的输入功率。

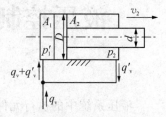

图 4-33 差动液压缸

4. 设计一差动连接液压缸。已知泵的额定流量为 $q_e = 25$ L/min,额定压力为 $p_e = 6.3$ MPa,工作台快进、快退速度为 5 m/min。试确定液压缸内径 D 和活塞杆直径 d 的大小;当快进外负载为 25×10^3 N 时,液压缸压力为多少?

5. 某单杆活塞式液压缸的活塞直径为 100 mm,活塞杆直径为 63 mm,现用流量 $q = 40$ L/min、压力 $p = 5$ MPa 的液压泵供油驱动,试求:(1) 液压缸能推动的最大负载;(2) 差动工作时,液压缸的速度。

6. 某双杆活塞式液压缸,已知液压缸的工作压力 $p = 3.5$ MPa,活塞直径 $D = 0.09$ m,活塞杆直径 $d = 0.04$ m,工作进给速度 $v = 0.015\,2$ m/s。问液压缸能克服多大阻力?液压缸所需流量为多少?

7. 某液压马达排量 $V_M = 250 \text{ cm}^3/\text{r}$,入口压力为 $p_1 = 100 \times 10^5$ Pa,出口压力为 $p_2 = 5 \times 10^5$ Pa,其总效率为 $\eta = 0.9$,容积效率为 $\eta_{vM} = 0.92$。当输入流量为 $q = 22$ L/min 时,试求:(1) 马达的输出转矩;(2) 马达的输出转速。

五、分析说明题

有一台液压传动的机床,其工作台在运动中产生爬行,试分析其产生爬行的原因。

学习情境五

液压与气动技术

液压控制元件及其控制回路的应用

液压系统中的执行元件在工作时,需要经常地启动、制动、换向、调节运动速度及适应外负载的变化,因此,就要有一套对执行元件进行控制和调节的液压元件,称为控制元件或液压控制阀。液压控制阀按其用途不同,可分为方向控制阀、压力控制阀和流量控制阀3类。本学习情境通过3个任务,了解这三类液压控制阀及其所形成的典型的控制回路的应用。

任务 5.1 方向控制阀和方向控制回路的应用

在液压系统中,控制液流的通断与流动方向的阀称为方向控制阀,简称方向阀。方向阀分为单向阀和换向阀两类。

任务 5.1.1 液压换向阀及其换向回路的应用

知识点

换向阀的换向原理和应用。

技能点

能根据需要正确设计换向回路。

任务引入

图1-2中平面磨床的工作台采用液压驱动,工作台往复运动,同时要求在任意位置都能锁紧。请设计出该平面磨床工作台实现启动、停止和换向的液压控制回路。

学习情境五　液压控制元件及其控制回路的应用

任务分析

在液压系统中，控制压力油的流动从而控制执行元件换向和启停的液压元件，称为换向阀。要完成本任务，必须掌握换向阀的结构原理以及换向回路等知识。

相关知识

一、换向阀的结构原理及图形符号

由于滑阀式换向阀数量多、应用广泛、具有代表性，下面以滑阀式换向阀为例说明换向阀的工作原理、图形符号。

图 5-1 所示为滑阀式换向阀，是靠阀芯在阀体内作轴向运动，从而使相应的油路接通或断开的换向阀。

滑阀是具有多个环形槽的圆柱体，而阀体孔内开有若干个沉割槽。每条沉割槽都通过相应的孔道与外部相通，其中 P 为进油口、T 为回油口，而 A 和 B 则分别为与液压缸左、右两油口连通的油口。

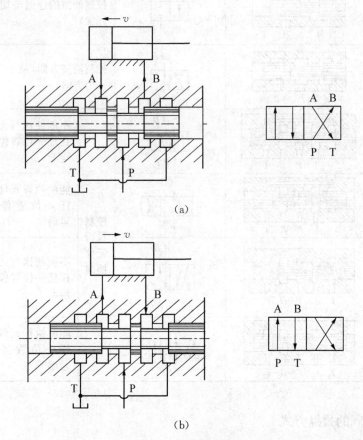

图 5-1　换向阀换向原理

当阀芯处于图 5-1(a)位置时，P 与 B、A 与 T 相通，液压缸活塞向左运动；当阀芯向右移至图 5-1(b)位置时，P 与 A、B 与 T 相通，活塞向右运动。图中右侧用简化了的图形符号清晰地表明了以上所述的通断情况。

图形符号表示的含义为：

(1) 用方框表示阀的工作位置，方框数即位数。

(2) 箭头表示两油口连通，并不表示流向；"⊥"或"⊤"表示此油口不通流。

(3) 在一个方框内，箭头或"⊥"符号与方框的交点数为油口的通路数，即通数。

(4) P 表示压力油的进口，T 表示与油箱连通的回油口，A 和 B 表示连接其他工作油路的油口。

(5) 三位阀的中位及二位阀侧面画有弹簧的那一方框为常态位。在液压原理图中，换向阀的油路连接一般应画在常态位上。二位二通阀有常开型(常态位置两油口连通)和常闭型(常态位置两油口不连通)两种。

表 5-1 列出了常用的滑阀式换向阀的结构原理图、图形符号及应用。换向阀完整的图形符号还应表示出操纵方式、复位方式和定位方式等。

表 5-1 常用滑阀式换向阀的结构原理图、图形符号和应用

名称	结构原理图	图形符号	使用场合		
二位二通换向阀	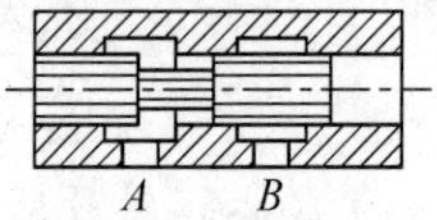	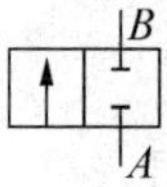	控制油路的连通与切断(相当于一个开关)		
二位三通换向阀	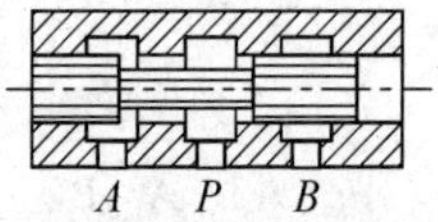	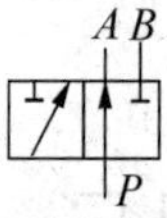	控制液流方向(从一个方向变换成另一个方向)		
二位四通换向阀	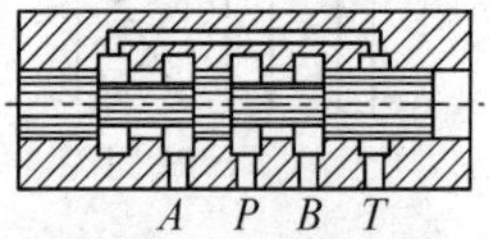	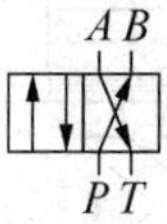	控制执行元件换向	不能使执行元件在任一位置停止运动	执行元件正反向运动时回油方式相同
三位四通换向阀				能使执行元件在任一位置停止运动	
二位五通换向阀				不能使执行元件在任一位置停止运动	执行元件正、反向运动时回油方式不同。
三位五通换向阀				能使执行元件在任一位置停止运动	

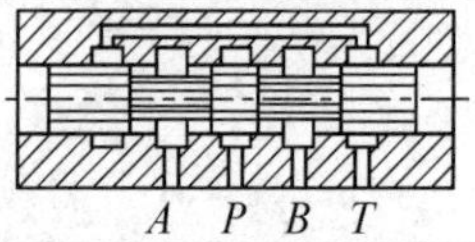

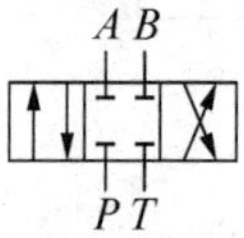

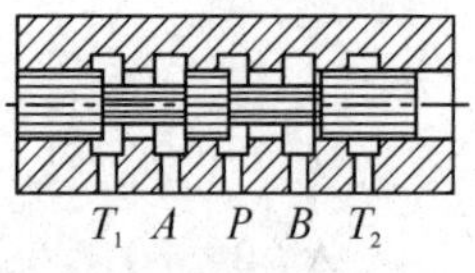

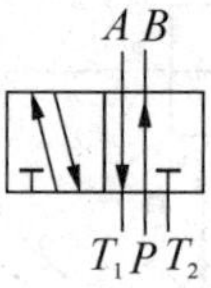

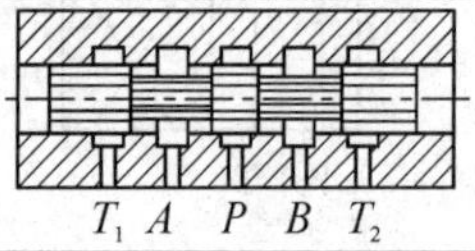

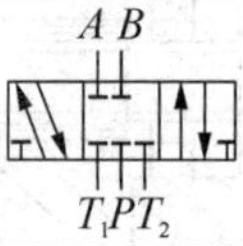

二、换向阀的操纵方式

换向阀的操纵方式有机动换向、电磁换向、液动换向、电液动换向、手动换向等。

1. 机动换向阀

机动换向阀又称行程换向阀,依靠安装在运动部件上的挡块或凸轮,推动阀芯移动,实现换向。

图 5-2(a)所示为二位二通机动换向阀。在图示位置(常态位),阀芯 3 在弹簧 4 作用下处于上位,P 与 A 不相通;当运动部件上的行程挡块 1 压住滚轮 2 使阀芯 3 移至下位时,P 与 A 相通。机动换向阀结构简单,换向时阀口逐渐关闭或打开,故换向平稳、可靠、位置精度高。但它必须安装在运动部件附近,一般油管较长。常用于控制运动部件的行程,或快、慢速度的转换。图 5-2(b)所示为二位二通机动换向阀的图形符号。

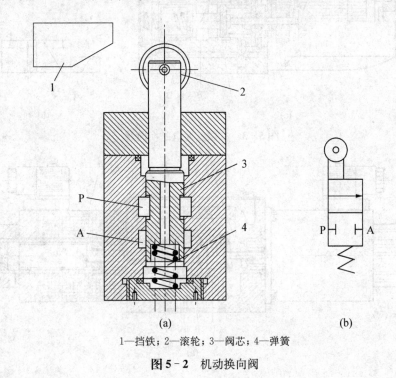

1—挡铁;2—滚轮;3—阀芯;4—弹簧

图 5-2 机动换向阀

2. 电磁换向阀

电磁换向阀简称电磁阀,利用电磁铁吸力控制阀芯移动实现换向。电磁换向阀包括换向滑阀和电磁铁两部分。

电磁铁按使用电源不同,可分为交流电磁铁和直流电磁铁两种。交流电磁铁使用电压为 220 V 或 380 V,直流电磁铁使用电压为 24 V。交流电磁铁的优点是电源简单方便、电磁吸力大、换向迅速;缺点是噪声大、起动电流大,在阀芯被卡住时易烧毁电磁铁线圈。直流电磁铁工作可靠、换向冲击小、噪声小,但需要有直流电源。电磁铁按衔铁是否浸在油里,又分为干式和湿式两种。干式电磁铁不允许油液进入电磁铁内部,因此推动阀芯的推杆处要有可靠的密封。湿式电磁铁可以浸在油液中工作,所以电磁阀的相对运动件之间就不需要密封装置,这就减小了阀芯运动的阻力,提高了滑阀换向的可靠性。湿式电磁铁性能好,但价格较高。

图 5-3(a)所示为二位三通电磁换向阀,采用干式交流电磁铁。图示位置为电磁铁不通电状态,即常态位,此时 P 与 A 相通,而 B 封闭;当电磁铁通电时,衔铁 1 右移,通过推杆 2 使阀芯 3 推压弹簧 4,并移至右端,P 与 B 接通,而 A 封闭。图 5-3(b)为二位三通电磁换向阀的图形符号。

图 5-4(a)所示为三位四通电磁换向阀,采用湿式直流电磁铁。阀两端有两根对中弹簧 4,使阀芯在常态时(两端电磁铁均断电时)处于中位,P、A、B、T 互不相通;当右端电磁铁通电时,右衔铁 1 通过推杆 2 将阀芯 3 推至左端,控制油口 P 与 B 通、A 与 T 通;当左端电磁铁通电时,其阀芯移至右端,油口 P 通 A、B 通 T。

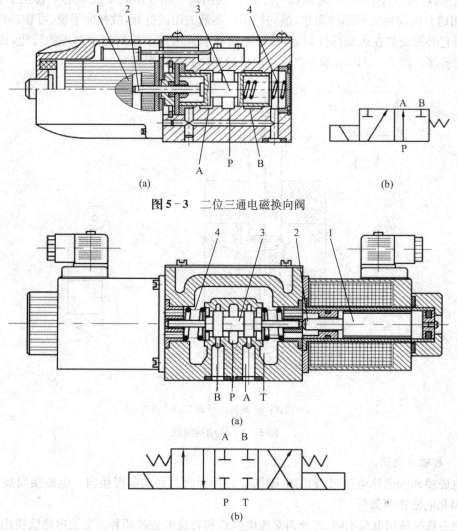

图 5-3 二位三通电磁换向阀

图 5-4 三位四通电磁换向阀

电磁阀操纵方便、布置灵活,易于实现动作转换的自动化。但因电磁铁吸力有限,所以电磁阀只适用于流量不大的场合。

3. 液动换向阀

液动换向阀利用控制油路的压力油推动阀芯实现换向,可以制成流量较大的换向阀。

图 5-5(a)所示为三位四通液动换向阀。当其两端控制油口 K_1 和 K_2 均不通入压力油时,阀芯在两端弹簧的作用下处于中位;当 K_1 进压力油、K_2 接油箱时,阀芯移至右端,P 通 A、B 通 T;反之,K_2 进压力油、K_1 接油箱时,阀芯移至左端,P 通 B、A 通 T。图 5-5(b)为三位四通液动换向阀的图形符号。

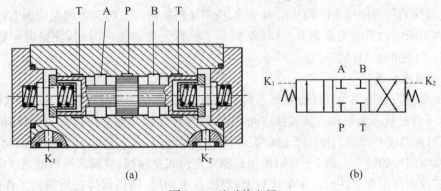

图 5‑5 液动换向阀

液动换向阀结构简单、动作可靠、平稳，由于液压驱动力大，故可用于流量大的液压系统中，但它不如电磁阀控制方便。

4．电液换向阀

电液换向阀是由电磁换向阀和液动换向阀组合而成。电磁换向阀起先导作用，通过电磁铁的通电和断电，改变控制油路方向，继而推动液动阀阀芯移动。液动换向阀为主阀，可以改变主油路的方向。由于液压力的驱动，主阀芯的尺寸可以做得很大，允许大流量通过。因此，电液换向阀主要用在流量超过电磁换向阀额定流量的液压系统中，并实现用较小的电磁力控制较大的流量切换。

图 5‑6 为三位四通电液换向阀的结构图及图形符号。两个电磁线圈都不通电时，电磁阀阀芯 4 处于中间位置，主阀阀芯两端的油腔均通过电磁阀与油箱连通，使这两个油腔的压力接近于零，便于主阀芯回复中位。当左边电磁铁线圈通电时，电磁阀阀芯被推向右端，控制油液顶开单向阀 1 进入液动阀的左腔，将液动阀芯推向右端，阀芯右腔的控制油液经节流阀 6 和电磁阀流回油箱，这时主阀进油口 P 和 A 相通、油口 B 和 T 通。同理，右边电磁铁通电

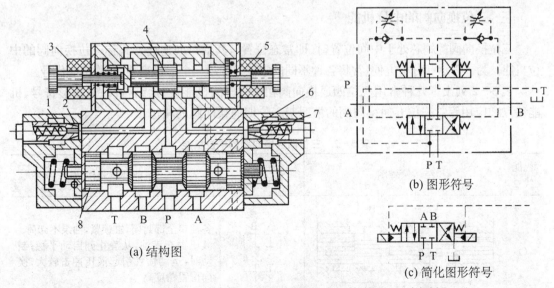

1、7—单向阀；2、6—节流阀；3、5—电磁铁；4—电磁阀阀芯；8—主阀阀芯

图 5‑6 电液换向阀

时,控制油路的压力油将主阀阀芯推向左端,使主油路换向。主阀阀芯向左或向右的运动速度可分别用两端的节流阀来调节,这样就调节了执行元件的换向时间,使换向平稳而无冲击,所以电液阀的换向性能较好。

5. 手动换向阀

手动换向阀是用手动杠杆操纵阀芯换位的换向阀,有自动复位式和钢球定位式两种。

图 5-7(a)所示为自动复位式换向阀,可手动操作使换向阀左位或右位工作;但当操纵力取消后,阀芯便在弹簧力作用下自动恢复至中位,停止工作。因而,适用于换向动作频繁、工作持续时间短的场合。图 5-7(b)所示是钢球定位式换向阀,其阀芯端部的钢球定位装置可使阀芯分别停止在左、中、右 3 个位置上;当松开手柄后,阀仍保持在所需的工作位置上。因而,可用于工作持续时间较长的场合。

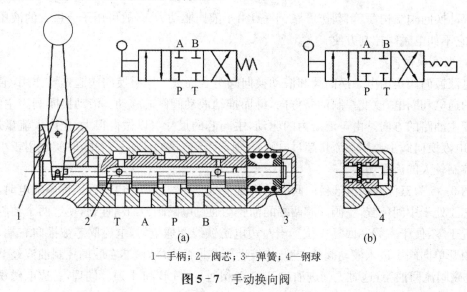

1—手柄;2—阀芯;3—弹簧;4—钢球

图 5-7 手动换向阀

三、三位换向阀的中位机能

三位换向阀的阀芯处于中间位置时(即常态位置),其油口的连通方式称三位换向阀的中位机能。为了表示和分析方便,常将各种不同的中位机能用一个字母来表示,称机能代号。

表 5-2 列出了几种常用三位四通换向阀在中位时的机能代号、结构简图、图形符号、机能特点和应用等。三位五通换向阀的情况与三位四通换向阀的相仿。

表 5-2 三位四通换向阀的中位机能

机能代号	结构原理图	中间方格的画法	机能特点和作用
O	(图:A B 阀芯 T P)	(图:A B / P T)	各油口全部封闭,缸锁紧,油泵不卸荷。液压缸充满油,从静止到启动平稳;制动时,运动惯性引起液压冲击较大;换向位置精度高

(续表)

机能代号	结构原理图	中间方格的画法	机能特点和作用
H	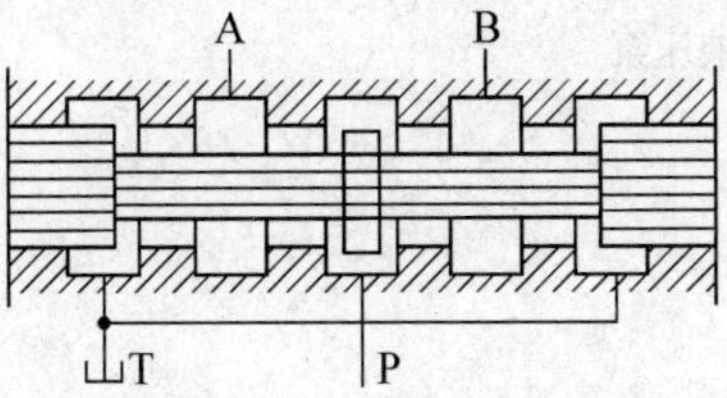 (结构原理图，油口 A、B、P、T)	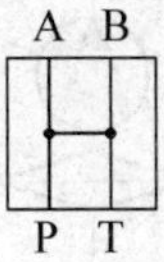 A B / P T (全部连通)	各油口全部连通，油泵卸荷，缸成浮动状态。液压缸两腔接油箱，从静止到启动有冲击；制动时，油口互通，故制动较 O 型平稳；但换向位置变动大
P	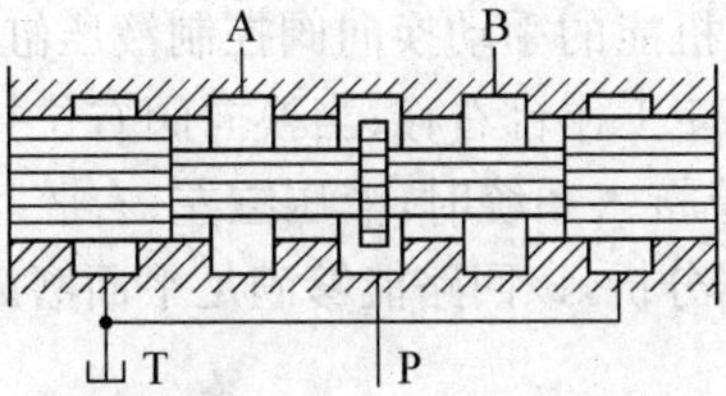 (结构原理图)	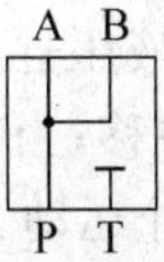 A B / P T	压力油 P 与缸两腔连通，可形成差动回路，回油口封闭。从静止到启动较平稳；制动时，缸两腔均通压力油，故制动平稳；换向位置变动比 H 型的小，应用广泛
Y	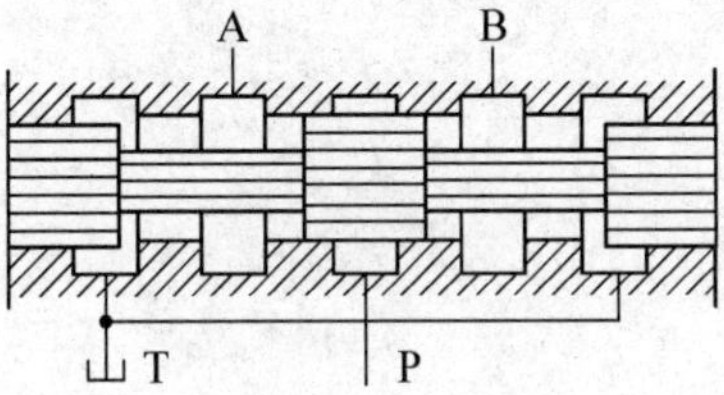 (结构原理图)	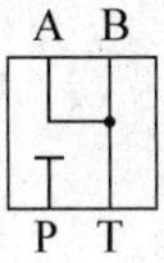 A B / P T	油泵不卸荷，缸两腔通回油，缸成浮动状态。由于缸两腔接油箱，从静止到启动有冲击；制动性能介于 O 型与 H 型之间
K	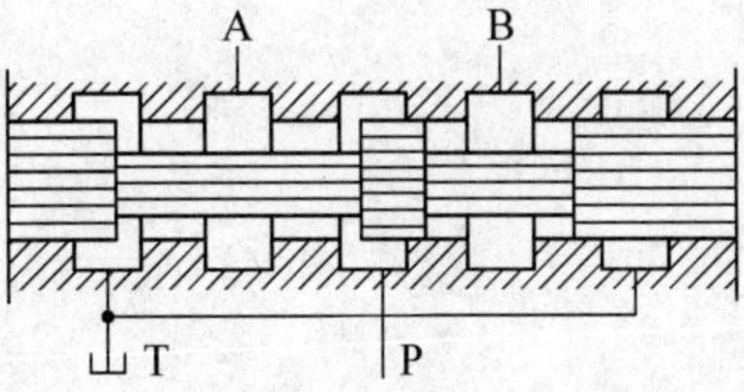 (结构原理图)	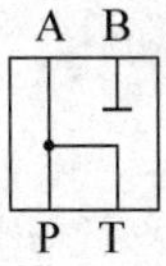 A B / P T	油泵卸荷，液压缸一腔封闭一腔接回油。两个方向换向时，性能不同
M	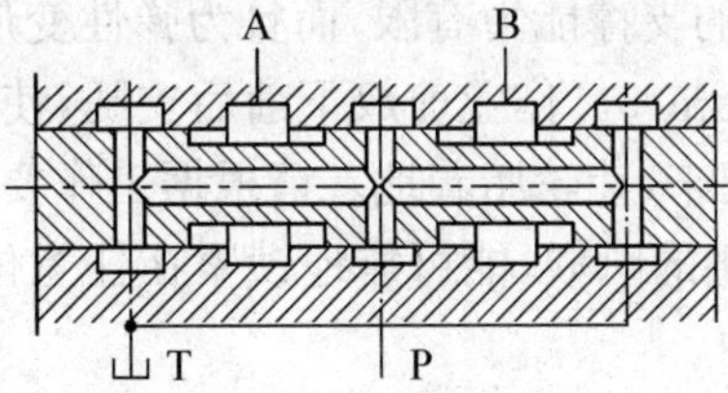 (结构原理图)	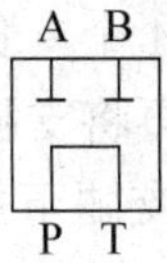 A B / P T	缸锁紧，油泵卸荷，从静止到启动较平稳；制动性能与 O 型相同

任务实施

平面磨床工作台换向与启/停回路搭建，如图 5-8 所示。

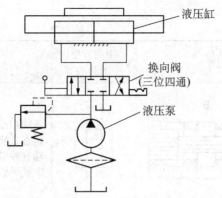

图 5-8 平面磨床工作台液压控制回路

回路分析：液压缸固定，采用三位四通 O 型中位机能的手动换向阀控制液压缸的动作。当换向阀左位接入回路时，液压油进入液压缸左腔，使工作台右移；当换向阀右位接入系统时，液压油进入液压缸右腔，使工作台左移；当阀中位接入系统时，液压缸左、右腔均没有液压油流入，且左、右腔不相通，工作台停止运动。根据分析，该回路能够满足平面磨床工作台换向和启/停的工作要求。

任务 5.1.2　液压单向阀的应用

知识点

单向阀的结构原理和应用。

技能点

掌握单向阀在液压系统中的应用。

任务引入

在图 5-9 所示的汽车起重机上，由于汽车轮胎的支撑能力有限，而且为弹性变形体，作业很不安全，故在汽车的前后端各设置 4 个支腿液压缸 3。作业前放下前后支腿，使汽车轮胎架空，用支腿承受汽车重量。行驶时再将支腿收起来，让轮胎着地。请根据工作要求构建汽车起重机支腿下放锁紧回路，要确保支腿下放停止的时候，能可靠地锁紧在任意位置，使汽车不受重力或外界影响，从而避免发生漂移或窜动。

任务分析

汽车支腿液压缸的收放回路，可通过设计方向控制回路来实现。汽车起重机在工作时，支腿液压缸活塞杆长时间处于伸出状态，且受到较大重力的影响，若要防止液压缸在重力作用下下滑，则需要采用由单向阀组成的锁紧回路。图 5-9 所示为 Q2-8 型汽车起重机外形图。

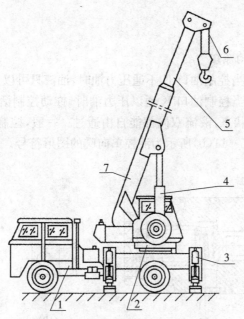

1—汽车；2—转台；3—支腿；4—吊臂变幅缸；
5—吊臂伸缩缸；6—起升机构；7—基本臂

图 5-9　Q2-8 型汽车起重机

 **相关知识**

单向阀根据结构的不同，可分为普通单向阀和液控单向阀两类。

一、普通单向阀

普通单向阀控制油液只能按某一方向流动，而反向截止，简称单向阀。

普通单向阀的结构原理如图 5-10 所示，由阀体 1、阀芯 2、弹簧 3 等零件组成。当压力油从 P_1 进入时，油液推力克服弹簧力，推动阀芯右移，打开阀口，压力油从 P_2 流出；当压力油从反向进入时，油液作用力和弹簧力将阀芯压紧在阀座上，阀口关闭，油液不能通过。

为了保证单向阀工作灵敏、可靠，单向阀的弹簧应较软，其开启压力一般为 0.035～0.1 MPa。若将弹簧换为硬弹簧，则可将其作为背压阀用，背压力一般为 0.2～0.6 MPa。

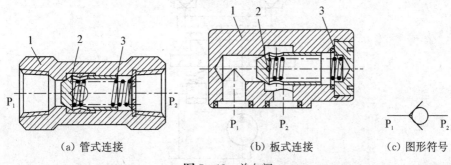

(a) 管式连接　　　　　　(b) 板式连接　　　　　(c) 图形符号

图 5-10　单向阀

二、液控单向阀

1. 液控单向阀的结构原理

如图 5-11(a)所示,当控制油口 K 不通压力油时,油液只可以从 P_1 进入、P_2 流出,此时阀的作用与单向阀相同;当控制油口 K 通以压力油时,推动控制活塞 1,并通过顶杆 2 使阀芯 3 右移,阀即保持开启状态,液流双向都能自由通过。一般,控制油的压力不应低于油路压力的 30%~50%。图 5-11(b)所示为液控单向阀的图形符号。

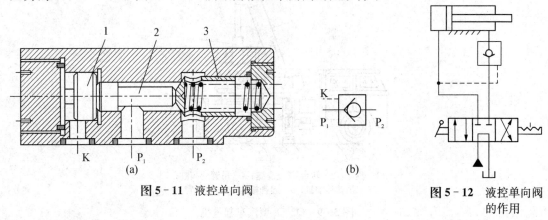

图 5-11 液控单向阀

图 5-12 液控单向阀的作用

2. 液控单向阀的应用

液控单向阀具有良好的单向密封性,常用于执行元件需要长时间保压、锁紧的情况,这种阀也称为液压锁。

如图 5-12 所示,在油路上串入液控单向阀,利用其座阀结构关闭时的严密性,可以实现较长时间的保压。

任务实施

起重机支腿下放锁紧回路设计如图 5-13 所示。

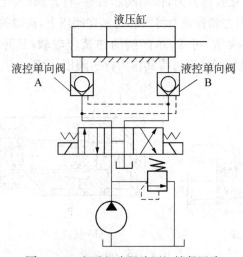

图 5-13 起重机支腿液压缸锁紧回路

当换向阀处于左位时,压力油经液控单向阀 A 进入液压缸左腔。同时,压力油也进入液控单向阀 B 的控制油口。打开阀 B,使液压缸右腔的回油经阀 B 及换向阀流回油箱,活塞向右运动。反之,活塞向左运动,到了需要停留的位置,令换向阀处于中位。因换向阀的中位机能为 H 型机能,所以阀 A 和阀 B 均关闭,使活塞双向锁紧。在这个回路中,由于液控单向阀的阀座一般为锥阀式结构,密封性好、泄漏极少、锁紧的精度高。因此,这种回路被广泛用于工程机械、起重运输机械等有锁紧要求的场合。

知识链接

方向控制阀故障分析

单向阀的故障分析,见表 5-3。换向阀的故障分析,见表 5-4。

表 5-3 单向阀的故障原因和排除方法

故障现象	产生原因	排除方法
发生异常声音	(1) 油的流量超过允许值 (2) 与其他阀共振 (3) 在卸压单向阀中,用于立式大液压缸的回油,没有卸压装置	(1) 更换流量大的单向阀或减小通过阀的流量 (2) 适当调节单向阀的工作压力或改变其弹簧刚度 (3) 补充卸压装置回路
阀与阀座有严重泄漏	(1) 阀座锥面密封不好 (2) 滑阀与阀座拉毛 (3) 阀座碎裂	(1) 重新研配 (2) 重新研配 (3) 更换并研配阀座
不起单向阀作用	(1) 滑阀在阀体内卡住 ① 阀体孔变形 ② 滑阀配合时有毛刺 ③ 滑阀变形胀大 (2) 漏装弹簧	(1) 相应采取如下措施 ① 修研阀座孔 ② 修除毛刺 ③ 修研滑阀外径 (2) 补装合适的弹簧
结合处渗漏	螺钉或管螺纹没拧紧	拧紧螺钉或管螺纹

表 5-4 换向阀的常见故障及其排除方法

故障现象	原因分析	排除方法
阀芯不动或不到位	滑阀卡住: (1) 滑阀(阀芯)与阀体配合间隙过小,阀芯在孔中容易卡住而不能动作或动作不灵 (2) 阀芯(或阀体)被碰伤,油液被污染 (3) 阀芯几何形状超差。阀芯与阀孔装配不同心,产生轴向液压卡紧现象	检修滑阀: (1) 检查间隙情况,研修或更换阀芯 (2) 检查、修磨或重配阀芯,必要时更换新油 (3) 检查、修正几何偏差及同心度,检查液压卡紧情况并修复
	液动换向阀控制油路故障: (1) 油液控制压力不够,滑阀不动,不能换向或换向不到位 (2) 节流阀关闭或堵塞 (3) 滑阀两端油口没有接回油箱或泄油管堵塞	检查控制油路: (1) 提高控制油压,检查弹簧是否过硬,以便更换 (2) 检查、清洗节流口 (3) 检查并接通回油箱,清洗回油管,使之畅通

(续表)

故障现象	原因分析	排除方法
	电磁换向阀电磁铁故障： (1) 交流电磁铁因滑阀卡住，铁芯吸不到底面而被烧毁 (2) 漏磁、吸力不足 (3) 电磁铁接线焊接不良，接触不好	检查并修复： (1) 检查滑阀卡住故障，更换电磁铁 (2) 检查漏磁原因，更换电磁铁 (3) 检查并重新焊接
	弹簧折断、漏装、太软，都不能使滑阀恢复中位，因而不能换向	检查、更换或补装
	电磁换向阀的推杆磨损后长度不够或行程不正确，使阀芯移动过小或过大，都会引起换向不灵或不到位	检查并修复，必要时可更换推杆
冲击与噪声	(1) 控制流量过大，滑阀移动速度太快，产生冲击声 (2) 单向节流阀阀芯与阀孔配合间隙过大，单向阀弹簧漏装、阻尼失效，产生冲击声 (3) 电磁铁的铁芯接触面不平或接触不良 (4) 滑阀时卡时动或局部摩擦力过大 (5) 固定电磁铁的螺栓松动而产生振动	(1) 调小单向节流阀的节流口，减慢滑阀移动速度 (2) 检查、修整（修复）到合理间隙，补装弹簧 (3) 清除异物，并修整电磁铁的铁芯 (4) 研磨修整或更换滑阀 (5) 紧固螺栓，并加防松垫圈

知识扩展

常见方向控制回路应用

方向控制回路利用各种方向阀来控制液流的通断和变向，以便执行元件按要求启动、停止、换向。

1. 换向回路

各种操纵力的换向阀都可组成换向回路，控制元件启动、停止、换向。

2. 锁紧回路

锁紧回路的作用是防止液压缸在停止运动时，因外界影响而发生漂移或窜动。锁紧回路有以下两种。

(1) 换向阀锁紧回路　利用三位换向阀的O型（或M型）中位机能（图5-8），封闭液压缸两腔，使活塞能在行程的任意位置上锁紧。由于滑阀式换向阀不可避免地存在泄漏，这种锁紧回路能保持执行元件锁紧的时间不长，锁紧效果较差。

(2) 液控单向阀锁紧回路　图5-14示为采用液控单向阀的锁紧回路。特点是液控单向阀的密封性能很好，能使执行元件长期锁紧。这种锁紧回路主要用于汽车起重机的支腿油路和矿山机械中液压支架的油路中。

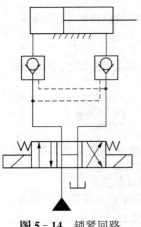

图5-14　锁紧回路

学习情境五 液压控制元件及其控制回路的应用

任务 5.2 压力控制阀和压力控制回路的应用

在液压系统中,控制液体压力的阀称为压力控制阀,简称压力阀。按功能不同分类,主要的压力控制阀有溢流阀、减压阀、顺序阀和压力继电器等。利用各种压力阀控制系统或系统某一部分油液压力的回路,称为压力控制回路。下面通过 3 个子任务来学习其应用。

任务 5.2.1 溢流阀及其控制回路的应用

 知识点

溢流阀的结构原理和应用。

 **技能点**

掌握溢流阀在回路中的作用。

 **任务引入**

图 4-1 所示液压压力机工作时,液压缸带动主轴上、下运动,把主轴下降对工件进行压制的过程称为工作行程,此时系统的油压要求高;把主轴上升、液压缸复位称为非工作行程,这时油压只用于克服活塞和运动部件的重量,要求较低油压即可。如何实现该液压机工作行程与非工作行程的压力控制?

 **任务分析**

在液压系统中,根据系统负载的大小来调节系统工作压力的回路,叫调压回路。调压回路的核心元件是溢流阀。

相关知识

一、溢流阀的功用和分类

溢流阀通常接在液压泵出口处的油路上,主要作用是对液压系统定压或进行安全保护。几乎在所有的液压系统中都需要用到它,其性能好坏对整个液压系统的正常工作有很大影响。根据结构和工作原理的不同,溢流阀可分为直动式溢流阀和先导式溢流阀两类。

二、溢流阀的结构和工作原理

1. 直动式溢流阀

图 5-15(a)所示为直动式溢流阀的结构简图,图 5-15(b)所示为工作原理图。P 为进油口,T 为回油口。进油口 P 的压力油经阀芯 3 上的阻尼孔 a 通入阀芯底部,阀芯的下端面便受到压力为 p 的油液的作用,作用面积为 A,压力油作用于该端面上的力为 pA,调压弹簧 2 作用在阀芯上的预紧力为 $F_s = kx_0$,k 为调压弹簧的刚度,x_0 为调压弹簧的预压缩量。

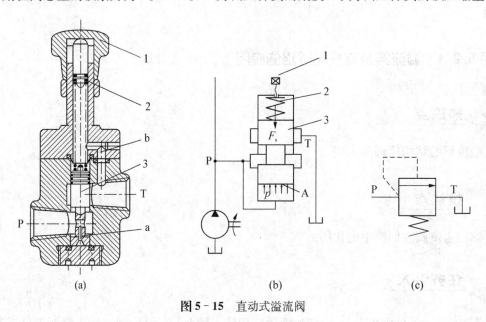

图 5-15 直动式溢流阀

当进油压力较小,即 $pA < F_s$ 时,阀芯处于下端(图示)位置,关闭回油口 T,P 与 T 不通,不溢流,即为常闭状态。

随着进油压力升高,当 $pA > F_s$ 时,阀芯上移,弹簧被压缩,打开回油口 T,P 与 T 接通,溢流阀开始溢流。

当溢流阀稳定工作时,若不考虑阀芯的自重、摩擦力和液动力的影响,则溢流阀进口压力为 $p = \dfrac{k(x_0 + \Delta x)}{A}$,$\Delta x$ 为调压弹簧的附加压缩量。可以认为,溢流阀进口处的压力 p 基本保持恒定,这时溢流阀起溢流稳压作用。

调节螺母 1 可以改变弹簧的预压缩量,从而调定溢流阀的工作压力 p。通道 b 使弹簧腔与回油口相通,以排掉泄入弹簧腔的油液,此泄油方式为内泄式。阀芯上阻尼孔 a 的作用是减小油压的脉动,提高阀工作的平稳性。

这种溢流阀是依靠系统中的压力油直接作用在阀芯上而与弹簧力相平衡,以控制阀芯的启、闭动作,故称为直动式溢流阀。直动式溢流阀结构简单、制造容易、成本低,但在控制较高压力和较大流量时,需要刚度较大的调压弹簧,不但手动调节困难,而且溢流阀口开度(调压弹簧附加压缩量)略有变化会引起较大的压力变化。所以,直动式溢流阀只用于低压液压系统,或作为先导阀使用。图 5-15(c)所示为直动式溢流阀的图形符号。图 5-16 所示为锥阀芯直动式溢流阀,常作为先导式溢流阀的先导阀用。

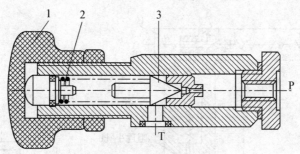

1—螺母；2—弹簧；3—锥阀芯

图 5‑16　锥阀芯直动式溢流阀

2. 先导式溢流阀

先导式溢流阀的结构如图 5‑17 所示，由先导阀和主阀两部分组成。先导阀实际上是一个小流量的直动式溢流阀，阀芯是锥阀，用来调定压力；主阀阀芯是滑阀，用来实现溢流。

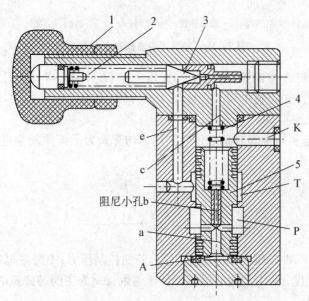

1—调节螺母；2—调压弹簧；3—先导阀阀芯；
4—主阀弹簧；5—主阀芯

图 5‑17　先导式溢流阀的结构

先导式溢流阀的工作原理如图 5‑18(a)所示，压力油经进油口 P、通道 a，进入主阀芯 5 底部的油腔 A，并经阻尼小孔 b 进入上部油腔，再经通道 c 进入先导阀右侧油腔 B，给锥阀 3 以向左的作用力，而调压弹簧 2 给锥阀以向右的弹簧力。

当油液压力 p 较小时，作用于锥阀上的液压作用力小于弹簧力，先导阀关闭。此时，阻尼小孔 b 没有油液流，油腔 A、B 的压力相同，在主阀弹簧 4 的作用下，主阀芯处于最下端位置，回油口 T 关闭，没有溢流。

当油液压力 p 增大，使作用于锥阀上的液压作用力大于弹簧 2 的弹簧力时，先导阀开启，油液经通道 e、回油口 T 流回油箱。这时，压力油流经阻尼小孔 b 时产生压力降，使 B 腔

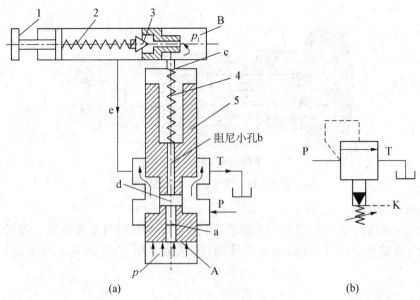

1—调节螺母；2—调压弹簧；3—锥阀；4—主阀弹簧；5—主阀芯

图 5-18 先导式溢流阀的工作原理

油液压力 p_1 小于油腔 A 中油液压力 p。当此压力差（$\Delta p = p - p_1$）产生的向上作用力超过主阀弹簧 4 的弹簧力，并克服主阀芯自重和摩擦力时，主阀芯向上移动，进油口 P 和回油口 T 接通，溢流阀溢流。

先导式溢流阀是利用主阀芯两端压差作用力与弹簧力平衡原理来进行压力控制的。当溢流阀稳定工作时，则

$$pA = p_1 A + F_s, \qquad (5-1)$$

$$p = p_1 + \frac{F_s}{A} = p_1 + \frac{k(x_0 + \Delta x)}{A}。 \qquad (5-2)$$

式中，p 为溢流阀进口压力；p_1 为主阀芯上腔的控制压力；A 为主阀芯的有效作用面积；k 为主阀芯弹簧的刚度；x_0 为主阀芯弹簧的预压缩量；Δx 为主阀芯弹簧的附加压缩量；F_s 为主阀芯弹簧的作用力。

先导式溢流阀要求通过先导阀的流量很小，先导阀锥阀的阀孔尺寸较小，调压弹簧刚度也就不大，调压比较轻便。弹簧力调定后，在溢流时上腔的控制压力 p_1 也基本不变。而主阀芯因两端均受油液压力作用，主阀芯弹簧作为平衡弹簧，只需很小刚度，故尽管主阀芯的溢流量变化时会引起主阀弹簧产生附加压缩量 Δx 变化，引起主阀弹簧力波动，但由于主弹簧的刚度低，Δx 的变动量所引起的作用力变化很小，即 F_s 的变化较小。因此，先导式溢流阀在先导阀的压力调定后，即使溢流量变化，进口处的压力 p 变化也很小，稳压精度较高。

先导式溢流阀克服了直动式溢流阀的缺点，具有调压比较轻便、振动小、噪声低、压力稳定，但只有在先导阀和主阀都动作后才起控制压力的作用，因此反应不如直动型溢流阀快，主要用于中、高压和大流量液压系统。中压先导式溢流阀的最大调整压力为 6.3 MPa。

先导式溢流阀设有远程控制口 K，可以实现远程调压（与远程调压阀接通）或卸荷（与油

箱接通),不用时封闭。先导式溢流阀的图形符号,如图5-18(b)所示。

任务实施

液压压力机工作行程与非工作行程的压力控制回路设计,如图5-19所示。当执行元件正、反行程需不同的供油压力时,可采用双向调压回路。

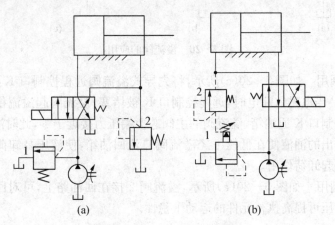

图5-19 双向调压回路

当图5-19(a)所示的换向阀在左位工作时,活塞右移为工作行程,液压泵出口由溢流阀1调定为较高的压力,液压缸右腔油液经换向阀卸压回油箱,溢流阀2关闭不起作用;当换向阀在右位工作时,活塞左移实现空程返回,液压泵输出的压力油由溢流阀2调定为较低的压力,此时溢流阀1因调定压力高而关闭不起作用,液压缸左腔的油液经换向阀回油箱。

图5-19(b)所示回路在图示位置时,阀2的出口被高压油封闭,即阀1的远程控制口被堵塞,故液压泵压力由阀1调定为较高的压力;当换向阀在右位工作时,液压缸左腔通油箱,压力为零,阀2相当于阀1的远程调压阀,液压泵压力被调定为较低的压力。该回路的优点是:阀2工作时仅通过少量泄油,故可选用小规格的远程调压阀。

**知识链接**

一、溢流阀的应用

溢流阀在液压系统中可作溢流阀、安全阀、卸荷阀和背压阀使用。

(1) 作溢流阀用　图5-20(a)所示为一定量泵供油系统,由流量控制阀调节进入执行元件的流量,定量泵输出的多余油液则从溢流阀1流回油箱。在工作过程中溢流阀1阀口常开,系统的工作压力由溢流阀1调整并保持基本恒定,即溢流阀1起溢流稳压作用。

(2) 作安全阀用　图5-20(b)所示为一变量泵供油系统,执行元件的速度由变量泵自身调节,系统中无多余油液,系统工作压力随负载变化而变化。正常工作时,溢流阀口关闭。一旦过载,溢流阀口立即打开,使油液流回油箱,系统压力不再升高,以保障系统安全。

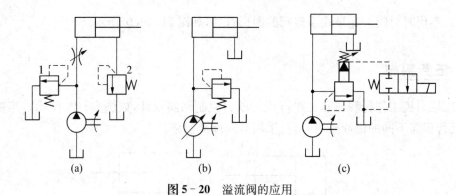

图 5-20 溢流阀的应用

(3) 作卸荷阀用　如图 5-20(c)所示,将先导式溢流阀远程控制口 K 通过二位二通电磁阀与油箱连接。当电磁铁断电时,远程控制口 K 被堵塞,溢流阀起溢流稳压作用;当电磁铁通电时,远程控制口 K 通油箱,溢流阀的主阀芯上端压力接近于零,此时溢流阀口全开,回油阻力很小,泵输出的油液便在低压下经溢流阀口流回油箱,使液压泵卸荷,而减小系统功率损失,故溢流阀起卸荷作用。

(4) 作背压阀用　如图 5-20(a)所示,溢流阀 2 接在回油路上,可对回油产生阻力,即形成背压,利用背压可提高执行元件的运动平稳性。

二、溢流阀常见故障及排除方法

溢流阀常见故障及排除方法,见表 5-5。

表 5-5　溢流阀常见故障及排除方法

故障现象	原因分析	排除方法
无压力	(1) 主阀芯阻尼孔堵塞 (2) 主阀芯在开启位置卡死 (3) 主阀平衡弹簧折断或弯曲而使主阀芯不能复位 (4) 调压弹簧弯曲或漏装 (5) 锥阀(或钢球)漏装或破碎 (6) 先导阀阀座破碎 (7) 远程控制口通油箱	(1) 清洗阻尼孔,过滤或换油 (2) 检修,重新装配(阀盖螺钉紧固力要均匀),过滤或换油 (3) 换弹簧 (4) 更换或补装弹簧 (5) 补装或更换 (6) 更换阀座 (7) 检查远程控制口的通断状态
压力过大	(1) 滑阀配合过紧或被污染物卡死,造成调整压力上升 (2) 先导阀阀座小孔堵塞 (3) 进油口和出油口装反	(1) 检查、清洗并研修,使滑阀在孔中移动灵活。如果油液污染严重,则更换新油 (2) 清除污染物或修磨阀座 (3) 纠正油口的安装
压力波动大	(1) 阀芯动作不灵活,时有卡住现象 (2) 主阀芯和先导阀阀座阻尼孔时堵时通 (3) 弹簧弯曲或弹簧刚度太小 (4) 阻尼孔太大,消振效果差 (5) 调压螺母未锁紧	(1) 修换阀芯,重新装配阀盖螺钉紧固力应均匀、过滤或换油 (2) 清洗缩小的阻尼孔,过滤或换油 (3) 更换弹簧 (4) 适当缩小阻尼孔(更换阀芯) (5) 调压后锁紧调压螺母

（续表）

故障现象	原因分析	排除方法
振动和噪声大	(1) 主阀芯在工作时径向力不平衡，导致溢流阀性能不稳定 (2) 锥阀和阀座接触不好（圆度误差太大），导致锥阀受力不平衡，引起锥阀振动 (3) 调压弹簧弯曲（或其轴线与端面不垂直），导致锥阀受力不平衡，引起锥阀振动 (4) 通过流量超过公称流量，在溢流阀口处产生气穴现象 (5) 通过溢流阀的溢流量太小，使溢流阀处于启闭临界状态而引起液压冲击	(1) 检查阀体孔和主阀芯的精度，修换零件，过滤或换油 (2) 封油面圆度误差控制在0.005~0.01以内 (3) 更换弹簧或修磨弹簧端面 (4) 限在公称流量范围内使用 (5) 控制正常工作的最小溢流量

任务 5.2.2　减压阀及其控制回路的应用

知识点

减压阀的结构原理和应用。

技能点

(1) 掌握减压阀在回路中的作用。
(2) 能识读和设计减压回路。

任务引入

用液压钻床对某一工件钻孔加工，如图 5-21 所示，工件的夹紧和钻头的升降由两个双作用液压缸驱动，工件夹紧压力 2.5 MPa，钻头钻孔压力 4.5 MPa。这两个液压缸都由一个液压泵来供油。请尝试设计该液压钻床工作夹紧压力和进给压力的控制回路。

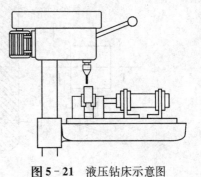

图 5-21　液压钻床示意图

任务分析

当多个执行机构的系统中某一支路需要稳定，且低于主油路压力时，可在系统中设置减压回路，减压回路的核心元件是减压阀。

相关知识

一、减压阀的功用和分类

减压阀的功用是降低液压系统中某一分支油路的压力,使其获得比主系统低的稳定的工作压力。减压阀的特点是出口压力维持恒定,不受入口压力波动等的影响。

减压阀根据结构和工作原理不同,分为直动式减压阀和先导式减压阀两类,一般采用先导式减压阀。

二、先导式减压阀的结构和工作原理

先导式减压阀如图 5-22 所示,其结构如图 5-23(b)所示。它与先导型溢流阀的结构有相似之处,也是由先导阀和主阀两部分组成。其主要区别是:

图 5-22　先导式减压阀的剖面图和实物图

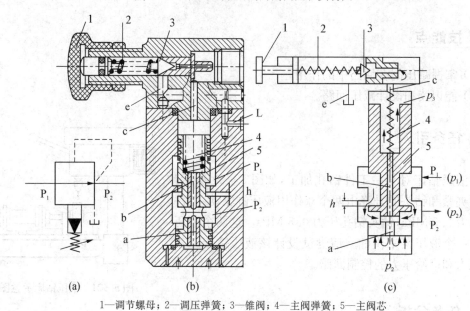

1—调节螺母；2—调压弹簧；3—锥阀；4—主阀弹簧；5—主阀芯

图 5-23　先导式减压阀

(1) 减压阀控制出口油液压力,而溢流阀控制进口油液压力。

(2) 由于减压阀的进、出口油液均有压力,所以其先导阀的泄油不能像溢流阀一样流入

回油口,而必须设有单独的泄油口,即泄油方式为外泄。

(3) 减压阀的进、出油口位置与溢流阀的相反,减压阀主阀芯在结构中间多一个凸肩(即三节杆),常态下,减压阀阀口开得很大(常开),而溢流阀阀口则关闭(常闭)。

先导型减压阀的工作原理如图 5-23(c)所示,主要利用油液通过缝隙时的液阻降压。

减压阀进油口处的压力油(p_1),经开口为 h 的减压阀缝隙后变成出油口处的压力油(p_2),从出油口流出,经分支油路送往执行机构。同时,压力油(p_2)经通道 a 进入主阀芯 5 下端油腔,又经阻尼小孔 b 进入主阀芯上端油腔,且经通道 c 进入先导阀锥阀 3 右端油腔,给锥阀一个向左的液压力。

当出油口的压力 p_2 低于调定压力时,锥阀关闭,主阀芯上端油腔油液压力 $p_3 = p_2$,主阀芯被主阀弹簧 4 压在最下端,减压阀节流缝隙 h 开度最大,压降为最小,减压阀不起减压作用,即减压阀处于不工作状态。

当分支油路负载增大时,p_2 升高,p_3 随之升高,在 p_3 超过调定压力时,锥阀打开,少量油液经锥阀口、通道 e,由泄油口 L 流回油箱。由于这时有油液流过阻尼小孔 b,使 $p_3 < p_2$,产生压力降 $\Delta p = p_2 - p_3$。主阀芯便在此压力差作用下,克服主阀弹簧的弹力上移,减压阀节流缝隙 h(阀口)减小,使出油口压力降低至调定压力。若由于外界干扰(如负载变化)使出油口压力变化,减压阀将会自动调整减压阀阀口的开度,以保持出油压力稳定。调节螺母 1,即可调节调压弹簧 2 的预压缩量,从而调定减压阀出油口压力。

任务实施

液压钻床工件夹紧压力和进给压力的控制回路设计,如图 5-24 所示。

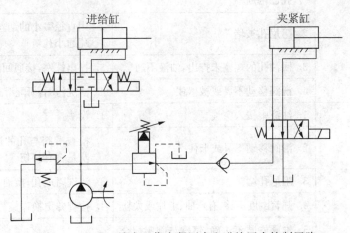

图 5-24 液压钻床工作夹紧压力和进给压力控制回路

液压泵除供给进给缸压力外,还经分支油路上的减压阀为夹紧缸提供比液压泵供油压力低的稳定压力油。夹紧压力 2.5 MPa 由减压阀控制;钻头钻孔压力 4.5 MPa 由溢流阀控制。注意:只有当夹紧液压缸将工件夹紧后,液压泵才能给主系统供油。单向阀的作用是防止主油路压力降低(低于减压阀的调定压力)时油液倒流,使夹紧缸的夹紧力不致受主系统压力波动的影响,起到短时保压的效果。

知识链接

一、减压阀的应用

减压阀在各种液压设备的夹紧系统、润滑系统和控制系统中应用较多。

减压阀能令一个油源同时提供两个或几个不同压力的输出。此外,当油液压力不稳定时,在回路中串入一减压阀可得到稳定的、较低的压力。

应该指出,应用减压阀组成减压回路虽然可以方便地使某一分支油路压力降低,但油液流经减压阀将产生压力损失,因而增加功率损失并使油液发热。当分支油路压力比主油路压力低得多,而需要的流量又很大时,为了减少功率损失,不采用减压回路,常采用双泵供油,以提高系统效率。

二、减压阀常见故障及排除方法

减压阀在使用中常见的故障有噪音与振动、不起减压作用、压力调定后有波动或输出压力较低,升不高等。噪音与振动的故障现象及原因与溢流阀基本相同,在此不再赘述。其他常见故障原因及排除方法见表 5-6。

表 5-6 减压阀常见故障及排除方法

故障现象	故障分析	排除方法
不起减压作用	1. 顶盖方向装错,使输出油孔与回油孔已沟通 2. 阻尼孔被堵 3. 回油孔的螺塞未拧出,油液不通 4. 滑阀移动不灵或被卡住	1. 检查顶盖上孔的位置,并加以纠正 2. 用直径微小的钢丝或针(约 1 mm)疏通小孔 3. 拧出螺塞,接通回油管 4. 清洗污垢,研配滑阀,保证滑阀自如
压力波动	1. 油液中侵入空气 2. 滑阀移动不灵或卡住 3. 阻尼孔堵塞 4. 弹簧刚度不够,有弯曲、卡住或太软 5. 锥阀安装不正确,钢球与阀座配合不良	1. 设法排气 2. 检查滑阀与孔的形状位置误差以及是否有拉伤 3. 清洗阻尼孔,换油 4. 检查并更换弹簧 5. 更换、调整锥阀或钢球
输出压力较低,升不高	1. 锥阀与阀座配合不好 2. 阀顶盖密封不好,有泄漏 3. 阀口径小	1. 拆卸锥阀,研磨或更换 2. 拧紧螺栓或拆卸后更换纸垫 3. 使用口径大的减压阀

任务 5.2.3　顺序阀/压力继电器及其控制回路的应用

（1）顺序阀的结构原理和应用。
（2）压力继电器的结构原理和应用。

（1）能识读应用顺序阀或压力继电器的顺序动作回路。
（2）能利用顺序阀或压力继电器进行顺序动作回路的设计。

如图 5-25 所示，通过一个专用设备对零部件进行组装。首先由液压缸 A 对第一个零部件加压。只有当压力达到 20 bar 时（即部件已压入），油缸 B 活塞才伸出将第二个部件装入。组装完成后，液压缸 B 的活塞杆先返回。当液压缸 B 活塞杆完全缩回时，在液压缸有杆腔形成压力。当压力达到 30 bar 时，油缸 A 的活塞杆再返回。试设计该零件组装的顺序控制回路。

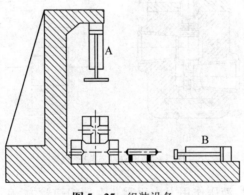

图 5-25　组装设备

这种利用液压系统工作时压力不同来控制执行元件按顺序动作的回路，称为压力控制顺序动作回路。要完成本任务，需要学习顺序阀和压力继电器等压力控制元件的功用和结构原理。

一、顺序阀的功用和分类

顺序阀是利用油路中压力的变化控制阀口启闭,以控制液压系统各执行元件先后顺序动作的压力控制阀。根据结构、工作原理和功用不同,顺序阀可分为直动式顺序阀、先导式顺序阀、液控顺序阀、单向顺序阀等类型。

二、顺序阀的结构、原理和应用

1. 直动式顺序阀

如图 5-26(a)所示,直动式顺序阀结构和工作原理都和直动式溢流阀相似。压力油自进油口 P_1 进入阀体,经阀芯中间小孔流入阀芯底部油腔,对阀芯产生一个向上的液压作用力。

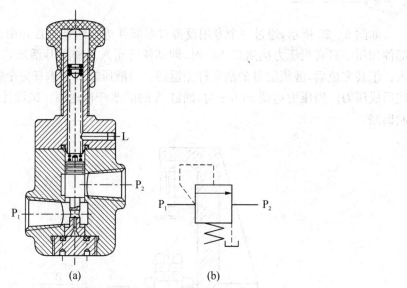

图 5-26 直动式顺序阀

当油液的压力较低时,液压作用力小于阀芯上部的弹簧力,在弹簧力作用下,阀芯处于下端位置,P_1 和 P_2 两油口被隔断,即处于常闭状态。

当油液的压力升高到作用于阀芯底部的液压作用力大于调定的弹簧力时,在液压作用力的作用下,阀芯上移,进油口 P_1 与出油口 P_2 相通,压力油液自 P_2 口流出,可控制另一执行元件动作。

图 5-26(b)所示为直动式顺序阀的图形符号。

2. 先导式顺序阀

图 5-27(a)所示为先导式顺序阀的结构图,图 5-27(b)所示为先导式顺序阀的图形符号。其结构和工作原理与先导式溢流阀相似。

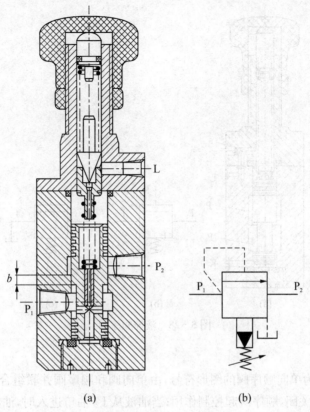

图 5-27 先导式顺序阀

顺序阀与溢流阀的主要区别：

（1）溢流阀出油口连通油箱；顺序阀的出油口通常连接另一工作油路，因此顺序阀的进、出口处的油液都是压力油。

（2）溢流阀打开时，进油口的油液压力基本上保持在调定压力值；顺序阀打开后，进油口的油液压力可以继续升高。

（3）由于溢流阀出油口连通油箱，其内部泄油可通过回油口流回油箱；而顺序阀出油口油液为压力油，且通往另一工作油路，所以顺序阀的内部要有单独设置的泄油口 L。

（4）顺序阀关闭时要有良好的密封性能，因此阀芯和阀体间的封油长度 b 较溢流阀长。

3. 液控顺序阀

图 5-28(a)所示为液控顺序阀的结构，与直动式顺序阀的主要差异在于阀芯底部有一个控制油口 K。当 K 口输入的控制油液产生的液压作用力大于阀芯上端调定的弹簧力时，阀芯上移，阀口打开，P_1 与 P_2 相通，压力油液自 P_2 口流出，控制另一执行元件动作。此阀阀口的开启、闭合与阀的主油路进油口压力无关，而只决定于控制油口 K 引入油液的控制压力。

图 5-28(b)所示为液控顺序阀的图形符号。图 5-28(c)所示为液控顺序阀作卸荷阀用时的图形符号。当液控顺序阀的端盖转过一定角度时，使泄油孔处的小孔 a 与阀体上接通出油口 P_2 的小孔连通，并使顺序阀的出油口与油箱连通。当阀口打开时，进油口 P_1 的压力油可以直接通往油箱，实现卸荷。

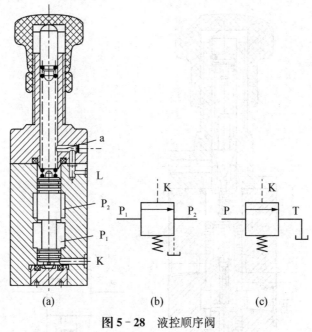

图 5-28 液控顺序阀

4. 单向顺序阀

图 5-29 所示为单向顺序阀的图形符号,由单向阀和顺序阀并联组合而成。当油液从 P_1 油口进入时,单向阀关闭,顺序阀起控制作用;当油液从 P_2 油口进入时,油液经单向阀从 P_1 口流出。

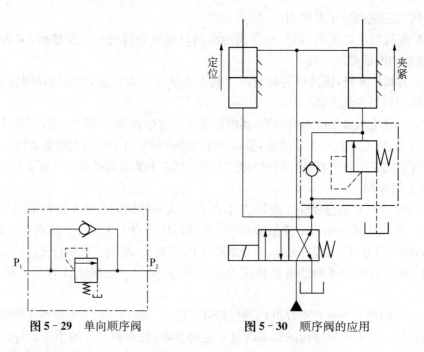

图 5-29 单向顺序阀

图 5-30 顺序阀的应用

5. 顺序阀的应用举例

图 5-30 所示为在机床夹具上,用顺序阀实现工件先定位、后夹紧的顺序动作回路。当

换向阀右位工作时,压力油首先进入定压缸下腔,完成定位动作后,系统压力升高到顺序阀调定压力(为保证工作可靠,顺序阀的调定压力应比定位缸最高工作压力高 0.5~0.8 MPa)时,顺序阀打开,压力油经顺序阀进入夹紧缸下腔,实现液压夹紧。此外,顺序阀还可用作卸荷阀、平衡阀和背压阀。

三、压力继电器结构、原理与应用

压力继电器是将液压信号转换为电信号的转换元件,其作用是根据液压系统的压力变化自动接通或断开有关电路,以实现对系统的程序控制和安全保护功能。

1. 压力继电器的结构原理

图 5-31(a)所示为压力继电器的原理图,控制油口 K 与液压系统连通。当 K 的油液压力达到调定值(开启压力)时,薄膜 1 在液压作用力作用下向上鼓起,使柱塞 5 上升,钢球 2、8 在柱塞锥面的推动下水平移动,通过杠杆 9 压下微动开关 11 的触销 10,接通电路,从而发出电信号。

当控制油口 K 的油液压力下降到一定数值(闭合压力)时,弹簧 6 和 4(通过钢球 2)将柱塞 5 压下,这时钢球 8 落入柱塞的锥面槽内,微动开关的触销复位,将杠杆推回,电路断开。发出信号时的油液压力,可通过调节螺钉 7,改变弹簧 6 对柱塞 5 的压力调定。开启压力与闭合压力之差值称为返回区间,其大小可通过调节螺钉 3,即调节弹簧 4 的预压缩量,从而改变柱塞移动时的摩擦阻力,使返回区间可在一定范围内改变。图 5-31(b)所示为压力继电器的图形符号。一般,中压系统的调压范围为 1.0~6.3 MPa,返回区间为 0.35~0.8 MPa。

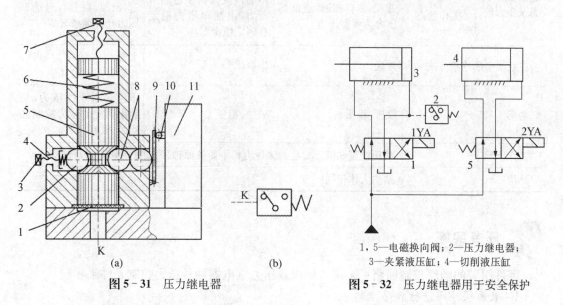

图 5-31 压力继电器

1,5—电磁换向阀;2—压力继电器;
3—夹紧液压缸;4—切削液压缸

图 5-32 压力继电器用于安全保护

2. 压力继电器的应用举例

图 5-32 所示为压力继电器用于安全保护的回路,将压力继电器 2 设置在夹紧液压缸 3 的无杆腔的一端,液压泵启动后,1YA 通电,液压缸 3 活塞杆向前伸出且压紧工件,进油路压力升高到压力继电器 2 的调定值时,压力继电器 2 动作,发出电信号使 2YA 通电,于是切削液压缸 4 进刀切削。在加工期间,压力继电器 2 微动开关的常开触头始终闭合。倘若工件没有夹紧,压力继电器 2 断开,于是 2YA 断电,切削液压缸 4 立即停止进刀,从而可避免因

工件没夹紧而出的事故。

四、压力控制阀比较

各种压力控制阀的结构和原理十分相似，在结构上仅有局部不同，有的是进出油口连接差异，有的是阀芯结构形状作局部改变。熟悉各类压力控制阀的结构性能特点，会对分析与排除其故障大有帮助。表 5-7 列出了溢流阀、减压阀、顺序阀的性能比较。

表 5-7 溢流阀、减压阀和顺序阀的比较

项目	阀类	溢流阀	减压阀	顺序阀
控制油路的特点		进油口压力油的反馈作为控制油路，即把进油口压力油引到阀芯底部	出油口压力油反馈作为控制油路，即把出油口压力油引到阀芯底部	直动式顺序阀同溢流阀，把进油口压力油引到阀芯底部，而液控式顺序阀由单独油路引到阀芯底部
出油口情况		出油口与油箱相连	出油口与减压回路相连	出油口与工作油路相连
泄油形式		内泄式	外泄式	外泄式
进出油口状态及压力值	常态	常闭	常开	常闭
	工作状态	进、出油口相通，进油口压力为调整压力	出油口压力低于进油口压力，出油口压力稳定在调定值上	进、出油口相通，进油口压力允许继续升高
在系统中的连接方式		并联	串联	实现顺序动作时串联，作卸荷阀用时并联
功用		限压、稳压	减压、稳压	不控制系统的压力，只利用系统的压力控制油路的通、断
工作原理		利用控制油液压力与弹簧压力相平衡的原理，改变滑阀移动的开口量		
结构		结构大体相同		

任务实施

零件组装的顺序控制回路可采用顺序阀或压力继电器两种压力控制元件来实现。

1. 采用顺序阀进行顺序控制

如图 5-33 所示，顺序阀 D 的调定压力等于 20 bar，顺序阀 C 的调定压力等于 30 bar。当换向阀左位接入回路时，液压缸 A 活塞先伸出，当其伸到位，无杆腔压力上升达到顺序阀 D 调定值时，顺序阀 D 导通，液压缸 B 活塞才会伸出，这样就实现了两个液压缸活塞在压力控制下的先后顺序伸出。同样地，当换向阀右位接入回路时，液压缸 B 活塞先缩回，当其缩到位，有杆腔压力上升达到顺序阀 C 调定值时，顺序阀 C 导通，液压缸 A 活塞才缩回。

显然这种回路动作的可靠性取决于顺序阀的性能及其压力调定值，顺序阀的调定压力

应比前一个动作的压力高出 0.8~1.0 MPa;否则,顺序阀易在系统压力脉冲中造成误动作。由此可见,这种回路适用于液压缸数目不多、负载变化不大的场合。其优点是动作灵敏,安装连接较方便;缺点是可靠性不高,位置精度低。

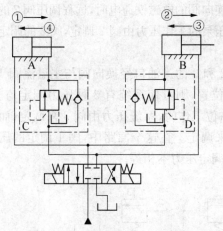

图 5-33　顺序阀控制顺序动作回路

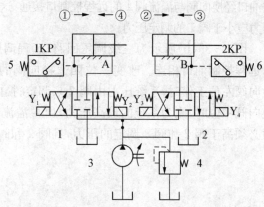

图 5-34　压力继电器控制顺序动作回路

2. 采用压力继电器进行顺序控制

如图 5-34 所示,在设计电气控制回路时,为保证工作的可靠性,可在液压缸 A 和 B 的活塞行程终点加装止挡块。

当电磁铁 Y_2 通电时,压力油进入液压缸 A 的左腔,推动活塞按①方向右移碰上止挡块后,系统压力升高;安装在液压缸 A 左腔附近的压力继电器 1KP 发出信号,使电磁铁 Y_4 通电,于是压力油进入液压缸 B 的左腔,推动活塞按②方向右移,碰上止挡块后,电磁铁 Y_3 通电时,压力油进入液压缸 B 的右腔,推动活塞按③方向返回,碰上止挡块后,系统压力升高,安装在液压缸右腔附近的压力继电器 2KP 发出信号,使电磁铁 Y_1 通电,压力油进入液压缸 A 的右腔,推动活塞按④方向返回。

　知识链接

常见压力控制回路应用

利用各种压力阀控制系统或系统某一部分油液压力的回路,称为压力控制回路,在系统中用来实现调压、减压、增压、卸荷、平衡等控制,以满足执行元件对力或转矩的要求。

一、调压回路

根据系统负载的大小来调节系统工作压力的回路,叫调压回路。

1. 单级调压回路

如图 5-35 所示,通过液压泵和溢流阀的并联连接,即可组成单级调压回路。通过调节溢流阀的压力,可以改变泵的工作压力。当溢流阀的调定压力确定后,液压泵就在溢流阀的调定压力下工作,从而实现了对液压系统进行调压和稳压控制。

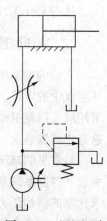

图 5-35　调压回路

2. 多级调压回路

当液压泵需要两种或两种以上不同工作压力时,常采用多级调压回路。

图 5-36(a)所示为二级调压回路。当换向阀的电磁铁断电时,溢流阀 1 的远程控制口被换向阀关闭,故液压泵的工作压力由溢流阀 1 调定;当换向阀的电磁铁通电时,远程调压阀 2 的进油口经换向阀与溢流阀 1 的远程控制口接通,这时液压泵的工作压力由阀 2 调定,阀 2 的调定压力应小于阀 1 的调定压力。

图 5-36(b)所示为三级调压回路,远程调压阀 2 和 3 的进油口经换向阀与主溢流阀 1 的远程控制油口相连。改变三位四通换向阀的阀芯位置,则可使系统有 3 种压力调定值。换向阀左位工作时,系统压力由阀 2 来调定;换向阀右位工作时,系统压力由阀 3 来调定;而换向阀中位时,则为系统的最高压力,由主溢流阀 1 来调定。在这个回路中,阀 1 调定的压力必须高于阀 2 和阀 3 调定的压力,且阀 2 和阀 3 的调定压力不相等。

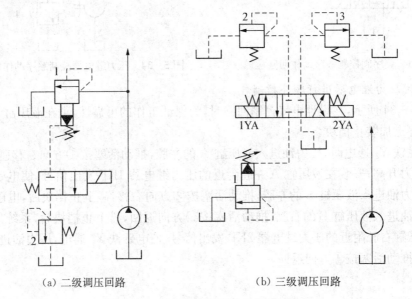

(a) 二级调压回路　　　　　　　　(b) 三级调压回路

图 5-36　二级调压回路及多级调压回路

3. 双向调压回路

执行元件正、反行程需不同的供油压力时,可采用双向调压回路(图 5-19)。

二、减压回路

当泵的输出压力是高压,而局部回路或支路要求低压时,可以采用减压回路,如机床液压系统中的定位、夹紧、分度以及液压元件的控制油路等,它们往往要求比主油路低的压力。采用减压回路虽能方便地获得某支路稳定的低压,但压力油经减压阀口时要产生压力损失,这是它的缺点。

最常见的减压回路为通过定值减压阀与主油路相连,如图 5-37 所示是夹紧系统、润滑系统和控制系统常用的一种减压回路。主油路的供油压力由溢流阀 2 调节。当液压缸 6 要求比泵的供油压力低的压力油时,在油路中串联一个减压阀 3,使液压缸 6 获得低压、稳定的工作压力。当主油路的压力下降到低于减压阀调整压力时,单向阀 4 起短时间的保压作用,

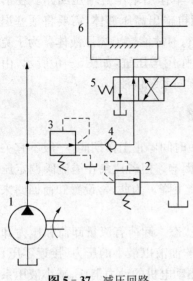

图 5-37 减压回路

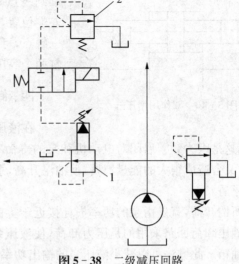

图 5-38 二级减压回路

以防减压油路压力下降。

减压回路中,也可以采用类似两级或多级调压的方法获得两级或多级减压。图 5-38 所示为二级减压回路,利用先导型减压阀 1 的远控口接一远程调压阀 2,则可由阀 1、阀 2 各调得一种低压。但要注意,阀 2 的调定压力一定要低于阀 1 的调定减压值。

为了使减压回路工作可靠,减压阀的最低调整压力不应小于 0.5 MPa,最高调整压力至少应比系统压力小 0.5 MPa。当减压回路中的执行元件需要调速时,调速元件应放在减压阀的后面,以避免减压阀泄漏(指由减压阀泄油口流回油箱的油液)对执行元件的速度产生影响。

三、增压回路

整个系统需要低压,而局部需要高压时,则需要用到增压回路。增压回路是使局部油路或个别执行元件得到比主系统油压高得多的压力控制回路。增压回路常采用增压缸与低压大流量泵配合作用,使输出油压变为高压。图 5-39 所示为采用单作用增压缸的增压回路。

当压力为 p_a 的压力油如图示进入增压缸大腔 a 时,作用在大活塞上的液压作用力 F_a 推动大、小活塞一起向右运动,增压缸小腔 b 的油液以压力 p_b 进入工作液压缸 1,推动其活塞运动。

作用在大活塞左端和小活塞右端的液压作用力相平衡,即 $F_a = F_b$,又因 $F_a = p_a A_a$,$F_b = p_b A_b$,所以 $p_a A_a = p_b A_b$,$p_b = p_a A_a / A_b$。由于 $A_a > A_b$,则 $p_b > p_a$,起到增压作用。

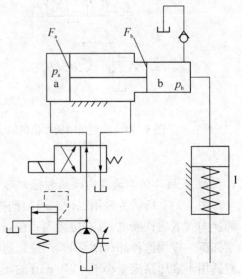

图 5-39 采用单作用增压缸的增压回路

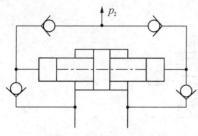

图 5-40 双作用增压缸

图 5-39 所示单作用增压缸增压回路。在活塞运动到终点时,不能再输出高压液体,需要将活塞退回到左端位置,再向右行时才能输出高压液体。为了克服这一缺点,可采用双作用增压缸,如图 5-40 所示,由增压缸两个高压端连续向系统供油。

四、卸荷回路

在液压设备短时间停止工作期间,一般不宜关闭电动机,这是因为频繁启闭对电动机和泵的寿命有严重影响。但若让泵在溢流阀调定压力下回油,又会造成很大的能量浪费,使油温升高,系统性能下降。为此,常设置卸荷回路来解决上述矛盾。

所谓卸荷,就是指泵的功率损耗接近于零的运转状态。卸荷有流量卸荷和压力卸荷两种。液压卸荷回路采用的是压力卸荷,使液压泵输出的油液以最小的压力(接近零压)直接流回油箱。此方法可以减小液压泵的输出功率、降低驱动电机的动力消耗、减小液压系统的发热,从而延长液压泵的使用寿命。

1. 利用换向阀中位机能的卸荷回路

图 5-41 所示为利用换向阀中位机能的卸荷回路。当阀位处于中位时,泵排出的液压油直接经换向阀的 P、T 通路流回油箱,泵的工作压力接近于零。这种卸荷方法比较简单,但压力较大、流量较大时,容易产生冲击,故适用于低压、小流量液压系统,不适用于一个液压泵驱动两个或两个以上执行元件的系统。

注意三位四通换向阀的流量必须和泵的流量相适宜。

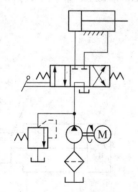

图 5-41 利用换向阀中位机能的卸荷回路

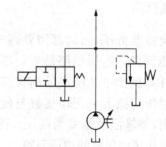

图 5-42 二位二通换向阀的卸荷回路

2. 采用二位二通换向阀的卸荷回路

图 5-42 所示为采用二位二通换向阀的卸荷回路。当执行元件停止运动时,使二位二通换向阀电磁铁断电,其右位接入系统,这时液压泵输出的油液通过该阀流回油箱,使液压泵卸荷。应用这种卸荷回路时,二位二通换向阀的流量规格应能流过液压泵的最大流量,一般适用于液压泵流量小于 63 L/min 的场合。

3. 用溢流阀的卸荷回路

图5-43所示是用先导式溢流阀的卸荷回路。采用小型的二位二通阀3,将先导式溢流阀2的远程控制口接通油箱,即可使液压泵1卸荷。二位二通换向阀可选用较小的流量规格。

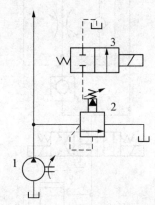

图5-43 溢流阀的卸荷回路

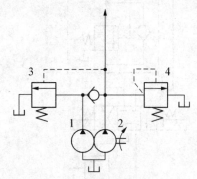

图5-44 液控顺序阀的卸荷回路

4. 使用液控顺序阀的卸荷回路

在双泵供油的液压系统中,大流量泵常采用图5-44所示的卸荷回路。即在快速行程时,两液压泵同时向系统供油,进入工作阶段后,由于压力升高,打开液控顺序阀3使低压大流量泵1卸荷。溢流阀4调定工作行程时的压力,单向阀的作用是对高压小流量泵2的高压油起止回作用。

五、平衡回路

为防止垂直放置的液压缸及其工作部件因自重自行下落,或在下行运动中因自重造成的失控失速,可设计平衡回路。平衡回路通常用单向顺序阀或液控单向阀来实现平衡控制。

1. 用单向顺序阀的平衡回路

如图5-45所示,由单向顺序阀组成的平衡回路中,在液压缸的下腔油路上加设一个平衡阀(即单向顺序阀),使液压缸下腔形成一个与液压缸运动部分重量相平衡的压力,可防止其因自重而下滑。这种回路在活塞下行时,回油腔有一定的背压,故运动平稳,但功率损失较大。

2. 用液控单向阀的平衡回路

如图5-46所示,当换向阀右位工作时,液压缸下腔进油,液压缸上升至终点;当换向阀处于中位时,液压泵卸荷,液压缸停止运动;当换向阀左位工作时,液压缸上腔进油,液压缸下腔的回油由节流阀限速,由液控单向阀锁紧,在液压缸上腔压力足以打开液控单向阀时,液压缸才能下行。由于液控单向阀泄漏量极小,故其闭锁性能较好,回油路上的单向节流阀可用于保证活塞向下运动的平稳性。

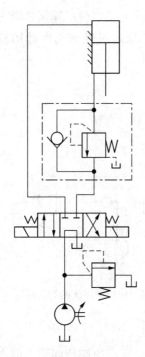
图 5-45　单向顺序阀的平衡回路

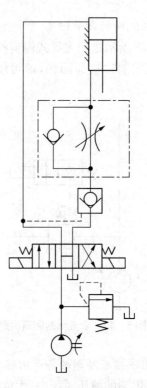
图 5-46　液控单向阀的平衡回路

六、保压回路

在液压系统中，液压缸在工作循环的某一阶段，若需要保持一定的工作压力，就要采用保压回路。在保压阶段液压缸没有运动，最简单的保压回路是采用密封性能较好的液控单向阀的保压回路。但是，阀类元件处的泄漏使得这种回路的保压时间不能维持太久。常用的保压回路有以下几种。

1. 利用液压泵的保压回路

在保压过程中，液压泵仍以较高的压力（保压所需压力）工作。若采用定量泵，则压力油几乎全经溢流阀流回油箱，系统功率损失大、易发热，故只在小功率的系统且保压时间较短的场合下才使用；若采用变量泵，在保压时泵的压力较高，但输出流量几乎等于零，因而液压系统的功率损失小，这种保压方法能随泄漏量的变化而自动调整输出流量，故其效率也较高。

2. 利用蓄能器的保压回路

如图 5-47(a)所示，当主换向阀 6 在左位工作时，液压缸向右运动且压紧工件，进油路压力升高至调定值，压力继电器 5 动作使二通阀通电，泵 1 卸荷，单向阀 3 自动关闭，液压缸则由蓄能器 4 保压；当缸压不足时，压力继电器 5 复位使泵 1 重新工作。保压时间的长短取决于蓄能器 4 容量，调节压力继电器 5 的工作区间，即可调节缸中压力的最大值和最小值。图 5-47(b)所示为多缸系统中的保压回路，这种回路当主油路压力降低时，单向阀 3 关闭，支路由蓄能器 4 保压补偿泄漏，压力继电器 5 的作用是当支路压力达到预定值时发出信号，使主油路开始动作。

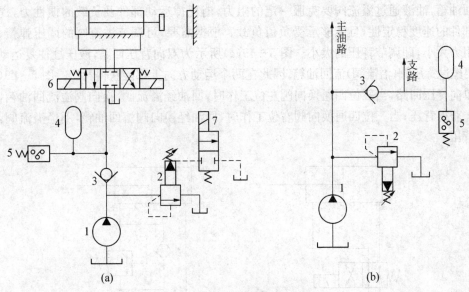

图 5-47 利用蓄能器的保压回路

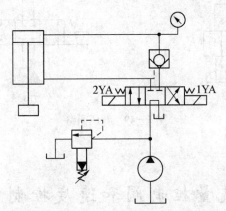

图 5-48 自动补油的保压回路

3. 采用液控单向阀的自动补油的保压回路

图 5-48 所示为采用液控单向阀和电接触式压力表的自动补油式保压回路。当 1YA 得电,换向阀右位接入回路,液压缸上腔压力上升至电接触式压力表的上限值时,上触点接电,使电磁铁 1YA 失电,换向阀处于中位,液压泵卸荷,液压缸由液控单向阀保压。当液压缸上腔压力下降到预定下限值时,电接触式压力表又发出信号,使 1YA 得电,液压泵再次向系统供油,使压力上升。当压力达到上限值时,上触点又发出信号,使 1YA 失电。因此,这一回路能自动地使液压缸补充压力油,使其压力能长期保持在一定范围内。

七、背压回路

在液压系统中设置背压回路,可以提高执行元件的运动平稳性。背压回路是在回油路上设置背压阀,如可由溢流阀、单向阀、顺序阀、节流阀等在回油路上作背压阀形成背压回路,以形成一定的回路阻力,用以产生背压,一般背压为 0.3～0.8 MPa。

图 5-49 所示为采用溢流阀的背压回路。将溢流阀装在回油路上,回油时油液经溢流

阀流回油箱,油液通过溢流阀要克服一定的阻力,消耗掉运动部件及负载的惯性力,提高了运动部件的速度稳定性,且能够承受负值负载。根据需要,可调节溢流阀的调压弹簧,调节回油阻力大小,即调节背压的大小。图 5-49(a)所示为双向背压回路,液压缸往复运动的回油都要经过背压阀(溢流阀)流回油箱,因此在两个运动方向上都能获得背压。图 5-49(b)所示为单向背压回路,当三位四通换向阀左位工作时,回油经溢流阀、换向阀溢流回油箱,在回油路上获得背压;当三位四通换向阀右位工作时,回油经换向阀流回油箱,不经溢流阀,因而没有背压。

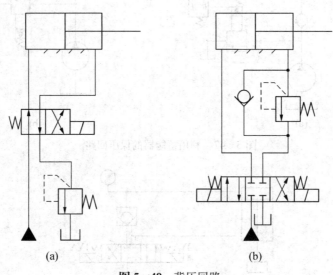

图 5-49 背压回路

任务 5.3 流量控制阀和速度控制回路的应用

液压系统的执行元件往往需要进行速度的调节和变换,本任务通过 3 个子任务了解液压系统常用的速度控制元件和控制回路的应用。

任务 5.3.1 流量控制阀和调速回路的应用

知识点

(1) 流量控制阀的工作原理和应用。
(2) 常用调速回路的工作原理和应用。

技能点

(1) 能根据系统工作需要合理选用流量控制阀。

(2) 能根据系统工作要求设计合适的调速回路。

任务引入

图 1-2 中平面磨床的工作台往复运动,要求工作台的往复速度是可以调节的。请设计该平面磨床工作台的调速回路。

任务分析

在实际工作中,平面磨床磨削不同的工件时,需要不同的进给速度,要求工作台的往复运动速度是可以调节的。要设计出平面磨床工作台的调速回路,必须掌握液压系统中速度调节原理和速度控制元件的应用知识。

相关知识

一、执行元件的速度调节原理

液压缸的运动速度为

$$v = \frac{q}{A}, \tag{5-3}$$

液压马达的转速为

$$n = \frac{q}{V_M}。\tag{5-4}$$

式中,q 表示流入或流出执行元件的流量;A 表示液压缸活塞的有效工作面积;V_M 表示液压马达的排量。

二、常见液压节流口的形式和流量特性

液压系统流量的控制一般可通过各种形式的孔(节流口)实现节流,改变节流口的通流面积,就可以调节流量的大小。液压节流口的形式很多,如图 5-50 所示。

(1) 针阀式节流口　如图 5-50(a)所示,针阀芯作轴向移动时,将改变环形通流截面积的大小,从而调节流量。

(2) 偏心式节流口　如图 5-50(b)所示,在阀芯上开有一个截面为三角形(或矩形)的偏心槽,当转动阀芯时,就可以调节通流截面积大小,从而调节流量。

上述两种形式的节流口结构简单、制造容易,但节流口容易堵塞、流量不稳定,适用于性能要求不高的场合。

(3) 轴向三角槽式节流口　如图 5-50(c)所示,在阀芯端部开有一个或两个斜的三角沟槽,轴向移动阀芯时,就可以改变三角槽通流截面积的大小,从而调节流量。这是目前应用很广的节流口形式。

(4) 周向缝隙式节流口　如图 5-50(d)所示,阀芯圆周上开有狭缝,油液可以通过狭缝流入阀芯内孔,然后由左侧孔流出,旋转阀芯就可以改变缝隙的通流截面积。

(5) 轴向缝隙式节流口　如图 5-50(e)所示,在套筒上开有轴向缝隙,轴向移动阀芯即

可改变缝隙的通流面积大小,以调节流量。

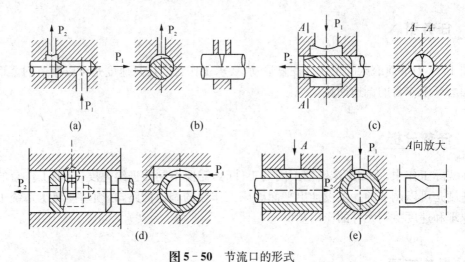

图 5-50　节流口的形式

实验证明,节流口的流量特性可以用 $q = KA\Delta p^m$(公式2-17)表示。当 K、Δp 和 m 一定时,只要改变节流口通流面积 A,就可调节通过节流口的流量。

三、常见的流量控制阀

在液压系统中,控制工作液体流量的阀称为流量控制阀,简称流量阀。常用的流量控制阀有节流阀、调速阀等,节流阀是最基本的流量控制阀。

1. 节流阀

常用的节流阀有普通节流阀、单向节流阀等。

(1) 普通节流阀　节流阀是普通节流阀的简称,如图5-51(a)所示,其节流口采用轴向三角槽形式。图5-51(b)所示为节流阀的图形符号。压力油从进油口 P_1 流入,经阀芯3左端的节流沟槽,从出油口 P_2 流出。转动手柄1,通过推杆2使阀芯3作轴向移动,可改变节流口通流截面积,实现流量的调节。弹簧4的作用是使阀芯向右压紧在推杆上。这种节流阀结构简单、制造容易、体积小,但负载和温度的变化对流量的稳定性影响较大,因此只适用于负载和温度变化不大或执行机构速度稳定性要求较低的液压系统。

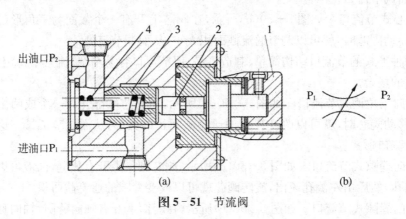

图 5-51　节流阀

(2) 单向节流阀 如图5-52(a)所示,单向节流阀是节流阀和单向阀的组合,在结构上是利用一个阀芯同时起节流阀和单向阀的两种作用。当压力油从油口 P_1 流入时,油液经阀芯上的轴向三角槽节流口从油口 P_2 流出,旋转手柄可改变节流口通流面积大小而调节流量。当压力油从油口 P_2 流入时,在油压作用力作用下,阀芯下移,压力油从油口 P_1 流出,起单向阀作用。图5-52(b)所示为单向节流阀的图形符号。

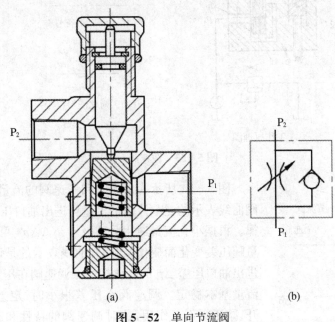

图5-52 单向节流阀

2. 调速阀

普通节流阀由于刚性差,在节流开口一定的条件下通过它的工作流量受工作负载和工作温度变化的影响,不能保持执行元件运动速度的稳定,因此只适用于工作负载和工作温度变化不大或速度稳定性要求不高的场合。为了改善调速系统性能,采用对节流阀有补偿作用的调速阀。调速阀通常有以下3种结构形式。

(1) 普通调速阀 图5-53所示为普通调速阀工作原理图,从结构上来看,普通调速阀是在节流阀2前面串接一个定差减压阀1组合而成。液压泵的出口(调速阀的进口)压力 p_1 由溢流阀调整基本不变,而调速阀的出口压力 p_3 则由液压缸负载 F 决定。油液先经减压阀产生一次压力降,将压力降到 p_2。p_2 经通道e、f作用到减压阀的d腔和c腔;节流阀的出口压力 p_3 又经反馈通道a作用到减压阀的上腔b,当减压阀的阀芯在弹簧力 F_s、油液压力 p_2 和 p_3 作用下处于某一平衡位置时(忽略摩擦力和液动力等),则有

$$p_2 A_1 + p_2 A_2 = p_3 A + F_s。 \tag{5-5}$$

式中,A、A_1 和 A_2 分别为b腔、c腔和d腔内压力油作用于阀芯的有效面积,且 $A = A_1 + A_2$,故

$$p_2 - p_3 = \Delta p = F_s / A。 \tag{5-6}$$

因为弹簧刚度较低,且工作过程中减压阀阀芯位移很小,可以认为 F_s 基本保持不变。故节流阀两端压力差 $p_2 - p_3$ 也基本保持不变,这就保证了通过节流阀的流量稳定。

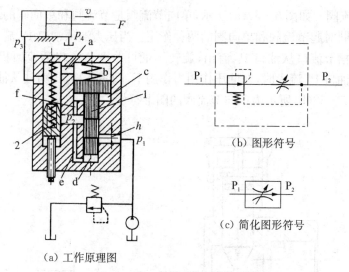

(a) 工作原理图

(b) 图形符号

(c) 简化图形符号

图 5-53 调速阀

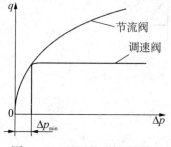

图 5-54 流量控制阀的流量特性曲线

图 5-54 所示为节流阀和调速阀的流量特性曲线，节流阀曲线表示的是节流阀的流量与进出油口压差 Δp 的变化规律。根据小孔流量通用公式 $q = KA\Delta p^m$ 可知，节流阀的流量随压差变化而变化；调速阀曲线表示的是调速阀的流量与进出油口压差 Δp 的变化规律。调速阀在压差大于一定值后流量基本稳定。调速阀在压差很小时，定差减压阀阀口全开，减压阀不起作用，这时调速阀的特性和节流阀相同。可见，要使调速阀正常工作，应保证其最小压差（一般为 0.5 MPa 左右）。

(2) 温度补偿调速阀　普通调速阀可以补偿由于外部负载变化，而影响通过节流阀的流量。但系统长时间工作后，油温使油的粘度下降，也会影响通过节流阀的流量。因此，对于进给稳定性要求高的场合，还常采用温度补偿调速阀。

温度补偿调速阀的压力补偿原理部分与普通调速阀相同。据 $q = KA\Delta p^m$ 可知，当 Δp 不变时，由于温度下降而使粘度下降，K 值（$m \neq 0.5$ 的孔口）上升，此时只有适当减小节流阀的开口面积，方能保证 q 不变。图 5-55 所示为温度补偿原理图，在节流阀阀芯和调节螺钉之间放置一个温度膨胀系数较大的聚氯乙烯推杆。当油温升高时，流量增加，但这时温度补偿杆伸长使节流口变小，从而补偿了油温对流量的影响。

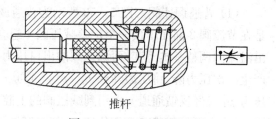

图 5-55 温度补偿原理图

(3) 溢流节流阀（旁通型调速阀）　溢流节流阀也是一种压力补偿型节流阀，如图 5-56 (a) 所示。从液压泵输出的油液一部分从节流阀 4 进入液压缸 1 左腔，推动活塞向右运动；另一部分经溢流阀 3 的溢流口流回油箱，溢流阀阀芯的上端 a 腔同节流阀 4 上腔相通，压力为 p_2，其大小取决于负载 F。节流阀进油口的压力为 p_1，它和腔 b 和腔 c 相通。当液压缸活

塞上的负载力 F 增大时,压力 p_2 升高,a 腔的压力也升高,使阀芯 3 下移,关小溢流口,这样就使液压泵的供油压力 p_1 增加,从而使节流阀 4 的前、后压力差 (p_1-p_2) 基本保持不变。这种溢流阀一般附带一个安全阀 2,以避免系统过载。

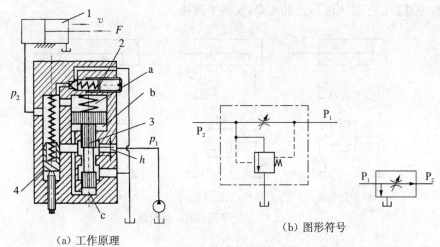

(a) 工作原理　　　　(b) 图形符号

图 5-56　溢流节流阀

溢流节流阀是通过 p_1 随 p_2 的变化使流量基本上保持恒定的,与普通调速阀虽都具有压力补偿的作用,但其组成调速系统时是有区别的。普通调速阀在进油路、回油路和旁油路中都能应用,前两种回路中,泵出口处压力都由溢流阀保持不变;而溢流节流阀只能用在进油路节流调速回路中,泵的出口处压力是随负载变化的,负载小,供油压力就低。因而溢流节流阀具有功率损耗低、发热量小的优点。但是,溢流节流阀中流过的流量比调速阀大(一般是系统的全部流量),阀芯运动时阻力较大、弹簧较硬,其结果使节流阀前后压差 Δp 加大(需达 0.3~0.5 MPa),因此稳定性稍差。适应于对速度稳定性要求不高,而功率较大的节流调速系统,如插床、小型拉床和牛头刨床中。

四、常用的调速回路

根据公式(5-3)、(5-4)可以知道,改变输入或输出液压执行元件的流量 q 或液压马达的排量 V_M,可以改变速度。因此,调速方法有以下 3 种。

(1) 节流调速　采用定量泵供油,由流量阀改变进、出执行元件的流量以实现调速。

(2) 容积调速　采用变量泵或变量马达,通过改变变量泵或改变变量马达的排量以实现调速的方法。

(3) 容积节流调速　采用变量泵和流量阀相配合的调速方法,又称联合调速。

1. 节流调速回路

节流调速回路是用定量泵供油,用节流阀或调速阀改变进、出执行元件的流量,从而调速的速度控制回路。根据流量阀在回路中的位置不同,分为进油路节流调速、回油路节流调速和旁油路节流调速 3 种回路,如图 5-57 所示。

(1) 进油路节流调速回路　在执行元件的进油路上串接一个流量阀,即构成进油路节流调速回路。图 5-57(a)所示为采用节流阀的进油路节流调速回路。泵的供油压力由溢流阀调定,调节节流阀的开口,改变进入液压缸的流量,即可调节缸的速度。泵多余的流量经溢流阀流回油箱,故无溢流阀则不能调速。

(2) 回油路节流调速回路　在执行元件的回油路上串接一个流量阀,即构成回油路节流调速回路。图5-57(b)所示为采用节流阀的回油路节流调速回路。用节流阀调节缸的回油流量,也就控制了进入液压缸的流量,实现了调速。

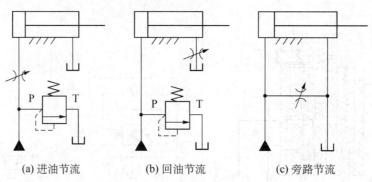

图5-57　节流调速回路示意

采用节流阀作为流量阀的进油节流和回油节流比较:

① 速度刚性和最大承载能力。不论采用进油节流和回油节流调速,速度都会随负载变化而变化,它们的速度刚性、最大承载能力基本相同。

② 功率损失和效率。这两种调速回路都存在由节流造成的节流损失和油液通过溢流阀排走造成的溢流损失两部分功率损失,所以这两种调速回路的效率都较低。但在回油节流回路中,由于节流阀的背压作用,相同负载时液压缸的工作腔和回油腔的压力都比进油节流的高,这样会使功率损失提高,并使泄漏增大,因而实际效率比进油节流调速回路低。

③ 承受负值负载能力和运动稳定性。采用进油节流,当负载的方向与液压缸活塞运动方向相同时(负值负载),可能会出现活塞不受节流阀控制的前冲现象;采用回油节流,由于回油路上有节流阀的存在,液压缸回油腔会形成一定的背压,在出现负值负载时,可防止执行元件的前冲。回油节流回路中节流阀的背压作用,还可提高液压缸运动的稳定性。

④ 启动稳定性。在进油节流回路中,在启动时由于进油路有节流阀的存在,可以减少或避免液压缸活塞的前冲现象;而在回油节流回路中,由于启动时进油路上没有节流,会造成液压缸活塞的前冲。

⑤ 是否方便实现压力控制。采用进油节流,当液压缸活塞杆碰到阻挡或到达极限位置而停止时,其工作腔由于受到节流作用,压力缓慢上升到系统最高压力,利用这个过程可以很方便地实现压力顺序控制。

采用回油节流,执行元件停止时,其进油腔压力由于没有节流,压力迅速上升,回油腔压力在节流作用下逐渐下降到零。利用这一过程来实现压力控制,由于其可靠性差一般不采用。

综合这两种节流方式的特点,液压传动系统中经常采用进油节流调速,并在回油路上加背压阀的办法,来获得兼有两者优点的综合性能。

(3) 旁油路节流调速回路　将流量阀安放在和执行元件并联的旁油路上，即构成旁油路节流调速回路，如图 5-57(c)所示。节流阀调节了泵溢回油箱的流量，从而控制了进入缸的流量。调节节流阀开口，即实现了调速。由于溢流已由节流阀承担，故溢流阀用作安全阀，常态时关闭、过载时打开，其调定压力为回路最大工作压力的 1.1～1.2 倍。

由于不存在功率的溢流损失，旁路节流调速方式效率高于进油节流和排油节流，但负载特性很软、低速承载能力弱、运动速度稳定性差。因此，只适用于高速、重载，对速度平稳性要求不高的场合，有时也可用于要求进给速度随负载增大而自动减小的场合。

采用调速阀调速一样可以构成进油节流、回油节流和旁路节流 3 种节流调速回路，适用于执行元件负载变化大，而运动速度稳定性要求又较高的场合。但由于采用调速阀增加了在定差减压阀上的能量损失，所以其功率损耗要大于采用节流阀的节流调速回路。

节流调速回路的特点是效率低、发热大，只适用于小功率系统。

2. 容积调速回路

容积调速回路是通过改变变量泵或变量马达的排量，从而调节执行元件的运动速度的调速回路。按油液的循环方式不同，可分为开式容积调速回路和闭式容积调节回路。图 5-58(a)所示是开式容积调速回路，液压泵从油箱吸油，将压力油输给执行元件，执行元件的回油再进油箱。液压油经油箱循环，油液易得到充分的冷却和过滤，但空气和杂质也容易侵入回路。图 5-58(b)所示是闭式容积调速回路，液压泵出口与执行元件进口相连，执行元件出口接液压泵进口，油液在液压泵和执行元件之间循环，不经过油箱。这种回路结构紧凑、油气隔绝、运动平稳、噪音小，但散热条件较差。闭式回路中需设置补油装置，由辅助泵及与其配套的溢流阀和油箱组成，绝大部分容积调速回路的油液循环采用闭式循环方式。

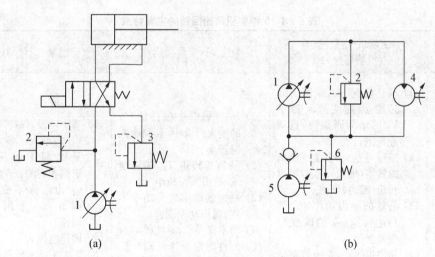

图 5-58　变量泵和定量执行元件容积调速回路

根据液压泵和液压马达(或液压缸)的组合不同，容积调速回路也分为 3 种形式。

(1) 变量泵和定量执行元件组合的容积调速回路　如图 5-58 所示，这两种回路均采用改变变量泵 1 的输出流量的方法调速。工作时，溢流阀 2 作安全阀用，它可以限定液压泵的最高工作压力，起过载保护作用。溢流阀 3 作背压阀用，溢流阀 6 用于调定辅助泵 5 的供油压力，补充系统泄漏油液。

(2) 定量泵和变量液压马达组合的容积调速回路　如图 5-59 所示,定量泵 1 的输出流量不变,调节变量液压马达 3 的流量,便可改变其转速,溢流阀 2 可作安全阀用。

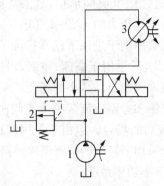

图 5-59　定量泵和变量马达调速回路图

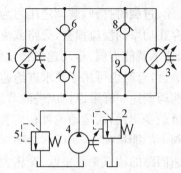

图 5-60　变量泵和变量马达调速回路

(3) 变量泵和变量液压马达组合的容积调速回路　如图 5-60 所示,变量泵 1 正、反向供油,双向变量液压马达 3 正、反向旋转,调速时液压泵和液压马达的排量分阶段调节。在低速阶段,液压马达排量保持最大,由改变液压泵的排量来调速;在高速阶段,液压泵排量保持最大,通过改变液压马达的排量来调速。这样就扩大了调速范围。单向阀 6、7 用于使辅助泵 4 双向补油,单向阀 8、9 使安全阀 2 在两个方向都能起过载保护作用,溢流阀 5 用于调节辅助泵的供油压力。

表 5-8 列出了 3 种容积调速回路的主要特点。

表 5-8　3 种容积调速回路的主要特点

种类	变量泵-定量马达 (或液压缸)式	定量泵-变量马达式	变量泵-变量马达式
特点	(1) 马达转速 n_M (或液压缸速度 v) 随变量泵排量 V_p 的增大而加快,且调速范围较大 (2) 液压马达(液压缸)输出的转矩(推力)一定,属恒转矩(推力)调速 (3) 马达的输出功率 P_M 随马达转速 n_M 的改变呈线性变化 (4) 功率损失小,系统效率高 (5) 元件泄漏对速度刚性影响大 (6) 价格较贵,适用于功率大的场合	(1) 马达转速 n_M 随排量 V_M 的增大而减小,且调速范围较小 (2) 马达的转矩 T_M 随转速 n_M 的增大而减小 (3) 马达的输出最大功率不变,属恒功率调速 (4) 功率损失小,系统效率高 (5) 元件泄漏对速度刚性影响大 (6) 价格较贵,适用于大功率场合	(1) 第一阶段,保持马达排量 V_M 为最大不变,由泵排量 V_p 调节 n_M,采用恒转矩调速;第二阶段,保持 V_p 为最大不变,由 V_M 调节 n_M,采用恒功率调速 (2) 调速范围大 (3) 扩大了 T_M 和 P_M 特性的可选择性,适用于大功率且调速范围大的场合

容积调速回路的共同特点是,泵的全部流量进入执行元件,且泵口压力随负载变化,没有溢流损失和节流损失,功率损失较小,系统效率较高。但随着负载的增加,回路泄漏量增

大而使速度降低，尤其是低速时速度稳定性更差。这种回路一般用于功率较大而对低速稳定性要求不高的场合。

3. 容积节流调速回路

采用变量液压泵和节流阀（或调速阀）相配合进行调速的方法，称为容积节流调速。

图 5-61 所示为由限压式变量叶片泵和调速阀组成的容积节流调速回路。调节调速阀节流口的开口大小，就能改变进入液压缸的流量，从而改变液压缸活塞的运动速度。如果变量液压泵的流量大于调速阀调定的流量，由于系统中没有设置溢流阀，多余的油液没有排油通路，势必使液压泵和调速阀之间油路的油液压力升高。但是，当限压式变量叶片泵的工作压力增大到预先调定的数值后，泵的流量会随工作压力的升高而自动减小。

在这种回路中，泵的输出流量与通过调速阀的流量是相适应的，因此效率高、发热量小。同时，采用调速阀，液压缸的运动速度基本不受负载变化的影响，即使在较低的运动速度下工作，运动也较稳定。

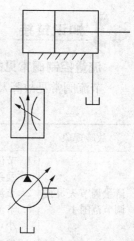

图 5-61 容积节流调速回路

容积节流调速回路无溢流损失，效率较高、调速范围大、速度刚性好。但由于节流损失，效率比容积调速回路低，比节流调速回路高，低速稳定性比容积调速回路好。一般，用于空载时需快速，承载时要有稳定的中、小功率液压系统。

任务实施

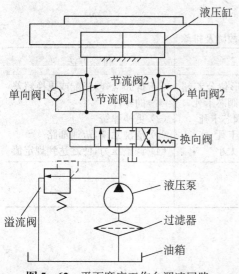

图 5-62 平面磨床工作台调速回路

1. 回路设计

平面磨床工作台调速回路，如图 5-62 所示。

2. 回路分析

平面磨床工作台驱动系统采用双作用、双出杆液压缸。为了使往复运动时工作平稳，采用回油路节流调速回路。当换向阀处于左位工作位置时，液压泵输出的压力油由换向阀进入液压缸左腔油路，此时单向阀1处于导通状态，压力油直接经单向阀1进入液压缸左腔，液压缸右腔的油液只能经节流阀2流出。此时单向阀2处于关闭状态，工作台向右运动，调节节流阀2可以改变回油流量，从而使工作台向右运动的速度得到调节。

当换向阀处于右位工作位置时，液压泵输出的压力油由换向阀进入液压缸右腔油路，此时单向阀2处于导通状态，压力油直接经单向阀2进入液压缸右腔，液压缸左腔的油液经节流阀1流出，从而使工作台向向左运动。调节节流阀1可以改变回流量，从而使工作台向左运动的速度得到调节。

由上述分析可知,分别调节节流阀1、2的流量,即可调节工作台向左、向右进给的工作速度。因此,该回路能够满足平面磨床工作台调速的工作要求。

知识链接

流量控制阀常见故障及排除

节流阀常见故障及排除方法,见表5-9。

表5-9 节流阀的故障原因与排除方法

故障现象	产生原因	排除方法
流量调节失灵或调节范围小	1. 节流阀阀芯和孔的间隙过大,有泄漏及系统内部泄漏 2. 节流孔阻塞或阀芯卡住 3. 节流阀结构不良,老式针阀调节范围小,微量调节时,节流变化较大,且易被油污阻塞	1. 检查泄漏部位零件损坏情况,予以修复更新;注意结合处的油封情况 2. 拆开清洗,更换新油 3. 可改为细牙螺纹三角槽形式的节流阀
流量不稳定	1. 油中杂质粘附在节流口边上,通油截面积减小 2. 节流阀的性能较差,低速运动时,由于振动使调节位置变动 3. 节流阀内、外部有泄漏 4. 油温升高,油液粘度降低,使速度逐渐上升 5. 阻尼装置堵塞,系统中有空气,出现压力变化及跳动	1. 拆卸清洗有关零件,更换新油 2. 更换性能好的节流阀,增加节流联锁装置 3. 检查零件配合间隙,研修或更换超重零件,连接处严加密封 4. 调整节流阀,或增加散热装置 5. 疏通阻尼孔,增设排气阀,油液保持清洁

调速阀常见故障及排除方法,见表5-10。

表5-10 调速阀常见的故障及排除

故障现象	产生原因	排除方法
压力补偿装置失灵	(1) 阀芯、阀孔尺寸精度及形位公差超差,间隙过小,压力补偿阀芯卡死 (2) 弹簧弯曲,使压力补偿阀芯卡死 (3) 油液污染物使补偿阀芯卡死 (4) 调整阀进出油口压力差太小	(1) 拆卸检查,修配或更换超差的零件 (2) 更换弹簧 (3) 清洗元件,疏通油路 (4) 调整压力,使之达到规定值
流量调节失灵或调节范围小	见表5-8	见表5-8
流量不稳定		

任务5.3.2 速度切换回路的应用

知识点

常用速度切换回路的应用。

学习情境五　液压控制元件及其控制回路的应用

能根据需要选择速度切换方法。

图 5-63 所示为专用刨削设备刀架运动系统,刀架的往复运动由双作用液压缸带动。按下启动按钮后,带动刀架快速靠近工件,当刀架运动到预定位置时,液压缸开始作进给运动,进行切削加工;刀架完成加工运动后,液压缸带动刀架高速返回。请构建该液压控制回路,为保证加工质量,要求刀架进给运动速度稳定,且可以根据要求调节。

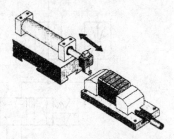

图 5-63　专用刨削设备示意图

本任务的工作过程是机械加工中常用的、典型的快进-工进-快退运动过程。速度控制回路除了解决液压系统的速度调节问题,还包括液压系统速度变换的问题。本任务要使液压执行元件在一个工作过程中实现不同速度变换,即设计速度换接回路。

常用速度切换回路

1. 快速与慢速的速度换接回路

如图 5-64 所示,在用行程阀控制的快慢速换接回路中,活塞杆上的挡块未压下行程阀时,液压缸右腔的油液经行程阀回油箱,活塞快速运动;当挡块压下行程阀时,液压缸回油经节流阀回油箱,活塞转为慢速工进。此换接过程比较平稳,换接点的位置精度高,但行程阀的安装位置不能任意布置,管路连接较为复杂。若将行程阀改为电磁阀,则安装连接方便,但速度换接的平稳性、可靠性和换接精度都较差。

2. 两种慢速的速度换接回路

如图 5-65(a)所示,在两个调速阀并联实现两种进给速度的换接回路中,两调速阀由二位三通换向阀换接,它们各自独立调节流量,互不影响,一个调速阀工作时,另一个调速阀没有油液通过。如图 5-65(b)所示,用两调速阀串联的方法来实现两种不同速度的换接回路中,两调速阀串联由二位二通换向阀换接,但后接入的调速阀的开口要小,否则,换接后得不到所需要的速度,起不到换接作用。该回路的速度换接平稳性比调速阀并联的速度换接回路好。

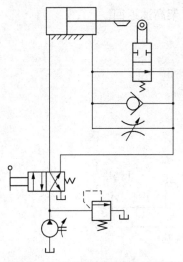

图 5-64　快慢速的速度换接回路

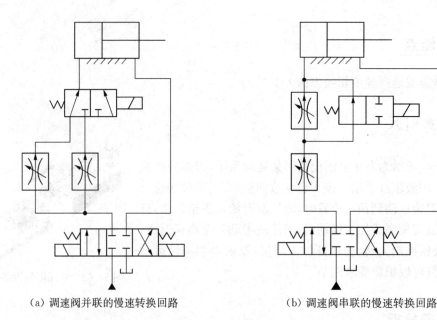

(a) 调速阀并联的慢速转换回路　　　　　(b) 调速阀串联的慢速转换回路

图 5-65　慢速转换回路

 任务实施

专用刨削设备的速度切换回路的设计,如图 5-66 所示。当 1YA 和 3YA 同时通电、2YA 断电时,压力油经过三位四通电磁换向阀左位,流经二位二通换向阀进入液压缸的左腔,从而实现快进。快进完成后系统压力升高,达到压力继电器的调定压力时,发出信号,控制 3YA 断电,油液只能通过调速阀进入液压缸,液压缸做慢速进给运动。当刀架运动到碰到止挡块后,2YA 和 3YA 同时通电,1YA 断电,液压缸带动刀架高速返回。

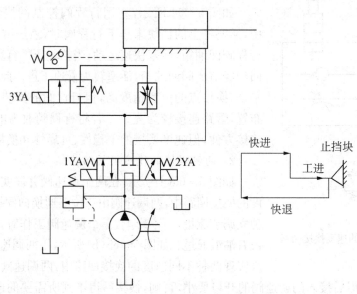

图 5-66　刨削设备的速度切换回路

这种换接回路，速度换接快、行程调节比较灵活，电磁阀可以安全、可靠地安装在泵站的阀板上，方便实现自动控制，应用广泛。缺点是运动平稳性较差。

任务 5.3.3　快速运动回路的应用

知识点

常用快速运动回路的应用。

技能点

能根据需要合理应用快速运动回路。

任务引入

图 5-63 所示专用刨削设备刀架运动系统在实现快进—工进—快退的工作循环中，如果该设备液压系统是由小流量泵供油，快进时能否在不加大液压泵流量的情况下使执行元件获得较快的速度，以提高生产率？试设计该刨削设备的快速运动回路。

任务分析

这个任务有一个快、慢速速度控制要求。但对于小流量泵供油的液压系统，即使不进行节流控制，快进速度也可能无法达到设计要求。这时，可用什么方式来提高液压缸的快进速度？

相关知识

常用速度切换回路

为了提高生产率，设备在空载运行时一般作快速运动。快速运动回路又称增速回路，其功用是使液压执行元件获得所需的高速，以提高系统的工作效率或充分利用功率。实现快速运动有以下几种常用的快速运动回路。

1. 液压缸差动连接快速运动回路

图 5-67 所示为液压缸差动连接快速运动回路。当阀 1 和阀 3 在左位工作时，液压缸呈差动连接，液压泵输出的油液和液压缸小腔返回的油液合流，进入液压缸的大腔，实现活塞的快速运动。当阀 3 通电时，差动连接断开，液压缸回油经过调速阀，实现工作进给，阀 1 切换至右位后，缸后退。

这种差动连接回路可在不增加液压泵的流量的情况下，提高执行元件的运动速度。回路简单、经济，应用较多，但液压缸速度增加有限。

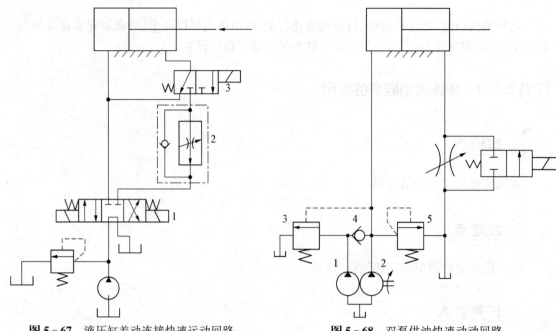

图 5-67 液压缸差动连接快速运动回路　　图 5-68 双泵供油快速动动回路

2. 双泵供油快速运动回路

如图 5-68 所示，采用低压大流量泵 1 和高压小流量泵 2 并联，在快速运动时，系统压力较低，阀 3 关闭，泵 1 输出的油液经单向阀 4 与泵 2 输出的油液共同向系统供油，可实现液压缸的空载快速运动。工作行程时，系统压力升高，打开卸荷阀 3 使大流量泵 1 卸荷，仅由小流量液压泵 2 向系统供油，液压缸的运动变为慢速工作行程。

3. 蓄能器快速运动回路

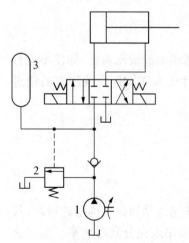

图 5-69 蓄能器快速运动回路

如图 5-69 所示，用蓄能器辅助供油的快速回路中，用蓄能器使液压缸实现快速运动。当换向阀处于左位或右位时，液压泵 1 和蓄能器 3 同时向液压缸供油，实现快速运动。当换向阀处于中位时，液压缸停止工作，液压泵经单向阀向蓄能器供油，随着蓄能器内油量的增加，压力亦升高至液控顺序阀 2 的调定压力时，液压泵卸荷。

这种回路适用于短时间内需要大流量的场合，并可用小流量的液压泵使液压缸获得较大的运动速度，但蓄能器充油时，液压缸必须有足够的停歇时间。

任务实施

专用刨削设备的快速运动回路设计如图 5-70 所示。当仅有 1YA 通电时，液压缸构成差动连接，快速进给；到达加工位置，行程开关 1S1 发出信号，3YA 通电，液压缸通过调速阀回油节流调速缓慢伸出，进行进给运动；加工完毕，行程开关 1S2 发出信号，1YA 断电，2YA 通电，液压缸快速退回。电气控制回路请自行完成设计。

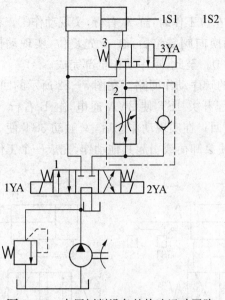

图 5-70 专用刨削设备的快速运动回路

 **知识链接**

多缸工作控制回路

液压系统中,一个油源往往可以驱动多个液压缸。按照系统的要求,这些缸或顺序动作或同步动作,多缸之间要求能避免在压力和流量上的相互干扰。

一、顺序动作回路

此回路用于使各缸按预定的顺序动作,如工件应先定位、后夹紧、再加工等。按照控制方式的不同,有行程控制和压力控制两大类。

1. 行程控制的顺序动作回路

(1) 用行程阀控制的顺序动作回路 在图 5-71 所示状态下,A、B 两缸的活塞皆在左

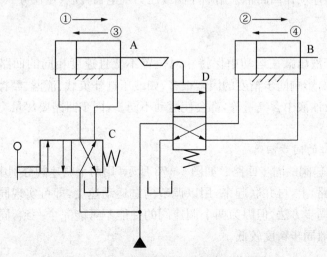

图 5-71 用行程阀控制的顺序动作回路

端位置。当手动换向阀 C 左位工作时,缸 A 右行,实现动作①。在挡块压下行程阀 D 后,缸 B 右行,实现动作②。手动换向阀复位后,缸 A 先复位,实现动作③。随着挡块后移,阀 D 复位,缸 B 退回,实现动作④。至此,顺序动作全部完成。

(2) 用行程开关控制的顺序动作回路 在图 5-72 所示的回路中,1YA 通电,缸 A 右行完成动作①后,又触动行程开关 1ST 使 2YA 通电,缸 B 右行。在实现动作②后,又触动 2ST 使 1YA 断电,缸 A 返回。在实现动作③后,又触动 3ST 使 2YA 断电,缸 B 返回,实现动作④。最后,触动 4ST 使泵卸荷或引起其他动作,完成一个工作循环。

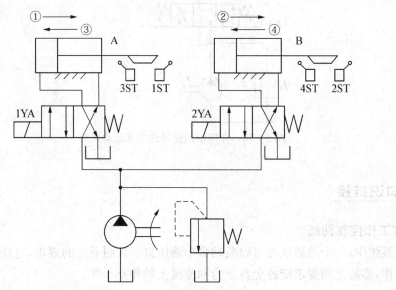

图 5-72 用行程开关控制的顺序动作回路

行程控制的顺序动作回路,换接位置准确、动作可靠,特别是行程阀控制回路换接平稳,常用于对位置精度要求较高处。但行程阀需布置在缸附近,改变动作顺序较困难;而行程开关控制的回路只需改变电气线路即可改变顺序,故应用较广泛。

2. 压力控制的顺序动作回路

压力控制的顺序动作回路常采用顺序阀或压力继电器控制(见任务 5.2.3)。

二、同步回路

使两个或多个液压缸在运动中保持相对位置不变且速度相同的回路,称为同步回路。在多缸液压系统中,影响同步精度的因素很多,如液压缸外负载、泄漏、摩擦阻力、制造精度、结构弹性变形以及油液中含气量等,都会使运动不同步,同步回路要尽量克服或减少这些因素的影响。

1. 并联液压缸的同步回路

(1) 用并联调速阀的同步回路 如图 5-73 所示,用两个调速阀分别串接在两个液压缸的回油路(或进油路)上,再并联起来,用以调节两缸运动速度,即可实现同步。这是一种常用的、比较简单的同步方法,但因为两个调速阀的性能不可能完全一致,同时还受到载荷变化和泄漏的影响,故同步精度较低。

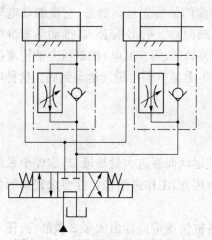
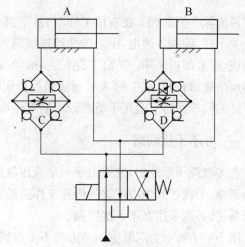

图 5-73 用并联调速阀的同步回路　　图 5-74 用比例调速阀的同步回路

(2) 用比例调速阀的同步回路　如图 5-74 所示,回路使用一个普通调速阀 C 和一个比例调速阀 D,各装在由单向阀组成的桥式整流油路中,分别控制缸 A 和缸 B 的正反向运动。当两缸出现位置误差时,检测装置发出信号,调整比例调速阀的开口,修正误差,即可保证同步。其同步精度较高,绝对精度达 0.5mm,已足够一般设备的要求。

2. 串联液压缸的同步回路

(1) 普通串联液压缸的同步回路　图 5-75 所示为两个液压缸串联的同步回路。第一个液压缸回油腔排出的油液被送入第二个液压缸的进油腔,若两缸的有效工作面积相等,两活塞必然有相同的位移,从而实现同步运动。由于制造误差和泄漏等因素的影响,该回路同步精度较低。

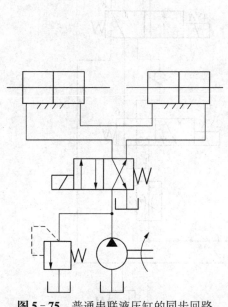
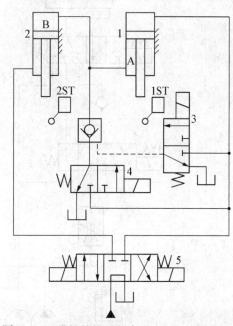

图 5-75 普通串联液压缸的同步回路　　图 5-76 带补偿措施的串联液压缸的同步回路

(2) 带补偿措施的串联液压缸同步回路　图 5-76 所示两缸串联,A 腔和 B 腔面积相等,使进、出流量相等,两缸的升降便得到同步。而补偿措施使同步误差在每一次下行运动中都可消除。例如阀 5 在右位工作时,缸下降,若缸 1 的活塞先运动到底,它就触动电气行程开关 1ST,使阀 4 通电,压力油便通过该阀和单向阀向缸 2 的 B 腔补入,推动活塞继续运动到底,误差即被消除。若缸 2 先到底,触动行程开关 2ST,阀 3 通电,控制压力油使液控单向阀反向通道打开,缸 1 的 A 腔通过液控单向阀回油,其活塞即可继续运动到底。这种串联液压缸的同步回路只适用于负载较小的液压系统中。

三、互不干扰回路

在多缸液压系统中,往往由于一个液压缸的快速运动而吞进大量油液,造成整个系统的压力下降,干扰了其他液压缸的慢速工作进给运动。因此,工作进给稳定性要求较高的多缸液压系统,必须采用互不干扰回路。

图 5-77 所示为双泵供油多缸互不干扰回路,各缸快速进退皆由大泵 2 供油,当任一缸进入工进时,则改由小泵 1 供油,彼此无牵连,也就无干扰。图示状态各缸原位停止。当电磁铁 3YA、4YA 通电时,阀 7、阀 8 左位工作,两缸都由大泵 2 供油做差动快进,小泵 1 供油在阀 5、阀 6 处被堵截。设缸 A 先完成快进,由行程开关使电磁铁 1YA 通电、3YA 断电,此时大泵 2 对缸 A 的进油路被切断,而小泵 1 的进油路打开,缸 A 由调速阀 3 调速做工进,缸 B 仍做快进,互不影响。当各缸都转为工进后,它们全由小泵供油。此后,若缸 A 又率先完成工进,则行程开关应使阀 5 和阀 7 的电磁铁都通电,缸 A 即由大泵 2 供油快退。当各电磁铁皆断电时,各缸皆停止运动,并被锁于所在位置上。

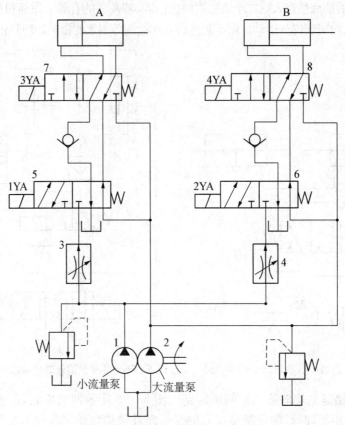

图 5-77 双泵供油多缸互不干扰回路

知识链接

新型液压元件应用

前面所介绍的方向阀、压力阀、流量阀是普通液压阀,除此之外还有一些特殊的液压阀,如插装阀、比例阀和叠加阀等。

一、插装阀

插装阀是一种以锥阀为基本单元的新型液压元件,由于具有通、断两种状态,可以进行逻辑运算,故又称为逻辑阀。

1. 插装阀的结构和工作原理

插装阀的结构如图 5-78(a)所示,由插装块体 1、插装主阀(由阀套 2、阀芯 3、弹簧 4 及密封件组成)、控制盖板 5 和先导控制阀 6 组成。

插装块体 1 内有两个分别与主油路相通的油口 A 和 B。将主阀插入块体中,控制盖板把插装主阀封装在块体内,并通过控制油口 C 沟通先导阀和主阀。控制主阀阀心的启闭,可控制主油路的通断。使用不同的先导阀可以构成压力控制、方向控制或流量控制,还可组成复合控制。

插装阀的工作原理,如图 5-78(b)所示。设油口 A、B、C 处的油液压力分别为 p_a、p_b、p_c,在阀心 3 上的有效作用面积分别为 A_a、A_b、A_c,且 $A_c = A_a + A_b$,弹簧 4 的作用力为 F_S。则 $p_c A_c + F_S > p_a A_a + p_b A_b$ 时,阀口关闭;$p_c A_c + F_S \leqslant p_a A_a + p_b A_b$ 时,阀口开启。

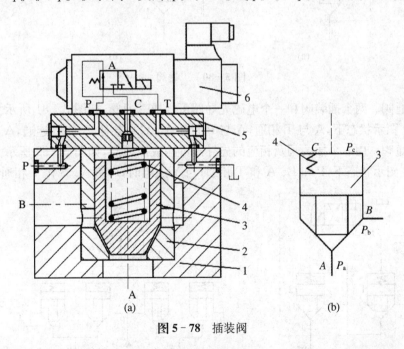

图 5-78 插装阀

实际工作时,阀心的受力状况是通过改变控制油口 C 的通油方式来控制的。若油口 C 通油箱,$p_c = 0$,阀口开启;若油口 C 与进油口相通,$p_c = p_a$ 或 $p_c = p_b$,阀口则关闭。因这种阀的启闭动作很像受操纵的逻辑元件,故又称逻辑阀。

2. 插装阀的类型

插装阀与各种先导阀组合，便可组成方向控制阀、压力控制阀和流量控制阀。

（1）二通插装方向控制阀　有以下几种：

① 单向阀。如图 5-79 所示，将 C 腔与 B 口连通，即成为油液可以从 A 流向 B 的单向阀；若将图中改为 C 腔与 A 口连通，便构成油液可从 B 流向 A 的单向阀。

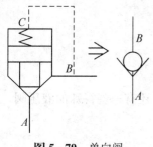

图 5-79　单向阀

② 二位二通阀。图 5-80 所示为由二位三通电磁换向阀作为先导元件控制 C 油口的通油方式。在图示状态下，控制腔 C 通油箱，A、B 口互通。当电磁铁 Y 得电时，图 5-80(a) 所示的控制腔 C 与油口 A 接通，相当于 B 流向 A 的单向阀。而图 5-80(b) 所示为在电磁铁 Y 得电时，由于梭阀的作用，控制腔 C 的压力始终为 A、B 两油口中压力较高者。因此，阀口始终处于关闭状态，油口 A 与 B 不通。

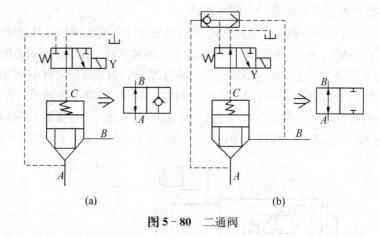

图 5-80　二通阀

③ 三通阀。两个插装阀和一个电磁先导阀可组成三通阀，如图 5-81 所示为二位三通插装阀。在图示状态下，A 与 T 相通，A 与 P 断开；当 Y 通电时，A 与 P 连通，A 与 T 断开。

④ 四通阀。用 4 个插装阀及相应的先导阀可构成四通阀，如图 5-82 所示为二位四通插装阀。在图示状态下，P 和 B、A 和 T 相通；当 Y 通电时，P 和 A、B 和 T 相通。

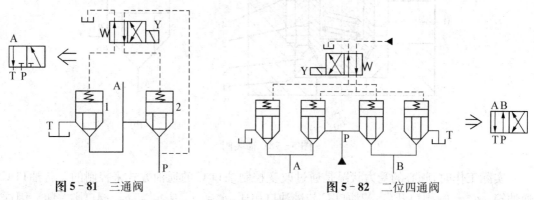

图 5-81　三通阀　　　　　图 5-82　二位四通阀

若改变先导阀与插装阀的控制组合，可构成不同的连通机能。图 5-83 所示的四位四通插装阀可以形成 4 种连接机能，这是普通换向阀做不到的。

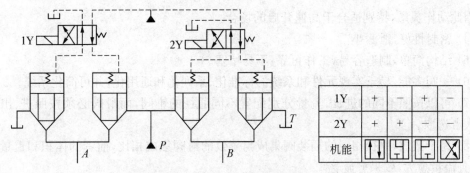

图 5-83 四位四通插装阀

（2）二通插装压力控制阀 对插装元件的 C 腔进行压力控制，即可构成各种压力控制阀，其结构原理如图 5-84(a)所示。用直动式溢流阀作为先导阀控制 C 腔，油路不同的连接便会构成不同的压力阀。若 B 腔通油箱，可用作溢流阀。当 A 腔油压升高到先导阀调定的压力时，先导阀打开，油液流过主阀心阻尼孔时造成两端出现压力差，使主阀心克服弹簧阻力开启，A 腔压力油便通过打开的阀口经 B 腔流回油箱，实现溢流稳压。如图 5-84(b)所示，若二位二通阀电磁铁 Y 通电，便可作为卸荷阀使用；若 B 腔接一有载油路，则构成顺序阀；若主阀采用了油口常开的阀心，则构成了二通插装减压阀。

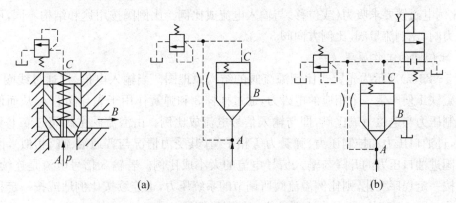

图 5-84 二通插装压力控制阀

（3）二通插装流量控制阀 如果在控制盖板上安装机械的或电气的行程调节元件，来控制锥阀阀口的开度，则锥阀可起流量控制阀的作用，此时锥阀采用的是顶端开有节流三角沟的阀心。图 5-85 所示为手调二通插装节流阀。

3. 插装阀的特点

插装阀与一般液压阀相比，具有以下优点：

（1）插装式元件已标准化，将几个插装式锥阀单元组合到一起便可构成复合阀。

（2）通油能力大，特别适用于大流量的场合，插装式锥阀的最大通径可达 250 mm，通过的流量可达到 10 000 L/min。

（3）动作速度快，因为它靠锥面密封而切断油路，阀芯稍一抬起，油路立即接通。此外，阀芯行程较短，且比滑阀阀芯

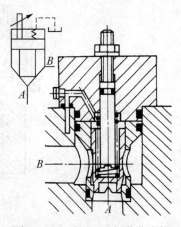

图 5-85 手调二通插装节流阀

轻。因此动作灵敏,特别适合于高速开启的场合。

(4) 密封性好,泄漏小。

(5) 结构简单,制造容易,工作可靠,不易堵塞。

(6) 一阀多能,易于实现元件和系统的标准化、系列化和通用化,并可简化系统。

(7) 可以按照不同的进、出流量分别配置不同通径的锥阀,而滑阀必须按照进、出油量中较大者选取。

(8) 易于集成,通径相同的插装阀集成与等效的滑阀集成相比,前者的体积和重量大大减小,且流量愈大,效果愈显著。

由于插装式阀液压系统所用的电磁铁数目较一般液压系统有所增加,因而主要用于流量较大系统或对密封性能要求较高的系统,对于小流量以及多液压缸无单独调压要求的系统和动作要求简单的液压系统,不宜采用插装式锥阀。

二、比例阀

电液比例阀简称比例阀,它是一种把输入的电信号按比例地转换成力或位移,从而对压力、流量等参数进行连续控制的一种液压阀。比例阀由直流比例电磁铁与液压阀两部分组成。其液压阀部分与一般液压阀差别不大,而直流比例电磁铁和一般电磁阀所用的电磁铁不同,比例电磁铁要求吸力(或位移)与输入电流成比例。比例阀按用途和结构不同,可分为比例压力阀、比例流量阀、比例方向阀3大类。

1. 比例阀的工作原理

图5-86(a)所示为先导式比例溢流阀的结构原理图。当输入电信号(通过线圈2)时,比例电磁铁1便产生一个相应的电磁力,通过推杆3和弹簧作用于先导阀芯4,从而使先导阀的控制压力与电磁力成比例,即与输入信号电流成比例。由溢流阀主阀阀芯6上受力分析可知,进油口压力和控制压力、弹簧力等相平衡(其受力情况与普通溢流阀相似),因此比例溢流阀进油口压力的升降与输入信号电流的大小成比例。若输入信号电流是连续、按比例地或按一定程序变化,则比例溢流阀所调节的系统压力,也连续按比例地或按一定程序地进行变化。图5-86(b)所示为比例溢流阀的图形符号。

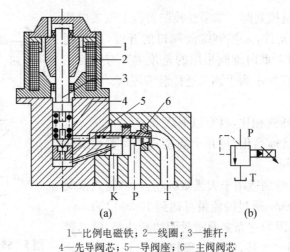

1—比例电磁铁;2—线圈;3—推杆;
4—先导阀芯;5—导阀座;6—主阀阀芯

图5-86 比例溢流阀

2. 比例阀的应用举例

图 5-87(a)所示为利用比例溢流阀调压的多级调压回路,改变输入电流 I,即可控制系统获得多级工作压力。它比利用普通溢流阀的多级调压回路所用液压元件数量少,回路简单,且能对系统压力进行连续控制。图 5-87(b)为采用比例调速阀的调速回路,改变比例调速阀输入电流,即可使液压缸获得所需要的运动速度。比例调速阀可在多级调速回路中代替多个调速阀,也可用于远距离速度控制。

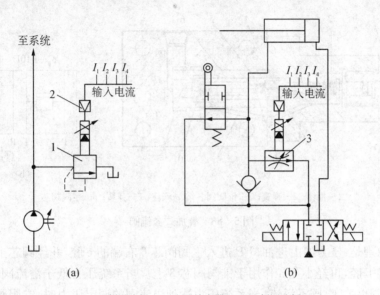

1—比例溢流阀;2—电子放大器;3—比例调速阀

图 5-87 比例阀的应用

3. 比例阀的特点

与普通液压阀相比,比例阀的优点是:

(1) 油路简化,元件数量少。

(2) 能简单地实现远距离控制,自动化程度高。

(3) 能连续地、按比例地对油液的压力、流量或方向进行控制,从而实现对执行机构的位置、速度和力的连续控制,并能防止或减小压力、速度变换时的冲击。

(4) 比例阀广泛应用于要求对液压参数连续控制或程序控制,但不需要很高控制精度的液压系统中。

三、叠加阀

叠加式液压阀简称叠加阀,其阀体本身既是元件,又是具有油路通道的连接体,阀体的上、下两面做成连接面。选择同一通径系列的叠加阀,叠合在一起用螺栓紧固,即可组成所需的液压传动系统。

叠加阀现有 5 个通径系列:Φ6、Φ10、Φ16、Φ20、Φ32 mm。叠加阀按功用的不同,可分为压力控制阀、流量控制阀和方向控制阀 3 类,其中方向控制阀仅有单向阀类,主换向阀不属于叠加阀。

1. 叠加阀的结构及工作原理

叠加阀的工作原理与一般液压阀相同,只是具体结构有所不同。现以溢流阀为例,说明其结构和工作原理。

图 5-88(a)所示为 Y1-F10D-P/T 先导式叠加溢流阀,其型号含义是:Y 表示溢流阀,F 表示压力等级(20 MPa),10 表示 Φ10 mm 通径系列,D 表示叠加阀,P/T 表示进油口为 P、回油口为 T。它由先导阀和主阀两部分组成,先导阀为锥阀,主阀相当于锥阀式的单向阀。

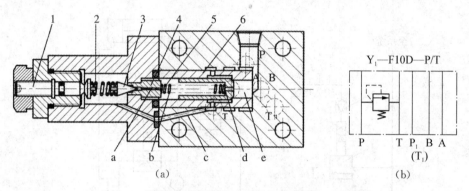

1—推杆;2—弹簧;3—锥阀阀芯;4—阀座;5—弹簧;6—主阀阀芯

图 5-88 叠加式溢流阀

其工作原理是:压力油由进油口 P 进入主阀阀芯 6 右端的 e 腔,并经阀芯上阻尼孔 d 流至阀芯 6 左端 b 腔,再经小孔 a 作用于锥阀阀芯 3 上。当系统压力低于溢流阀调定压力时,锥阀关闭,主阀也关闭,阀不溢流;当系统压力达到溢流阀的调定压力时,锥阀阀芯 3 打开,b 腔的油液经锥阀口及孔 c 由油口 T 流回油箱,主阀阀芯 6 右腔的油经阻尼孔 d 向左流动,于是使主阀阀芯的两端油液产生压力差。此压力差使主阀阀芯克服弹簧 5 而左移,主阀阀口打开,实现了自油口 P 向油口 T 的溢流。调节弹簧 2 的预压缩量便可调节溢流阀的调整压力,即溢流压力。图 5-88(b)所示为叠加式溢流阀的图形符号。

2. 叠加阀的组装

叠加阀自成体系,每一种通径系列的叠加阀,主油路通道和螺钉孔的大小、位置、数量都与相应通径的板式换向阀相同。因此,将同一通径系列的叠加阀互相叠加,可直接连接而组成集成化液压系统。图 5-89 所示为叠加式液压装置示意图,最下面的是底板,底板上有进油孔、回油孔和通向液压执行元件的油孔,底板上面第一个元件一般是压力表开关,然后依次向上叠加各压力控制阀和流量控制阀,最上层为换向阀,用螺栓将它们紧固成一个叠加阀组。一般,一个叠加阀组控制一个执行元件。如果液压系统有几个需要集中控制的液压元件,则用多联底板,并排在上面组成相应的几个叠加阀组。

3. 叠加式液压系统的特点

叠加式液压系统有以下特点:

(1)用叠加阀组装液压系统,不需要另外的连接块,因而结构紧凑、体积小、重量轻。

(2)系统的设计工作量小,绘制出叠加阀式液压系统原理图后即可进行组装,且组装简便、周期短。

(3)调整、改换或增减系统的液压元件方便、简单。

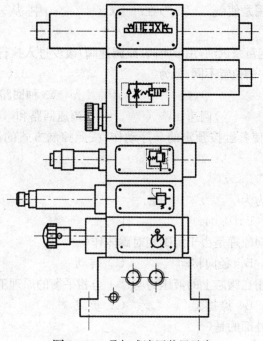

图 5-89 叠加式液压装置示意

(4) 元件之间可实现无管连接，不仅省掉大量管件，减少了产生压力损失、泄漏和振动环节，而且使外观整齐，便于维护保养。

思考与练习

一、填空题

1. 方向控制阀是控制油液运动方向的阀，从而能控制（　　　　）元件的运动方向。
2. 根据结构不同，溢流阀可分为（　　　　）、（　　　　）两类。
3. 顺序阀的功用是以（　　　　）使多个执行元件自动地按先后顺序动作。
4. 流量控制阀是利用改变通流（　　　　）来控制系统油液的流量，从而控制执行元件运动的阀。
5. 顺序阀采用（　　　　）方式泄油，溢流阀采用（　　　　）方式泄油。
6. 调速阀是由（　　　　）和节流阀串联而成的。
7. 中位机能为（　　　　）型的换向阀，在换向阀处于中间位置时，液压缸锁紧，液压泵卸荷。
8. 直动式溢流阀的阻尼孔的作用是（　　　　），而先导式溢流阀的阻尼孔的作用是（　　　　）。
9. 电液换向阀中，先导阀的中位机能应选用（　　　　）型。
10. 增压回路可提高系统中（　　　　）的压力，能使局部压力远高于油源的压力。
11. 卸荷回路的功用是，使液压泵的驱动电机不需频繁启闭，使液压泵在接近零压的情况下运转，以减少（　　　　）和（　　　　），延长泵和电机的使用寿命。

12. 速度换接回路的功用是使（　　　　）在一个（　　　　）中,从一种运动速度变换到另一种运动速度。
13. 节流调速回路是用定量泵供油,用节流阀(或调速阀)改变进入执行元件的流量使之变速。根据流量阀在回路中的位置不同,分为（　　　　）、（　　　　）、（　　　　）3种回路。
14. 速度控制回路包括（　　　　）、（　　　　）、（　　　　）3种回路。
15. 调速回路可分为（　　　　）调速回路、（　　　　）调速回路和（　　　　）调速回路。
16. 顺序动作回路用于使各缸按预定的顺序动作,按照控制方式的不同,有（　　　　）和（　　　　）两大类。

二、选择题

1. 一般单向阀开启压力为（　　）$\times 10^5$ Pa。
    A. 0.2　　　　B. 0.04　　　　C. 4　　　　D. 40
2. 滑阀式换向阀的换向原理是由于滑阀相对阀体作（　　）。
    A. 轴向移动　　B. 径向移动　　C. 转动　　　D. 旋转
3. 压力阀都是利用作用在阀芯上的液压力与（　　）相平衡的原理工作的。
    A. 阀芯自重　　B. 摩擦力　　　C. 负载　　　D. 弹簧力
4. 阀芯液控油路来自外部的是（　　）。
    A. 溢流阀　　　B. 减压阀　　　C. 直动顺序阀　D. 液控顺序阀
5. 通常,节流口的流量随（　　）改变而变化。
    A. 温度　　　　B. 通流面积　　C. 压力差
6. 调速阀中的节流阀前后压力差（　　）。
    A. 是变化的　　B. 基本上是常量　C. 与弹簧有关　D. 与流量有关

三、简答题

1. 什么是中位机能？能使液压泵卸荷的中位机能有哪几个？分析三位四通换向阀 P 型中位机能的作用与特点。
2. 先导式溢流阀主阀芯上的阻尼小孔被堵塞,会出现什么现象？先导锥阀小孔被堵塞,又会出现什么现象？
3. 若把先导式溢流阀的远程控制口当成泄漏口接油箱,这时液压系统会产生什么问题？
4. 先导式溢流阀、减压阀和顺序阀在外观上无法区别,若在它们的铭牌已无法辨别的情况下,如何不拆阀也能判断出各个阀？
5. 简述溢流阀的主要用途。
6. 试比较溢流阀、减压阀、内控外泄式顺序阀三者之间的异同。
7. 流量阀的节流口为什么通常要采用薄壁孔,而不采用细长孔？
8. 为什么调速阀比节流阀的调速性能好？
9. 液压系统中,溢流阀的进、出油口接错后会发生什么故障？
10. 由不同操纵方式的换向阀组成的换向回路各有什么特点？
12. 锁紧回路中,三位换向阀的中位机能是否可任意选择？为什么？
13. 简述调压回路、减压回路的功用。
14. 如何调节执行元件的运动速度？常用的调速方法有哪些？
15. 简述回油节流阀调速回路与进油节流阀调速回路的主要不同点。

16. 在液压系统中,当工作部件停止运动以后,使泵卸荷有什么好处?举例说明几种常用的卸荷方法。
17. 在液压系统中,为什么要设置背压回路?背压回路与平衡回路有何区别?
18. 在液压系统中,为什么要设置快速运动回路?执行元件实现快速运动的方法有哪些?

四、分析题

1. 如图 5-90 所示,两个液压系统中,各溢流阀的调整压力分别为 $P_A = 4\ \text{MPa}$, $P_B = 3\ \text{MPa}$, $P_C = 2\ \text{MPa}$。若系统的外负载趋于无限大时,泵出口的压力各为多少?

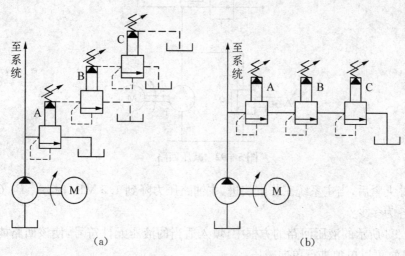

图 5-90 液压系统

2. 在图 5-91 所示的液压系统中,各溢流阀的调整压力分别为 $p_1 = 9\ \text{MPa}$, $p_2 = 3\ \text{MPa}$, $p_3 = 4\ \text{MPa}$。问:当系统的负载趋于无穷大时,电磁铁在通电和断电的情况下,液压泵出口压力各为多少?

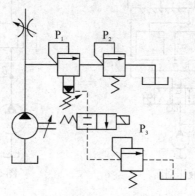

图 5-91 液压系统

3. 在图 5-92 所示的减压回路中,溢流阀 2 的调整压力为 5 MPa,减压阀 3 的调整压力为 2.5 MPa。试分析下列各种情况下,指定点的压力值并说明减压阀的阀口处于什么状态?

   (1) 夹紧缸在夹紧工件前做空载运动时,不计摩擦力和压力损失,A、B、C 3 点的压力各为多少?

   (2) 夹紧缸夹紧工件后,主油路截止时,A、B、C 3 点的压力各为多少?

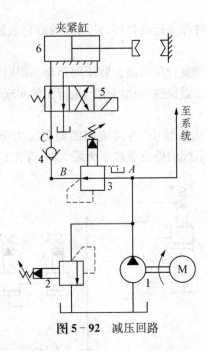

图 5-92 减压回路

(3) 工件夹紧后,当主系统工作缸快进、主油路压力降到 1.5 MPa 时,A、B、C 3 点的压力各为多少?

4. 在图 5-93 所示的液压回路的方框中,填入适当的液压元件符号,使该回路能够安全限压,且 B 缸可以单独进行单向减压。

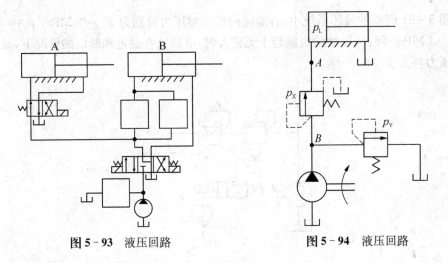

图 5-93 液压回路　　　　　图 5-94 液压回路

5. 在图 5-94 所示的液压回路中,顺序阀的调整压力 $P_X = 3$ MPa,溢流阀的调整压力 $P_Y = 5$ MPa。问在下面情况下,A、B 点的压力各为多少?

(1) 液压缸运动时,负载压力 $P_L = 4$ MPa;

(2) 液压缸运动时,负载压力 P_L 变为 1 MPa;

(3) 活塞运动到右端,碰到挡铁后。

6. 如图 5-95 所示的液压系统,两液压缸的活塞面积 $A_1 = A_2 = 100 \times 10^{-4}$ m^2,缸 I 的负

载 $F_1 = 3.5 \times 10^4$ N，缸Ⅱ运动时负载为零。若计算时不计摩擦阻力、惯性力和管路损失，溢流阀、顺序阀和减压阀的调整压力分别为 4.0 MPa、3.0 MPa 和 2.0 MPa。求下列 3 种情况下，A、B、C 3 点的压力各为多少？

(1) 液压泵启动后，两换向阀处于中位。

(2) 仅是电磁铁 1YA 通电，液压缸Ⅰ的活塞移动时及活塞运动到终点后。

(3) 电磁铁 1YA 断电，仅 2YA 通电，液压缸Ⅱ的活塞运动时及活塞杆碰到固定挡铁后。

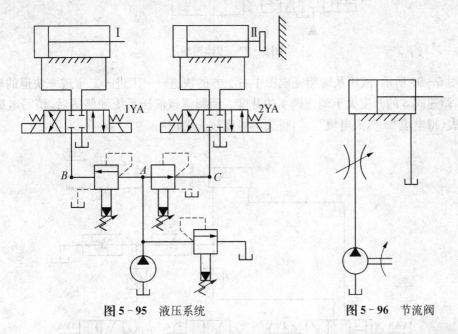

图 5-95 液压系统　　图 5-96 节流阀

7. 如图 5-96 所示，调节节流阀的开度能否调节活塞的运动速度，为什么？若想达到调速的目的，还应添加什么阀？请画在图上。

8. 有一节流阀，当阀口前后压力差 $\Delta p = 0.3$ MPa，阀的开口面积 $A = 0.1 \times 10^{-4}$ m²，通过阀的流量 $q = 10$ L/min。试求：

(1) 若开口面积 A 不变，但阀前后压力差 $\Delta p = 0.5$ MPa，通过阀的流量 q_1 等于多少？

(2) 若阀前后压力差 Δp 不变，但开口面积减为 $A_2 = 0.05 \times 10^{-4}$ m²，通过阀的流量 q_2 等于多少？

9. 根据图 5-97 所示的工作循环和表中的动作要求，填写电磁铁动作表（得电填"+"，失电填"-"，得失均可则按失电记）。

电磁铁动作表

动作顺序 \ 电磁铁	1YA	2YA	3YA
快进			
工进			
快退			
停止			

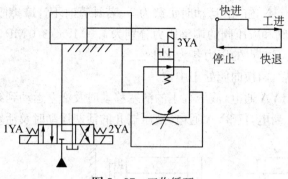

图 5-97 工作循环

10. 如图 5-98 所示,液压系统能完成图中右上方的快进——工进—二工进—快退的动作循环,调速阀 3 的开度大于调速阀 4 的开度。请阅读该液压系统油路图后,填写电磁铁动作表(得电填"+",失电填"-",得失均可则按失电记)。

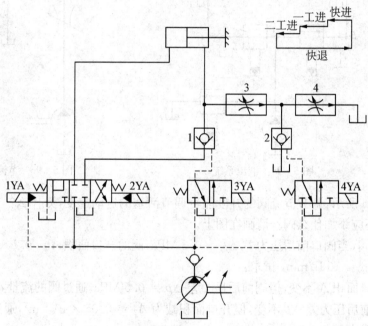

1、2—液控单向阀；3、4—调速阀

图 5-98 液压系统

电磁铁动作表

动作顺序 \ 电磁铁	1YA	2YA	3YA	4YA
快进	+	−	−	−
一工进	+	−	+	−
二工进	+	−	−	+
快退	−	+	−	−

学习情境六

液压辅助元件的认识和应用

液压辅助元件是液压系统的一个重要组成部分,包括油箱、过滤器、蓄能器、热交换器、管件、密封装置、测量仪器等。这些元件对液压系统的工作性能及其他元件的正常工作有直接影响。

任务　认识液压辅助元件

知识点

液压系统中,油箱、滤油器、管件、蓄能器等常用辅助元件的特点和功用。

技能点

(1) 掌握各种液压辅助元件对系统的工作稳定性、寿命等的影响。
(2) 能根据需要选用合适的液压辅助元件。

任务引入

若已知某液压系统的液压泵的额定流量为 6 L/min、额定压力为 6.3 MPa,试确定该液压站油箱的有效容量,液压泵吸油管的过滤器应如何确定和安装。

任务分析

了解各种液压辅助元件的特点及其在液压系统中的应用,是合理选用液压辅助元件的基础。

相关知识

一、油箱

1. 油箱的功用

油箱的作用主要是储油,必须能够盛放系统中的全部油液。液压泵从油箱里吸取油液送入系统,油液在系统中完成传递动力的任务后返回油箱。此外,因为油箱有一定的表面积,能够散发油液工作时产生的热量;同时还具有沉淀油液中的污物,使渗入油液中的空气逸出,分离水分的作用;有时还有兼作液压元件的阀块的安装台等多种功能。

2. 油箱的结构设计

液压系统中的油箱主要有总体式和分离式两种。总体式是利用机器设备机身内腔作为油箱(如压铸机、注塑机等),结构紧凑、各处漏油易于回收,但维修不便、散热条件不好。分离式是设置一个单独油箱,与主机分开,减少了油箱发热和液压源振动对工作精度的影响,因此得到了普遍的应用,特别是在组合机床、自动线和精密机械设备上大多采用分离式油箱。

分离式油箱的典型结构,如图 6-1 所示。油箱内部用隔板 7、9 将吸油管 1 与回油管 4 隔开。顶部、侧部和底部分别装有保护盖 3 和滤油网 2、液位计 6 和排放污油的放油阀 8。安装液压泵及其驱动电机的上盖板 5 固定在油箱顶面上。

油箱属于非标准件,在实际情况下常根据需要自行设计。油箱设计时,主要考虑油箱的容积、结构、散热等问题。设计时的注意事项如下:

(1) 箱体要有足够的强度和刚度。油箱一般用 2.5~4 mm 的钢板焊接而成,尺寸大者要加焊加强筋。

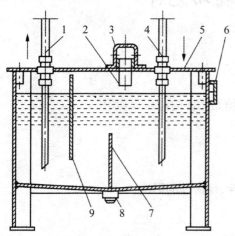

1—吸油管;2—滤油网;3—保护盖;4—回油管;
5—上盖;6—液位计;7,9—隔板;8—放油阀

图 6-1 油箱

(2) 油箱应有足够的容量。液压系统工作时,油箱油面应保持一定的高度,以防液压泵吸空。为了防止系统中的油液在全部流回油箱时,油液溢出油箱,所以油箱中的油面又不能太高,一般不应超过油箱高度的 80%。我们将油面高度为油箱高度 80% 时的容积,称为油箱的有效容积。

(3) 泵的吸油管上应安装过滤器,过滤器与箱底间的距离不应小于 20 mm。

(4) 为避免污物进入油箱,油箱顶部应设有盖板,盖板上设加油器,加油器装滤油网和保护盖,其上有通气孔,使液面与大气相通。通气孔装有空气过滤器,以防空气中的污物侵入。空气过滤器的通流量应大于液压泵的流量,以便空气及时补充液位的下降。

(5) 吸油管和回油管之间的距离应尽量远。油箱中的吸油管和回油管应分别安装在油箱的两端,以增加油液的循环距离,使其有充分的时间冷却和沉淀污物,排出气泡。为此,一般在油箱中都设置隔板,隔板高度一般取油面高度的 3/4,使油液迂回流动。

(6) 吸油管与回油管端口应制成 45°斜断面,以增大流通截面,降低流速。这样一方面可以减小吸油阻力,避免吸油时流速过快产生气蚀和吸空;另一方面还可以降低回油时引起的冲溅,有利于油液中杂质的沉淀和空气的分离。

(7) 为防止吸油时吸入空气和回油时油液冲入油箱时搅动液面形成气泡,吸油管和回油管均应保证在油面最低时仍没入油中。为避免将油箱底部沉淀的杂质吸入泵内和回油对沉淀的杂质造成冲击,油管端距箱底应大于两倍管径,距箱壁应大于 3 倍管径。

(8) 油箱底部应有坡度,箱底与地面间应有一定距离,箱底最低处要设置放油阀。

(9) 油箱内壁表面要做专门处理。为防止油箱内壁涂层脱落,新油箱内壁要经喷丸、酸洗和表面清洗,然后可涂一层与工作液相容的塑料薄膜或耐油清漆。

(10) 箱体侧壁应设置液位计,用于显示油位。滤油器的安装位置应便于装拆,油箱内部应便于清洗。

(11) 对于负载大,并且长期连续工作的系统,还应考虑系统发热及散热的平衡。油箱正常工作温度应在 15～65℃ 之间,如要安装加热器或冷却器,必须考虑其在油箱中的安装位置。

3. 油箱有效容积的确定

油箱的有效容积(油面高度为油箱高度 80% 时的容积)一般按液压泵的额定流量估算。在低压系统中,取液压泵每分钟排油量的 2～4 倍;中压系统为 5～7 倍,高压系统为 6～12 倍。

二、过滤器

1. 过滤器的功用

液压系统中 75% 以上的故障和液压油的污染有关,所以保持油液的清洁是液压系统可靠工作的关键。过滤器的功用在于过滤混在液压油中的杂质,使进入到液压系统中去的油液的污染度降低,保证系统正常地工作。

2. 过滤器的工作原理

如图 6-2 所示,油液从进油口进入过滤器,沿滤芯的径向由外向内通过滤芯,油液中颗粒被滤芯中的过滤层滤除,进入滤芯内部的油液即为洁净的油液。过滤后的油液从过滤器的出油口排出。

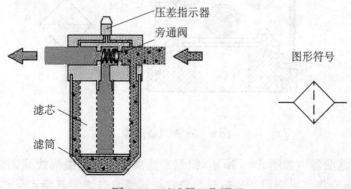

图 6-2 过滤器工作原理

随着过滤器使用工作时间的增加,滤芯上积累的杂质颗粒越来越多,过滤器进、出油口压差也会越来越大。进、出油口压差高低通过压差指示器指示,它是用户了解滤芯堵塞情况的重要依据。若滤芯在达到极限压差还未及时更换,旁通阀会开启,防止滤芯破裂。

3. 过滤器的基本要求

(1) 足够的过滤精度　过滤精度是指过滤器能够有效滤除的最小颗粒污染物的尺寸,是过滤器的重要性能参数之一。若以直径 d 表示,则过滤精度可分为四级:粗(滤去杂质颗粒直径 $d \geqslant 0.1 \text{ mm}$)、普通(滤去杂质颗粒直径 $d = 0.01 \sim 0.1 \text{ mm}$)、精(滤去杂质颗粒直径 $d = 0.005 \sim 0.01 \text{ mm}$)和特精(滤去杂质颗粒直径 $d = 0.001 \sim 0.005 \text{ mm}$)4 个等级。

(2) 足够的过滤能力　过滤能力指一定压力降下允许通过过滤器的最大流量,一般用过滤器的有效过滤面积(滤芯上能通过油液的总面积)表示。选择过滤器的过滤能力应考虑过滤器在液压系统中具体的安装位置,如过滤器安装在吸油管路上,其过滤能力应为泵流量的两倍以上。

(3) 滤芯要利于清洗和更换,便于拆装和维护　过滤器滤芯一般应按规程定期更换、清洗,因此过滤器应尽量设置在便于操作的地方,避免在维护人员难以接近的地方设置过滤器。

4. 常用的滤油器

(1) 网式滤油器　如图 6-3(a)所示,网式滤油器由筒形骨架上包一层或两层铜丝滤网组成。其特点是结构简单、通油能力大、清洗方便,但过滤精度较低。常用于泵的吸油管路,对油液进行粗过滤。粗滤油器的图形符号,如图 6-3(b)所示。

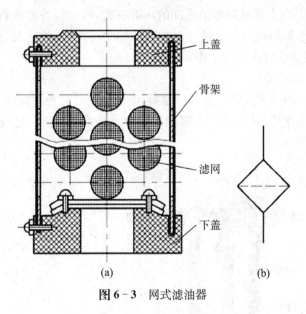

图 6-3　网式滤油器

(2) 线隙式滤油器　如图 6-4 所示,线隙式滤油器的滤芯由铜线或铝线绕在筒形骨架上而形成(骨架上有许多纵向槽和径向孔),依靠线间缝隙过滤。其特点是结构简单、通油能力大,过滤精度比网式滤油器高,但不易清洗、滤芯强度较低。一般用于中、低压系统。

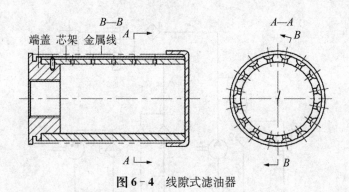

图 6-4 线隙式滤油器

（3）烧结式滤油器　如图 6-5(a)所示，烧结式滤油器的滤芯通常由青铜等颗粒状金属烧结而成，工作时利用颗粒间的微孔进行过滤。该滤油器的过滤精度高，耐高温、抗腐蚀性强，滤芯强度大，但易堵塞、难于清洗、颗粒易脱落。图 6-5(b)所示为精滤油器的图形符号。

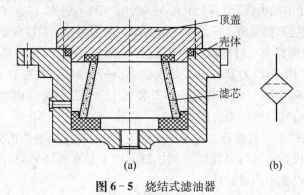

图 6-5 烧结式滤油器

（4）纸芯式滤油器　如图 6-6 所示，纸芯式滤油器的滤芯由微孔滤纸组成，滤纸制成折叠式，以增加过滤面积。滤纸用骨架支撑，以增大滤芯强度。其特点是过滤精度高，压力损失小、重量轻、成本低，但不能清洗，需定期更换滤芯。主要用于低压小流量的精过滤。

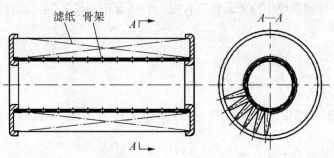

图 6-6 纸芯式滤油器

（5）磁性滤油器　磁性滤油器用于过滤油液中的铁屑。

5. 过滤器的安装位置

在图 6-7 所示的液压系统中，列出了过滤器各种可能的安装位置。

(1) 安装在液压泵吸油管路上　过滤器 1 位于液压泵吸油管路上，用以避免较大颗粒的

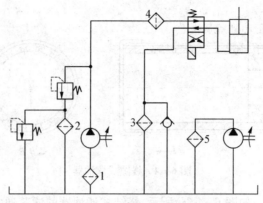

图 6-7 过滤器的安装位置

杂质进入液压泵,起到保护泵的作用。这种安装方式要求过滤器有较大的通油能力(大于液压泵流量的两倍)和较小的阻力(阻力不大于 0.01~0.02 MPa);否则,将造成泵的吸油不畅,严重时会出现空穴现象和强烈的噪声。该用途的过滤器一般采用过滤精度较低的网式过滤器。

(2) 安装在压力油路上　过滤器 4 位于压力油路上,用以保护除液压泵以外的其他元件。由于在高压下工作,所以对其提出了几点要求:一是滤器外壳要有足够的耐压性能,二是压力降不超过 0.35 MPa,三是应将过滤器安装在压力管路中溢流阀的下游或与一安全阀并联,以防止过滤器堵塞时液压泵过载。

(3) 安装在回油路上　过滤器 3 位于回油路上,油液在流回油箱前先经过过滤,使油箱中的油液得到净化,或者使其污染程度得到控制。由于是在低压回路,故可用强度较低、刚度较小、体积和重量也较小的过滤器。

(4) 安装在旁油路上　过滤器 2 安装在溢流阀的回油路上,并有一安全阀与之并联。由于过滤器只通过泵的部分流量,所以过滤器的尺寸可减小。此外,它也能起到清除油液杂质的作用。

(5) 独立的过滤系统　过滤器 5 是将过滤器和泵组成一个独立于液压系统之外的过滤回路。它的作用也是不断净化系统中的油液。在这种情况下,通过过滤器的流量是稳定不变的,这更有利于控制系统中油液的污染程度。它需要增加设备(泵),适用于大型机械的液压系统。

三、蓄能器

1. 蓄能器的功用

蓄能器是液压系统中的储能元件,储存多余的压力油液,并在需要时释放出来供给系统。

2. 蓄能器的类型与工作原理

蓄能器的类型较多,按其结构可分为重锤式、弹簧式和充气式 3 类。其中,充气式蓄能器又分为气液直接接触式、活塞式、气囊式和隔膜式等 4 种。活塞式、气囊式蓄能器应用最为广泛。

这里以气囊式蓄能器为例介绍充气式蓄能器的工作原理,如图 6-8(a)所示,使用前先通过充气阀向皮囊内充入一定压力的气体(常用氮气),充气完毕后,将充气阀关闭,使气体被封闭在皮囊内。如图 6-8(b)所示,当外部油液压力高于蓄能器内气体压力时,油液从蓄能器下部的进油口进入蓄能器,使皮囊受压缩储存液压能;如图 6-8(c)所示,当系统压力下降,低于蓄能器内压力油压力时,蓄能器内的压力油就流出蓄能器。其他充气式蓄能器的工作原理与其类似,这里不再一一介绍。蓄能器结构及其符号,如图 6-9 所示。

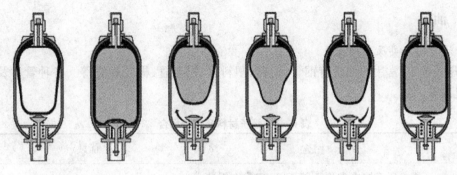

(a) 充气过程　　　　　　(b) 充压过程　　　　　　(c) 释压过程

图 6-8　气囊式蓄能器工作原理图

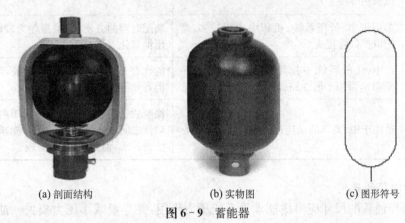

(a) 剖面结构　　　　(b) 实物图　　　　(c) 图形符号

图 6-9　蓄能器

3. 蓄能器的作用

蓄能器在液压系统中的主要用途如下。

(1) 提高执行元件运动速度　液压缸在慢速运动时,需要的流量较少,这时可用小流量液压泵供油,并将液压泵输出的多余压力油储存在蓄能器内。而当液压缸需要大流量实现快速运动时,由于这时系统的工作压力往往较低,蓄能器将存储的压力油排出,与液压泵输出的油液共同供给液压缸,实现快速运动。这样不必采用大流量的液压泵,就可以实现液压缸的快速运动,同时可以减少电动机功率损耗,节省能源。

(2) 作为应急能源　液压装置在工作中突然停电或液压泵发生故障时,蓄能器可作为应急能源在短时间内供给液压系统油液,用于保持系统压力,或者将正在进行的动作完成,避免事故的发生。这种用途的蓄能器应有足够容量,以保证能达到系统速度要求或让所有执行元件能移动到相应位置。

(3) 吸收压力脉动,缓和压力冲击　液压泵输出的压力油都存在不同程度的压力脉动,通过在液压泵出口处设置一个蓄能器,可以有效吸收压力脉动。执行元件的往复运动或突然停止、控制阀的突然切换或关闭、液压泵的突然启动或停止,往往都会产生压力冲击,引起机械振动。将蓄能器设置在易产生压力冲击的部位,可缓和压力冲击,从而提高液压系统的性能。

(4) 用于补偿泄漏和保持恒压　若液压系统的执行元件需要长时间保持某一工作状态,如夹紧工件或举顶重物,为节省动力消耗,要求液压泵停机或卸载,此时可在执行元件的进口处并联蓄能器,由蓄能器补偿泄漏、保持恒压,以保证执行元件工作的可靠性。

四、油管

1. 油管的分类及应用

液压系统中,常用的油管有钢管、铜管、塑料管、尼龙管、橡胶软管等。各种管材及应用场合,见表6-1。

表6-1　管子材料及应用场合

种类	用途	优缺点
钢管	在高压系统中常用无缝钢管,或常在拆装方便处用作压力管道(中、高压用无缝管,低压用焊接管)	能承受高压,油液不易氧化,价格低廉,但装配弯曲较困难
紫铜管	多用于中、低压系统,机床中应用较多,常配以扩口管接头	装配时弯曲方便,但抗振能力较弱,易使液压油氧化
尼龙管	在中、低压系统中使用,耐压可达2.5～8 MPa,可用于回油路、泄油路等处	能代替部分紫铜管,价格低廉,弯曲方便,但寿命短
橡胶软管	适用于中、高压的动连接	橡胶软管的主要优点是可用于两个相对运动件之间的连接,装配方便,能减轻液压系统的冲击,但价格贵、寿命短

2. 油管内径的确定

通常,选择油管的尺寸应考虑能承受系统压力作用,并尽量减小压力损失。油管内径 d 根据通过的流量 q 和允许的流速 v 来确定,其计算式为

$$d = 1.13\sqrt{\frac{q}{v}}. \tag{6-1}$$

式中,d 为油管内径(m);q 为通过油管的流量(m^3/s);v 为油管中允许的流速(m/s)。吸油管取 $v \leqslant 0.6 \sim 1.5$ m/s,流量大时取大值;压油管取 $v \leqslant 2.5 \sim 5$ m/s,当系统压力高、流量大、管道短、油液粘度小时,可取大值,反之取小值;回油管取 $v \leqslant 1.5 \sim 2.5$ m/s。

计算出油管内径后,可按管材标准选取标准管径尺寸的油管。

连接管式液压元件的油管可不必计算,只需参照液压件手册,按元件管径选取即可。对高压管要进行管壁的强度核算,对于中、低压液压系统可不必进行强度计算。

五、管接头

管接头是油管与油管、油管与液压元件间的连接件,管接头的种类很多,图6-10所示为常用的几种类型。

(1) 扩口式管接头　如图6-10(a)所示,常用于中、低压的铜管和薄壁钢管的连接。

(2) 焊接式管接头　如图6-10(b)所示,用来连接管壁较厚的钢管。

(3) 卡套式管接头 如图6-10(c)所示,拆装方便,在高压系统中被广泛使用,但对油管的尺寸精度要求较高。

(4) 扣压式管接头 如图6-10(d)所示,用来连接高压软管。

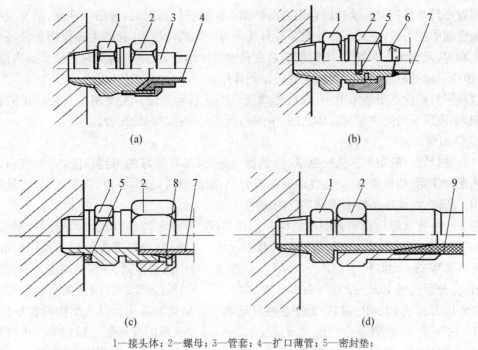

1—接头体；2—螺母；3—管套；4—扩口薄管；5—密封垫；
6—接管；7—钢管；8—卡套；9—橡胶软管

图6-10 管接头

(5) 快速接头 如图6-11所示,用于经常需要装拆处。图示为油路接通时的工作位置；当要断开油路时,可用力把外套4向左推,在拉出接头体5后,钢球3即从接头体中退出。与此同时,单向阀的锥形阀芯2和6分别在弹簧1和7的作用下将两个阀口关闭,油路即断开。

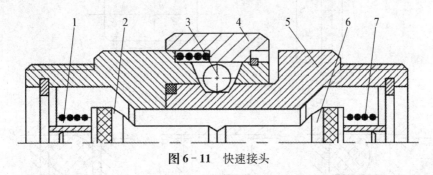

图6-11 快速接头

六、密封装置

密封装置是解决液压系统泄漏问题最重要、最有效的手段。合理地选用和设计密封装置,在液压系统的设计中十分重要。

密封装置按其工作原理来分,可分为非接触式密封和接触式密封。前者主要指间隙密封,后者指密封件密封。

1. 间隙密封

间隙密封是靠相对运动件配合面之间的微小间隙进行密封的,常用于柱塞、活塞或阀的圆柱配合副中。一般,在阀芯的外表面开有几条等距离的均压槽,它的主要作用是使径向压力分布均匀,减少液压卡紧力,同时使阀芯在孔中对中性好,以减小间隙的方法来减少泄漏。同时,槽所形成的阻力对减少泄漏也有一定的作用。

这种密封的优点是摩擦力小,缺点是磨损后不能自动补偿。主要用于直径较小的圆柱面之间,如液压泵内的柱塞与缸体之间、滑阀的阀芯与阀孔之间的配合。

2. O形密封圈

O形密封圈一般用耐油橡胶制成,横截面呈圆形,具有良好的密封性能,内外侧和端面都能起密封作用,结构紧凑,运动件的摩擦阻力小,制造容易、装拆方便、成本低,且高低压均可以用。所以,在液压系统中得到广泛的应用。

图 6-12 所示为 O 形密封圈的结构和工作情况。图 6-12(a)所示为安装前的常态形状;图 6-12(b)所示为装入密封沟槽后的截面示意,δ_1、δ_2 为 O 形圈装配后的预压缩量,通常用压缩率 W 表示,即 $W=[(d_0-h)/d_0]\times 100\%$。对于固定密封、往复运动密封和回转运动密封,应分别达到 15%~20%、10%~20% 和 5%~10%,才能取得满意的密封效果。当油液工作压力超过 10 MPa 时,O 形圈在往复运动中容易被油液压力挤入间隙而提早损坏,如图 6-12(c)所示,为此要在它的侧面安放 1.2~1.5 mm 厚的聚四氟乙烯挡圈。单向受力时,在受力侧的对面安放一个挡圈,如图 6-12(d)所示;双向受力时,则在两侧各放一个挡圈,如图 6-12(e)所示。

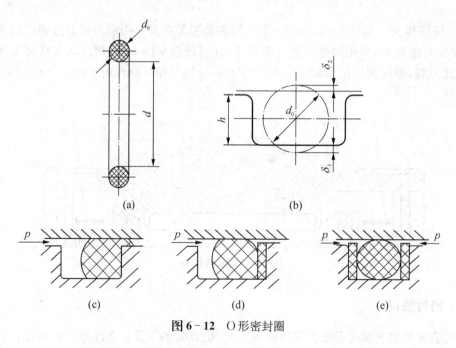

图 6-12 O形密封圈

O形密封圈的安装沟槽,除矩形外,也有V形、燕尾形、半圆形、三角形等,实际应用中可查阅有关手册及国家标准。

3. 唇形密封圈

唇形密封圈根据截面的形状,可分为Y形、V形、U形、L形等。其工作原理如图6-13所示,液压力将密封圈的两唇边 h_1 压向形成间隙的两个零件的表面。这种密封作用的特点是能随着工作压力的变化自动调整密封性能,压力越高则唇边被压得越紧,密封性越好。当压力降低时,唇边压紧程度也随之降低,从而减少了摩擦阻力和功率消耗。除此之外,还能自动补偿唇边的磨损,保持密封性能不降低。

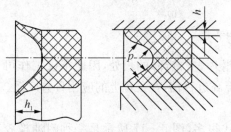

图6-13 唇形密封圈的工作原理

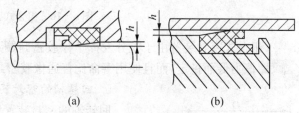

图6-14 小Y形密封圈

目前,液压缸中普遍使用如图6-14所示的所谓小Y形密封圈作为活塞和活塞杆的密封。其中图6-14(a)所示为轴用密封圈,图6-14(b)所示为孔用密封圈。这种小Y形密封圈的特点是断面宽度和高度的比值大,增加了底部支承宽度,可以避免摩擦力造成的密封圈的翻转和扭曲。

在高压和超高压情况下(压力大于25 MPa),V形密封圈也有应用。V形密封圈的形状如图6-15所示,由多层涂胶织物压制而成,通常由压环、密封环和支承环3个圈叠在一起使用,此时已能保证良好的密封性。当压力更高时,可以增加中间密封环的数量,这种密封圈在安装时要预压紧,所以摩擦阻力较大。

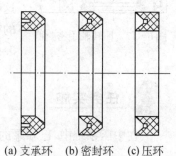

(a)支承环　(b)密封环　(c)压环

图6-15 V形密封圈

唇形密封圈安装时,应使其唇边开口面对压力油,使两唇张开,分别贴紧在机件的表面上。

4. 组合式密封装置

随着液压技术的应用日益广泛,系统对密封的要求越来越高,普通的密封圈单独使用已不能满足密封性能,特别是使用寿命和可靠性方面的要求。因此,研究和开发了由包括密封圈在内的两个以上元件组成的组合式密封装置。

图6-16(a)所示为O形密封圈与截面为矩形的聚四氟乙烯塑料滑环组成的组合密封装置。其中,滑环2紧贴密封面,O形圈1为滑环提供弹性预压力,在介质压力等于零时构成密封。由于密封间隙靠滑环,而不是O形圈,因此摩擦阻力小而且稳定,可以用于40 MPa的高压;往复运动密封时,速度可达15 m/s;往复摆动与螺旋运动密封时,速度可达5 m/s。矩形滑环组合密封的缺点是抗侧倾能力稍差,在高、低压交变的场合下工作容易漏油。图

6-16(b)所示为由支持环 2 和 O 形圈 1 组成的轴用组合密封,由于支持环与被密封件之间为线密封,其工作原理类似唇边密封。支持环采用一种经特别处理的化合物,具有极佳的耐磨性、低摩擦和保形性,不存在橡胶密封低速时易产生的"爬行"现象,其工作压力可达 80 MPa。

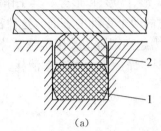
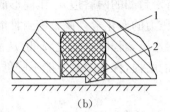

图 6-16　组合式密封装置

组合式密封装置由于充分发挥了橡胶密封圈和滑环(支持环)的长处,因此不仅工作可靠、摩擦力低而稳定,而且使用寿命比普通橡胶密封提高近百倍,在工程上的应用日益广泛。

5. 回转轴的密封装置

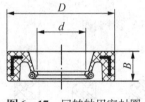

图 6-17　回转轴用密封圈

回转轴的密封装置型式很多,图 6-17 所示是一种耐油橡胶制成的回转轴用密封圈,它的内部有直角形圆环铁骨架支撑着,密封圈的内边围着一条螺旋弹簧,把内边收紧在轴上来进行密封。这种密封圈主要用作液压泵、液压马达和回转式液压缸的伸出轴的密封,以防止油液漏到壳体外部。它的工作压力一般不超过 0.1 MPa,最大允许线速度为 4~8 m/s,须在有润滑情况下工作。

任务实施

在中压系统中,已知泵的额定流量为 $q_e = 6$ L/min,油箱的有效容量为

$$V = (5 \sim 7)q_e = (5 \sim 7) \times 6 = (30 \sim 42)(\text{L})。$$

在油箱内必须安装液压泵吸油管过滤器。液压泵的吸油管上一般应安过滤精度较低的网式过滤器。过滤器与箱底间的距离不应小于 20 mm。

知识链接

其他液压辅元件

1. 压力表

压力表用于观察液压系统中各工作点,如液压泵出口、减压阀之后等的压力,以便于操作人员把系统调整到要求的工作压力。

压力表的种类很多,最常用的是弹簧管式压力表,如图 6-18(a)所示。当压力油进入扁截面金属弯管 1 时,弯管变形使其曲率半径加大,端部

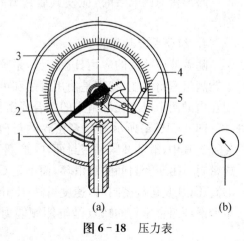

图 6-18　压力表

的位移通过杠杆 4 使齿扇 5 摆动。于是,与齿扇 5 啮合的小齿轮 6 带动指针 2 转动,此时就可在刻度盘 3 上读出压力值。图 6-18(b)所示为压力表的图形符号。

2. 压力表开关

压力表开关用于接通或断开压力表与测量点油路的通道,有一点式、三点式、六点式等类型。多点压力表开关可按需要分别测量系统中多点处的压力。图 6-19 所示为六点式压力表开关,图示位置为非测量位置,此时压力表油路经小孔 a、沟槽 b 与油箱接通;若将手柄向右推进去,沟槽 b 将把压力表与测量点接通,并把压力表通往油箱的油路切断,这时便可测出该测量点的压力;若将手柄转到另一个位置,便可测出另一点的压力。

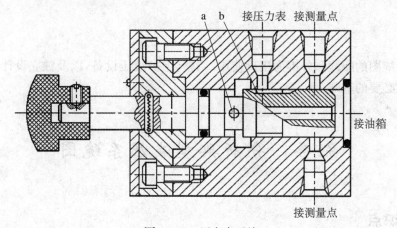

图 6-19 压力表开关

思考与练习

一、填空题

1. Y 形密封圈是(　　　)密封,它除靠密封圈的微小过盈量实现初始密封外,其密封主要是在压力油作用下(　　　)。
2. 蓄能器的作用是将液压系统中的(　　　)存起来,在需要的时候又重新放出。
3. 蓄能器可分为(　　　)、(　　　)、(　　　)3 种。
4. 滤油器的过滤精度是指(　　　)。

二、简答题

1. 简述蓄能器的作用。
2. 常用的过滤器有哪几种类型?各有什么特点?举出滤油器的各种可能安装的位置。
3. 简述油箱的作用,设计时应考虑哪些问题?
4. 油管和管接头的类型有哪些?分别适用什么场合?
5. 常用的密封装置有哪些?各具备哪些特点?主要应用于液压元件哪些部位的密封?

学习情境七

·液压与气动技术·

典型液压系统图的阅读和分析

液压系统图的阅读和分析为正确使用、调整、维护液压设备,以及独立设计较简单的液压系统奠定必要的基础。

任务 分析典型液压系统图

知识点

(1) 阅读和分析液压系统图的方法及步骤。
(2) 各种液压基本回路的组成和特点。

技能点

(1) 掌握阅读和分析液压系统图的方法及步骤。
(2) 能根据动作和工作循环,参照电磁铁动作顺序表,读懂液流流动路线。
(3) 归纳液压系统的工作特点,加深对系统的理解。

任务引入

图 7-1 所示是组合机床上的 YT4543 型动力滑台,图 7-2 所示为其液压系统原理图。请分析该液压系统图,总结液压基本回路,归纳液压系统特点。

图 7-1 组合机床 YT4543 型动力滑台

学习情境七 典型液压系统图的阅读和分析

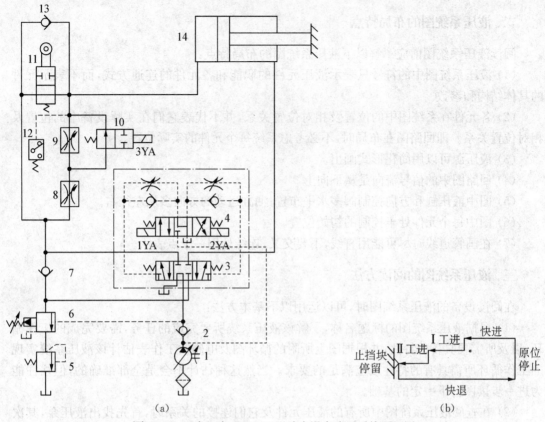

图 7-2 组合机床 YT4543 型动力滑台液压系统原理图

任务分析

液压系统由各种不同功能的基本回路组成,其原理一般用液压系统图来表示。在液压系统图中,各个液压元件及它们之间的连接与控制方式,均按标准图形符号画出。

本任务将通过对典型液压系统的分析,学会阅读液压系统原理图和分析液压系统的方法,进一步加深对各种液压元件和回路的理解,增强综合应用能力。

相关知识

一、阅读液压系统图的基本要求

(1) 熟悉各液压元件(特别是各种阀和变量机构)的工作原理和特性。
(2) 熟悉液压系统中的各种控制方式及液压图形符号的含义与标注。
(3) 掌握液压传动的基础知识,了解液压系统基本回路的组成特点和液压传动的基本参数等。

除上述的基本要求以外,还应多读多练,特别要多读各种典型设备的液压系统图,了解它们的特点,做到触类旁通、举一反三,熟能生巧。

二、液压系统图的布局特点

阅读液压系统图前应了解以下液压系统图的布局特点：

(1) 液压系统图中的符号只表示液压元件的职能和各元件的连通方式，而不表示元件的具体结构和参数。

(2) 各元件在系统图中的位置及相对位置关系，并不代表它们在实际设备中的位置及相对位置关系。即回路图在布局时，不必考虑系统每个元件的实际位置。

(3) 液压源可以用简化形式画出。

(4) 回路图中的信号流向是从下向上。

(5) 图中液压缸和方向控制阀多水平布置；油缸运动的方向多从左往右。

(6) 图中每个元件处于控制的初始位置。

(7) 在画管道线时尽可能用直线，不要交叉，连结处用一个点表示。

三、液压系统图的阅读方法

在阅读设备的液压系统图时，可以运用以下基本方法：

(1) 根据液压系统图的标题名称，了解该液压系统所要完成的任务，需要完成的工作循环，以及所需要具备的特性，并根据图上所附的循环图及电磁铁工作表估计该液压系统实现的工作循环所需具有的特性或应满足的要求。当然这种估计不会是全部准确的，但往往能为进一步读图打下一定的基础。

(2) 在查阅液压系统图中所有的液压元件及它们连接的关系时，首先找出液压泵，其次找出执行机构（液压缸或液压马达）；然后是各种控制操纵装置及变量机构，最后是辅助装置。要特别注意各种控制操作装置和变量机构的工作原理、控制方式及各种发信号的元件（如挡块、行程开关、压力继电器等）的内在关系。要弄清楚各个液压元件的类型、工作原理、性能和规格，估计它们在系统中的作用。

(3) 对于复杂的液压系统图，要以执行元件为中心，将系统分解为若干个子系统。在分析执行机构实现各种动作的油路时，最好从执行机构的两个油口开始到液压泵，将各液压元件及各油路分别编码表示，以便用简要的方法画出油路路线。注意区分执行机构的主油路及控制油路。

(4) 液压系统有各种工作状态。在分析油路路线时，可先按图面所示状态进行分析，然后再分析其他工作状态。在分析每一工作状态时，首先要分析换向阀和其他一些控制操作元件（开停阀、顺序阀、溢流阀等）的通路状态和控制油路的通路情况，然后再分别分析各个主油路。要特别注意液压系统中的一个工作状态转换到另一个工作状态，是由哪些元件发出信号的，是使哪些换向阀或其他操纵控制元件动作改变通路状态而实现的。对于一个工作循环，应在一个动作的油路分析完以后，接着做下一个动作油路的分析，直到全部动作的油路分析依次做完为止。

四、液压系统图的阅读步骤

掌握基本的识图方法后，可以按以下几个步骤阅读和分析液压系统图：

(1) 了解液压设备的任务以及完成该任务应具备的动作要求和特性，即弄清任务和要求。

(2) 在液压系统图中找出实现上述动作要求所需的执行元件,并搞清其类型、工作原理及性能。

(3) 找出系统的动力元件,并弄清其类型、工作原理、性能以及吸排油情况。

(4) 理清各执行元件与动力元件的油路联系,并找出该油路上相关的控制元件,弄清其类型、工作原理及性能,从而将一个复杂的系统分解成若干个子系统。

(5) 分析各子系统的工作原理,即分析各子系统由哪些基本回路所组成,每个元件在回路中的功用及其相互间的关系,实现各执行元件的各种动作的操作方法,弄清油液流动路线。写出进、回油路线,从而弄清各子系统的基本工作原理。

(6) 分析各子系统之间的关系,如动作顺序、互锁、同步、防干扰等,搞清这些关系是如何实现的。

在读懂系统图后,盘点液压基本回路,归纳液压系统特点,加深对系统的理解。

任务实施

YT4543 型动力滑台液压系统分析

一、了解设备的功用和要求

动力滑台是组合机床上用来实现进给运动的通用部件。根据加工要求,滑台上可安装各种用途的切削头或工件,以完成钻、扩、铰、镗、刮端面、倒角、铣削及攻丝等多种工序。由液压缸驱动的动力滑台称为液压动力滑台。组合机床上的 YT4543 型液压动力滑台能完成典型工作循环:快进→Ⅰ工进→Ⅱ工进→止挡块停留→快退→原位停止。

YT4543 型动力滑台能承受最大负载为 45 000 N,具有 6.6~660 mm/min 的进给速度范围,能以 6.5 m/min 的速度实现快速前进和快速退回。其液压系统是一种以速度调节和变换为主的典型液压系统。这种系统通常有如下要求:

① 一般能实现工作部件的自动工作循环,且生产率较高;

② 快速前进与工作进给时,速度与负载相差甚大;

③ 要求进给速度平稳、刚性大,有一定的调速范围;

④ 进给行程终点的重复位置精度要求高;

⑤ 应能严格实现顺序动作。

二、YT4543 型动力滑台液压系统的工作原理分析

YT4543 型动力滑台液压系统电磁铁、行程阀、压力继电器动作,见表 7-1。

表 7-1 电磁铁、行程阀和压力继电器动作表

工作循环	电磁铁			行程阀	压力继电器
	1YA	2YA	3YA		
快进	+	−	−	−	−
Ⅰ工进	+	−	−	+	−
Ⅱ工进	+	−	+	+	−

(续表)

工作循环	电磁铁			行程阀	压力继电器
	1YA	2YA	3YA		
止挡块停留	+	−	+	+	+
快退	−	+	−	±	±
原位停止	−	−	−	−	−

1. 系统动作原理分析

(1) 快进 按下启动按钮,快进时系统压力低,液控顺序阀6关闭,变量泵1输出最大流量。电磁铁1YA通电。电液换向阀的先导阀4处于左位,使主阀3也处于左位工作。其主油路如下:

① 进油路:1→2→3(左位)→11(下位)→缸(左腔)。

② 回油路:缸(右腔)→3(左位)→7→11(下位)→缸(左腔)。

这时液压缸两腔连通,滑台差动快进。

(2) 第一次工作进给 在快进终了时,滑台上的挡块压下行程阀11,切断了快速运动的进油路。压力油只能通过调速阀8和二位二通电磁阀10(左位)进入液压缸左腔,系统压力升高,液控顺序阀6开启,且泵的流量也自动减小。其主油路如下:

① 进油路:1→2→3(左位)→8→10(左位)→缸(左腔)。

② 回油路:缸(右腔)→3(左位)→6→5→油箱。

滑台实现由调速阀8调速的第一次工作进给,回油路上有阀6作背压阀。

(3) 第二次工作进给 当第一次工作进给终了时,挡块压下行程开关,使电磁铁3YA通电,二位二通电磁阀10右位工作,压力油必须通过调速阀8和9进入液压缸左腔。其主油路如下:

① 进油路:1→2→3(左位)→8→9→缸(左腔)。

② 回油路:缸(右腔)→3(左位)→6→5→油箱。

由于调速阀9的通流截面积比调速阀8的通流截面积小,因而滑台实现由阀9调速的第二次工作进给。

(4) 止挡块停留 滑台以第二次工作进给速度前进,液压缸碰到滑台座前端的止挡块后停止运动。这时液压缸左腔压力升高,当压力升高到压力继电器12的开启压力时,压力继电器发信号给时间继电器,由时间继电器延时控制滑台停留时间。这时的油路与第二次工作进给的油路相同,但系统内油液已停止流动,液压泵的流量已减至很小,仅用于补充泄漏油。

(5) 快退 时间继电器经延时后发出信号,使电磁铁2YA通电,1YA、3YA断电。这时电磁换向阀4右位工作,液动换向阀3也换为右位工作。其主油路如下:

① 进油路:1→2→3(右位)→缸(右腔)。

② 回油路:缸(左腔)→13→3(右位)→油箱。

因滑台返回时为空载,系统压力低,变量泵的流量又自动恢复到最大值,故滑台快速退回到第一次工进起点时,行程阀11复位。

(6) 原位停止 当滑台快速退回到其原始位置时,挡块压下原行程开关,使电磁铁 2YA 断电,电磁换向阀 4 恢复至中位,液动换向阀 3 也恢复至中位,液压缸两腔油路被封闭,滑台被锁紧在起始位置上。

2. 系统主要元件的功用分析

(1) 元件 1 为限压式变量叶片泵,供油压力不大于 6.3 MPa,和调速阀一起组成容积节流调速回路。

(2) 元件 2、7、13 均为单向阀,2 起防止油液倒流而保护液压泵的作用,7 构成快进阶段的差动连接,13 实现快退时的单向流动。

(3) 元件 3、4 组合成三位五通电液动换向阀。其中,3 为三位五通液动换向阀,作主阀用;4 为三位四通电磁换向阀,作先导阀用。该组合阀控制液压缸启停和换向。

(4) 元件 5 是溢流阀,串接在回油管路中,起背压阀作用,可调定回油路的背压,以提高液压系统工作时的运动平稳性。

(5) 元件 8、9 为调速阀,串接在液压缸进油管路上,为进油节流调速方式。两阀分别调节第一次工作进给和第二次工作进给的速度。

(6) 元件 10 为二位二通电磁换向阀,和调速阀 9 并联,用于换接两种不同进给速度。图示位置其电磁铁 3YA 断电时,调速阀 9 被短接,实现第一次工进;当电磁铁 3YA 通电时,调速阀 8 与调速阀 9 串接,实现第二次工进。

(7) 元件 11 为二位二通机动换向阀,和调速阀 8、9 并联,用于液压缸快进与工进的换接。当行程挡铁未压到它时,压力油经此阀进入液压缸,实现快进;当行程挡铁将它压下时,压力油只能通过调速阀进入液压缸,实现工进。

(8) 元件 12 是压力继电器,它装在液压缸工作进给时的进油腔附近。当工作进给结束,碰到固定挡铁停留时,进油路压力升高,压力继电器动作,发出快退信号,使电磁铁 1YA 断电、2YA 通电,液压缸运动方向转换。

(9) 元件 14 为缸体移动、活塞固定式双作用单活塞杆液压缸,用于实现两个方向的不同进退速度。

三、YT4543 型动力滑台液压系统的特点

YT4543 型动力滑台的液压系统是能完成较复杂工作循环的典型的单缸中压系统,其特点是:

(1) 系统采用了限压式变量叶片泵和调速阀组成的容积节流调速回路,且在回油路上设置背压阀。能获得较好的速度刚性和运动平稳性,并可减少系统发热。

(2) 电液动换向阀的换向回路,发挥了电液联合控制的优点,主油路换向平稳、无冲击。

(3) 用液压缸差动连接的快速回路,简单可靠,能源利用合理。

(4) 行程阀和液控顺序阀实现快进与工进速度的转换,使速度转换平稳、可靠且位置准确。采用两个串联的调速阀及用行程开关控制的电磁换向阀,可实现两种工进速度的转换。由于进给速度较低,故也能保证换接精度和平稳性的要求。

(5) 压力继电器发信号,控制滑台反向退回,方便可靠。止挡块的采用还能提高滑台工进结束时的位置精度。

知识链接

其他典型液压系统分析

一、YA32-200型四柱万能液压机液压系统分析

图7-3所示为YA32-200型四柱万能液压机液压系统原理图,该液压机主液压缸的最大压制力为2 000 kN。液压机要求液压系统完成的动作有主液压缸驱动滑块快速下行、慢速加压、保压延时、快速返回,以及在任意点停止和顶出活塞缸的顶出、退回等。在做薄板拉伸时,有时还需要利用顶出缸将坯料压紧,以防周边起皱,这时顶出缸下腔需要保持一定压力,并随着主缸滑块的下压而下降。

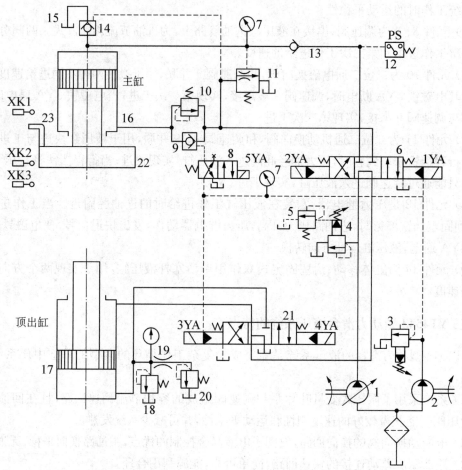

图7-3 YA32-200型四柱万能液压机液压系统原理图

1. 设备功用和要求

液压机是锻压、冲压、冷挤、校直、弯曲、粉末冶金、塑料制品的压制成型等工艺中广泛应用的压力加工机械,它是最早应用液压传动的机械之一。这种机械的液压系统通常以压力变化为主,有如下要求:

(1) 液压系统中压力要能经常变换和调节,并能产生较大的压力(吨位)以满足工况要求。

(2) 空程时速度大,加压时推力大、系统功率大,且要求功率利用率高。

(3) 空程与压制时,速度与压力相差甚大,系统多采用高、低压泵组或恒功率变量泵供油系统,以满足低压快速行程和高压慢速行程的要求。

2. YA32-200型四柱万能液压机液压系统的工作原理

表7-2为YA32-200型四柱万能液压机液压系统的电磁铁动作顺序表,工作原理分析如下。

表7-2 电磁铁动作顺序表

动作	元件	1YA	2YA	3YA	4YA	5YA
主缸	快速下行	+	−	−	−	+
	慢速加压	+	−	−	−	−
	保压	−	−	−	−	−
	卸压回程	−	+	−	−	−
	停止	−	−	−	−	−
顶出缸	顶出	−	−	+	−	−
	退回	−	−	−	+	−
	压边	+	−	(±)	−	−

(1) 主缸运动 包括以下几个步骤:

① 快速下行。按下启动按钮,电磁铁1YA、5YA通电,低压控制油使电液阀6切换至右位,并通过阀8使液控单向阀9打开。

● 进油路:泵1—阀6右位—单向阀13—主缸16上腔。

● 回油路:主缸16下腔—阀9—阀6右位—阀21中位—油箱。

此时,主缸滑块22在自重作用下快速下降,置于液压缸顶部的充液箱15内的油液经液控单向阀14进入主缸上腔补油。

② 慢速加压。当主缸滑块22上的挡块23压向行程开关XK2时,电磁铁5YA断电,阀8处于常态,阀9关闭。主缸回油为:主缸16下腔—背压(平衡)阀10—阀6右位—阀21中位—油箱。压力油推动活塞使滑块慢速接近工件,当主缸活塞接触工件后,阻力急剧增加,上腔油压进一步升高,变量泵1的排油量自动减小,主缸活塞的速度降低。

③ 保压。当主缸上腔的压力达到预定值时,压力继电器12发出信号,使电磁铁1YA断电,阀6回复中位,泵1经阀6、阀21中位卸荷。用单向阀13实现保压,保压时间可由时间继电器调定。

④ 卸压回程。时间继电器发出信号,使电磁铁2YA通电,主缸处于回程状态,保压过程结束。

当电液阀6切换至左位后,主缸上腔还未卸压,压力很高,卸荷阀11(带阻尼孔)呈开启状态,主泵1的压力油经阀11中的阻尼孔回油。这时主泵1在较低压力下运转,此压力不足以使主缸活塞回程,但能打开液控单向阀14中锥阀上的卸荷阀芯,主缸上腔的高压油经此卸荷阀芯的开口而泄回充液油箱15,这是卸压过程。这一过程持续到主缸上腔的压力降低,由主缸上腔压力油控制的卸荷阀11的阀芯开口量逐渐减小,使系统的压力升高,并推开液控单向阀 14 中的主阀芯,主缸开始快速回路。

⑤ 停止。当主缸滑块上的挡铁 23 压向行程开关 XK1 时,电磁铁 2YA 断电,主缸活塞停止运动。此时油路为:泵 1—电液阀 6—阀 21—油箱。泵处于卸荷状态。

(2) 顶出缸活塞顶出与退回　包括以下几个步骤:

① 顶出。按下启动按钮,3YA 通电,压力油路为:泵 1—电液阀 6 中位—阀 21 左位—顶出缸下腔;上腔油液经阀 21 回油箱,顶出缸活塞上升。

② 退回。3YA 断电、4YA 通电时,电液阀 21 换向,右位接入回路,顶出缸的活塞下降。

(3) 浮动压边　做薄板拉伸压边时,要求顶出缸的压力既保持一定,又能随着主缸滑块的下压而下降。这时,在主缸动作前 3YA 通电,顶出缸顶出后 3YA 立即又断电,顶出缸下腔的油液被阀 21 封住;当主缸滑块下压时,顶出缸活塞被迫随之下行,顶出缸下腔回油经节流器 19 和背压阀 20 流回油箱,从而建立起所需的压边力。图中的溢流阀 18 当节流器 19 阻塞时,起安全保护作用。

3. YA32-200 型四柱万能液压机液压系统的特点

采用高压大流量恒功率变量泵供油,既符合工艺要求,又节省能量,这是液压机液压系统的一个特点。

系统利用管道和油液的弹性变形来实现保压,方法简单,但对单向阀的密封性能要求较高。

系统中上、下两缸的动作协调是由两个换向阀互锁来保证的。只有换向阀 6 处于中位,主缸不工作时,压力油才能进入阀 21,使顶出缸运动。

为了减少由保压转换为快速回程时的液压冲击,系统中采用了卸荷阀 11 和液控单向阀 14 组成泄压回路。

二、MJ-50 型数控车床的液压传动系统分析

图 7-4 所示是 MJ-50 型数控车床的液压传动系统的原理图,所能实现的动作和相应所需电磁铁的信号见表 7-3。

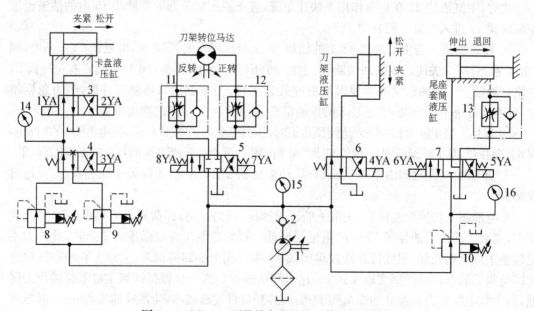

图 7-4　MJ-50 型数控车床的液压传动系统原理

表 7-3 各电磁铁的动作顺序

动作		电磁铁	1YA	2YA	3YA	4YA	5YA	6YA	7YA	8YA
卡盘正卡	高压	夹紧	+	−	−	−	−	−	−	−
		松开	−	+	−	−	−	−	−	−
	低压	夹紧	+	−	+	−	−	−	−	−
		松开	−	+	+	−	−	−	−	−
卡盘反卡	高压	夹紧	−	+	−	−	−	−	−	−
		松开	+	−	−	−	−	−	−	−
	低压	夹紧	−	+	+	−	−	−	−	−
		松开	+	−	+	−	−	−	−	−
刀架		正转	−	−	−	−	−	−	−	+
		反转	−	−	−	−	−	−	+	−
		松开	−	−	−	−	−	−	−	−
		夹紧	−	−	−	−	−	−	−	−
尾座		套筒伸出	−	−	−	−	−	+	−	−
		套筒退回	−	−	−	−	+	−	−	−

1. 设备的功用和要求

装有程序控制系统的车床,简称为数控车床。在数控车床上进行车削加工,自动化程度高,能获得较高的加工质量。目前,在数控车床上大多应用了液压传动技术。MJ-50型数控车床的液压传动系统能实现的动作有卡盘的夹紧与松开、刀架的夹紧与松开、刀架的正转与反转、尾座套筒的伸出与缩回。液压传动系统中,各电磁阀的电磁铁动作由数控系统的PC控制实现。

2. 液压系统工作原理分析

机床的液压系统采用单向变量泵供油,泵输出的压力油经过单向阀进入系统,其工作原理如下。

(1) 卡盘的夹紧与松开 当卡盘处于正卡(或称外卡),且在高压夹紧状态下时,夹紧力的大小由减压阀8来调整,夹紧压力由压力计14来显示。当1YA通电时,阀3左位工作,系统压力油经阀8、阀4、阀3到液压缸右腔,液压缸左腔的油液经阀3直接回油箱,这时活塞杆左移、卡盘夹紧;反之,当2YA通电时,阀3右位工作,系统压力油经阀8、阀4、阀3到液压缸左腔,液压缸右腔的油液经阀3直接回油箱,活塞杆右移、卡盘松开。

当卡盘处于正卡,且在低压夹紧状态下时,夹紧力的大小由减压阀9来调整。这时,3YA通电,阀4右位工作。阀3的工作情况与高压夹紧时相同,卡盘反卡(或称内卡)时的工作情况与正卡相似,不再赘述。

(2) 回转刀架的回转 回转刀盘分系统有两个执行元件,刀盘的松开与夹紧由液压缸执行,而液压马达则驱动刀盘回转。回转刀架换刀时,首先是刀架松开,然后刀架转位到指定的位置,最后刀架复位夹紧。当4YA通电时,阀6右位工作,刀架松开。当8YA通电时,液压马达带动刀架正转,转速由单向调速阀11控制。若7YA通电,则液压马达带动刀架反转,转速由单向调速阀12控制。当4YA断电时,阀6左位工作,液压缸使刀架夹紧。

(3) 尾座套筒的伸缩运动　当6YA通电时,阀7左位工作,系统压力油经减压阀10、换向阀7到尾座套筒液压缸的左腔,液压缸右腔油液经单向调速阀13、阀7回油箱,缸筒带动尾座套筒伸出,伸出时的预紧力大小通过压力计16显示。反之,当5YA通电时,阀7右位工作,系统压力油经减压阀10、换向阀7、单向调速阀13到液压缸右腔,液压缸左腔的油液经阀7流回油箱,套筒缩回。

3. 液压系统的特点

(1) 采用单向变量液压泵向系统供油,能量损失小。

(2) 用换向阀控制卡盘,实现高压和低压夹紧的转换,并且分别通过减压阀调节高压或低压夹紧压力的大小,这样可根据工件情况调节夹紧压力,操作方便、简单、可靠。

(3) 用液压马达实现刀架的转位,可实现无级调速,并能控制刀架正、反转。

(4) 用换向阀控制尾座套筒液压缸的换向,以实现套筒的伸出或缩回,并通过减压阀调节尾座套筒伸出工作时的预紧力大小,以适应不同工件的需要。

(5) 图7-4中的压力计14、15、16可分别显示系统相应处的压力,以便于故障诊断和调试。

三、Q2-8型汽车起重机的液压传动系统分析

1. 设备的功用和要求

汽车起重机是应用较广的一类起重运输机械。它机动性好、承载能力大、适应性强,能在温度变化大、环境条件较差的场合工作。

在图5-9所示的Q2-8型汽车起重机外形图中,它由汽车1、转台2、支腿3、吊臂变幅液压缸4、基本臂7、吊臂伸缩液压缸5和起升机构6等组成。它的最大起重量为80 kN,最大起重高度为11.5 m。

2. 液压系统的工作原理

Q2-8型汽车起重机的液压传动系统,如图7-5所示。该系统属于中高压系统,用一个轴向柱塞泵作动力源,由汽车发动机通过传动装置(取力箱)驱动工作。整个系统由支腿收放、转台回转、吊臂伸缩、吊臂变幅和吊重起升5个工作支路组成。其中,前、后支腿收放支路的换向阀A、B组成一个阀组(双联多路阀,图中的阀1),其余四支路的换向阀C、D、E、F组成另一阀组(四联多路阀,图中的阀2)。各换向阀均为M型中位机能的三位四通手动阀,相互串联组合,可实现多缸卸荷。根据起重工作的具体要求,操纵各阀不仅可以分别控制各执行元件的运动方向,还可以通过控制阀芯的位移量来实现节流调速。

系统中除液压泵、安全阀、阀组1及支腿液压缸外,其他液压元件都装在可回转的上车部分。油箱也装在上车部分,兼作配重。上车和下车部分的油路通过中心旋转接头9连通。

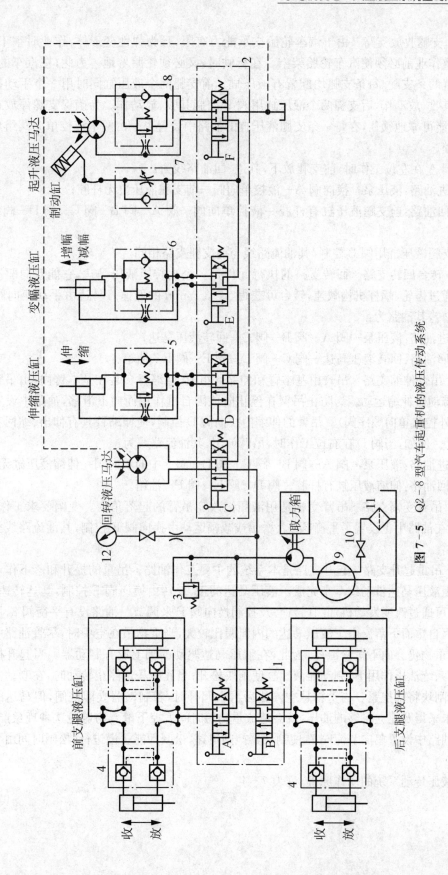

图 7-5 Q2-8 型汽车起重机的液压传动系统

(1) 支腿收放支路　由于汽车轮胎支承能力有限,且为弹性变形体,作业时很不安全,故在起重作业前必须使汽车轮胎架空。在行驶时,又必须轮胎着地。为此,在汽车的前、后端各设置两条支腿,每条支腿均配置有液压缸。前支腿两个液压缸同时用一个手动换向阀 A 控制其收、放动作,后支腿两个液压缸用阀 B 控制其收、放动作。为确保支腿停放在任意位置,并能可靠地锁住,在每一条支腿液压缸的油路中设置一个由两个液控单向阀组成的双向液压锁。

当阀 A 在左位工作时,前支腿放下,其进、回油路线为:

① 进油路:液压泵—换向阀 A—液控单向阀—前支腿液压缸无杆腔;

② 回油路:前支腿液压缸有杆腔—液控单向阀—阀 A—阀 B—阀 C—阀 D—阀 E—阀 F—油箱。

后支腿液压缸用阀 B 控制,其油流路线与前支腿支路相同。

(2) 转台回转支路　回转支路的执行元件是一个大转矩液压马达,它能双向驱动转台回转。通过齿轮、蜗杆机构减速,转台可获得 $1\sim 3$ r/min 的低速。马达由手动换向阀 C 控制正、反转,其油路为:

① 进油路:液压泵—阀 A—阀 B—阀 C—回转液压马达;

② 回油路:回转液压马达—阀 C—阀 D—阀 E—阀 F—油箱。

(3) 吊臂伸缩支路　吊臂由基本臂和伸缩臂组成,伸缩臂套装在基本臂内,由吊臂伸缩液压缸带动做伸缩运动。为防止吊臂在停止阶段因自重作用而向下滑移,油路中设置了平衡阀 5(外控式单向顺序阀)。吊臂的伸缩由换向阀 D 控制,使伸缩臂具有伸出、缩回和停止 3 种工况。例如,当阀 D 在右位工作时,吊臂伸出,其油流路线为:

① 进油路:液压泵—阀 A—阀 B—阀 C—阀 D—阀 5 中的单向阀—伸缩液压缸无杆腔;

② 回油路:伸缩液压缸有杆腔—阀 D—阀 E—阀 F—油箱。

(4) 吊臂变幅支路　吊臂变幅是用液压缸改变吊臂的起落角度。变幅要求工作平稳、可靠,故在油路中也设置了平衡阀 6。增幅或减幅运动由换向阀 E 控制,其油流路线类似于伸缩支路。

(5) 吊重起升支路　起升支路是本系统的主要工作油路。吊重的提升和落下作业由一个大转矩液压马达带动绞车来完成。液压马达的正、反转由换向阀 F 控制,马达转速(即起吊速度)可通过改变发动机油门(转速)及控制换向阀 F 来调节。油路设有平衡阀 8,用以防止重物因自重而下落。由于液压马达的内泄漏比较大,当重物吊在空中时,尽管油路中设有平衡阀,重物仍会向下缓慢滑移,为此,在液压马达驱动的轴上设有制动器。当起升机构工作时,在系统油压作用下,制动器液压缸使闸块松开;当液压马达停止转动时,在制动器弹簧作用下,闸块将轴抱紧。当重物悬空停止后再次起升时,若制动器立即松闸,但马达的进油路可能未来得及建立足够的油压,就会造成重物短时间失控下滑。为避免这种现象产生,在制动器油路中设置单向节流阀 7,使制动器抱闸迅速,松闸却能缓慢进行(松闸时间由节流阀调节)。

该液压传动系统的动作原理,见表 7-4。

学习情境七 典型液压系统图的阅读和分析

表 7-4 Q2-8型汽车起重机液压传动系统的动作原理

手动阀位置						系统工作情况					
A	B	C	D	E	F	前支腿液压缸	后支腿液压缸	回转液压马达	伸缩液压缸	变幅液压缸	起升液压马达	制动液压缸
左	中	中	中	中	中	放下	不动	不动	不动	不动	不动	制动
右	中	中	中	中	中	收起	不动	不动	不动	不动	不动	制动
中	左	中	中	中	中	不动	放下	不动	不动	不动	不动	制动
中	右	中	中	中	中	不动	收起	不动	不动	不动	不动	制动
中	中	左	中	中	中	不动	不动	正转	不动	不动	不动	制动
中	中	右	中	中	中	不动	不动	反转	不动	不动	不动	制动
中	中	中	左	中	中	不动	不动	不动	缩回	不动	不动	制动
中	中	中	右	中	中	不动	不动	不动	伸出	不动	不动	制动
中	中	中	中	左	中	不动	不动	不动	不动	减幅	不动	制动
中	中	中	中	右	中	不动	不动	不动	不动	增幅	不动	制动
中	中	中	中	中	左	不动	不动	不动	不动	不动	正转	松开
中	中	中	中	中	右	不动	不动	不动	不动	不动	反转	松开

3. 液压系统的特点

（1）系统中采用了平衡回路、锁紧回路和制动回路，能保证起重机工作可靠、操作安全。

（2）采用三位四通手动换向阀，不仅可以灵活、方便地控制换向动作，还可通过手柄操纵来控制流量，以实现节流调速。在起升工作中，将此节流调速方法与控制发动机转速的方法结合使用，可以实现各工作部件微速动作。

（3）换向阀串联组合，不仅各机构的动作可以独立进行，而且在轻载作业时，可实现起升和回转复合动作，以提高工作效率。

（4）各换向阀处于中位时系统即卸荷，能减少功率损耗，适于起重机间歇性工作。

思考与练习

简述题

1. 简述YT4543型动力滑台液压系统是由哪些液压基本回路组成的，如何实现差动连接的，采用止挡块停留有何作用。

2. 简述YA32-200型四柱万能液压机液压系统的特点。

3. 试分析图7-6所示液压系统的工作情况，并说明其中A、B、C、D、E、F各元件分别起什么作用。

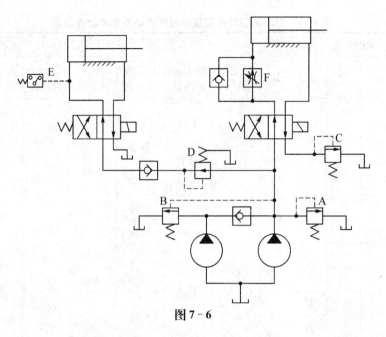

图 7-6

4. 图 7-7 所示是一台专用铣床的液压系统,请写出序号所指元件的名称,并分析每个动作的油路情况和填写相应的电磁铁信号动作。

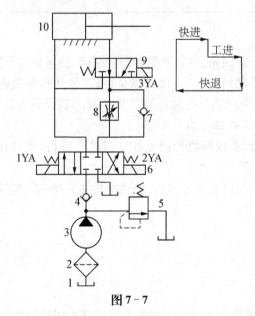

图 7-7

动作循环	电磁铁	1YA	2YA	3YA
快进				
工进				
快退				
停止				

5. 如图 7-8 所示是压力机液压系统，可以实现快进—工进—保压、停留—快退—停止的动作循环，试阅读此系统并指出：
   (1) 各元件的名称和功用； (2) 各动作的油路情况。

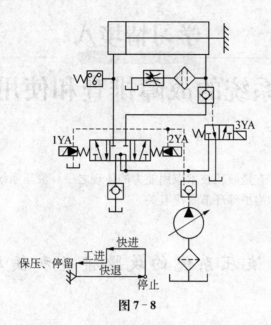

图 7-8

6. 用所学过的液压元件设计一个完成快进—Ⅰ工进—Ⅱ工进—快退动作循环的液压传动系统，并画出电磁铁的动作表，指出该系统的特点。

学习情境八

液压系统的故障排查和使用维护

液压系统的故障排查是液压技术应用能力的体现之一。液压系统的工作效果与液压系统的安装、调试、使用和维护等环节直接有关。

任务　液压系统的故障排查和使用维护

知识点

(1) 液压系统故障分析与检查的一般方法。
(2) 液压系统的常见故障现象。
(3) 液压系统的安装、调试方法和维护要求。

技能点

(1) 加深对液压元件和液压系统工作原理的理解,掌握液压系统故障分析和排除的方法。
(2) 掌握液压系统的安装、调试和维护方法。

任务引入

图 7-2 所示组合机床 YT4543 型动力滑台的液压系统可实现多种进给工作循环。工作中,如果出现压力调不上去、进给速度过大或过小、负荷增大时进给速度显著下降、负荷不变时进给速度逐渐下降、工作部件爬行、出现噪音等问题,该如何排查原因?

任务分析

液压设备出现故障时,分析故障的原因和排除故障一般是比较困难的。这要求对液压元件和液压系统工作原理有较深的理解，要求掌握液压系统故障分析与检查的一般方法，更有赖于实践的积累，有时需要通过一些辅助性试验来查找。有关液压系统中各种故障的现象、原因及排除措施，也常可作为参考。

一、液压系统故障分析与检查的一般方法

1. 四觉诊断法

所谓四觉诊断法，即检修人员运用触觉、视觉、听觉和嗅觉来分析、判断液压系统的故障。

（1）触觉　即检修人员根据触觉，判断油温的高低和元件及其管道振动的大小。

（2）视觉　机构运动无力、运动不平稳、泄漏和油液变色等现象，倘若检修人员有一定的经验，完全可以凭视觉的观察，做出一定的判断。

（3）听觉　即指检修人员通过听觉，根据液压泵和液压马达的异常声响、溢流阀的尖叫声及油管的振动等来判断噪声和振动的大小。

（4）嗅觉　即指检修人员通过嗅觉，判断油液变质和液压泵发热烧结等故障。

2. 逻辑分析法

所谓逻辑分析法，即指根据液压系统的基本原理，进行逻辑分析，减少怀疑对象，逐渐逼近，找出故障发生部位的方法。故障逻辑分析的基本步骤，如图8-1所示。

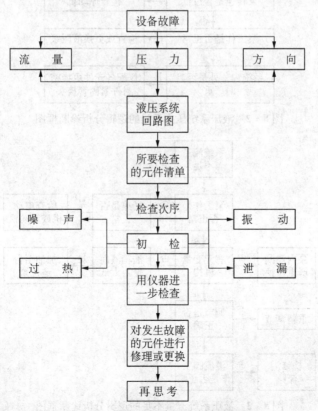

图 8-1　故障逻辑分析基本步骤框图

（1）液压系统工作不正常，可归纳为压力、流量和方向3大问题。

（2）审核液压系统回路图，并检查各元件，确认其性能和作用，初步评定其质量状况。

（3）列出故障有关元件清单。应当注意，要充分运用判断力，不要漏掉任何一个对故障有重要影响的元件。

（4）对清单中所列出的元件，按其检查的难易程度进行排队，并列出重点检查的元件和部位。

（5）初步检查，应判断元件的选用和装配是否合理，元件的测试方法是否正确；元件的外部信号是否合适，对外部信号是否有响应等；注意元件出现故障的先兆，如高温、噪声、振动和泄漏等。

（6）如果未检查出引起故障的元件，则应用仪器反复检查，直到检查出引起故障的元件。

（7）对发生故障的元件进行修理或更换。

（8）在重新启动设备前，要认真思考这次故障的前因和后果，并预测出可能出现故障的隐患，以便采取相应的技术措施。

液压系统压力不足的逻辑分析诊断框图，如图8-2所示；液压系统流量不足的逻辑分析诊断框图，如图8-3所示。

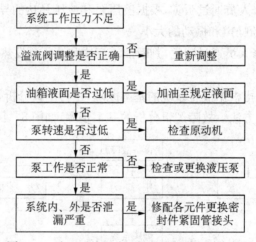

图8-2 液压系统压力不足的逻辑分析诊断框图

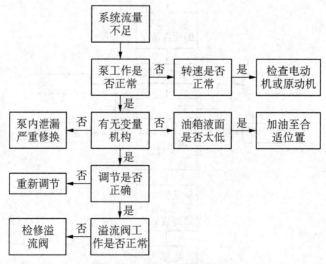

图8-3 液压系统流量不足的逻辑分析诊断框图

3. 仪器诊断法

利用各种压力计、流量计和温度计可检查液压系统的压力、流量及温度是否正常，用显微镜和粘度计等可检测油液的状态，用声级计可测噪声大小。铁谱仪可把液压油中的磨损颗粒和其他污染颗粒分离出来，并制成铁谱片，然后置于铁谱显微镜或扫描电子显微镜下观察，或按尺寸大小依次沉积在玻璃管内，应用化学方法定量检测。这种铁谱技术适用于工程机械液压系统油液污染程度的检测、磨损过程的分析和故障的诊断。

二、液压传动系统常见故障的产生原因及排除方法

液压传动系统常见故障的产生原因及排除方法，见表 8-1～8-6。

表 8-1　液压传动系统无压力或压力低的原因及排除方法

产生原因		排除方法
液压泵	电动机转向错误	改变转向
	零件磨损，间隙过大，泄漏严重	修复或更换零件
	油箱液面太低，液压泵吸空	补加油液
	吸油管路密封不严，造成吸空	检查管路，拧紧接头，加强密封
	压油管路密封不严，造成泄漏	检查管路，拧紧接头，加强密封
溢流阀	弹簧变形或折断	更换弹簧
	滑阀在开口位置卡住	修研滑阀使其移动灵活
	锥阀或钢球与阀座密封不严	更换锥阀或钢球，配研阀座
	阻尼孔堵塞	清洗阻尼孔
	远程控制口接回油箱	切断通油箱的油路
压力表损坏或失灵造成无压现象		更换压力表
液压阀卸荷		查明卸荷原因，采取相应措施
液压缸高低压腔相通		修配活塞，更换密封件
系统泄漏		加强密封，防止泄漏
油液粘度太低		提高油液粘度
温升过高，降低了油液粘度		查明发热原因，采取相应措施

表 8-2　运动部件换向有冲击或冲击大的原因及排除方法

产生原因		排除方法
液压缸	运动速度过快，没有设置缓冲装置	设置缓冲装置
	缓冲装置中单向阀失灵	修理缓冲装置中单向阀
	缓冲柱塞的间隙太小或过大	按要求修理，配置缓冲柱塞
节流阀开口过大		调整节流阀开口

(续表)

产生原因		排除方法
换向阀	换向阀的换向动作过快	控制换向速度
	液动阀的阻尼器调整不当	调整阻尼器的节流口
	液动阀的控制流量过大	减小控制油的流量
压力阀	工作压力调整太高	调整压力阀,适当降低工作压力
	溢流阀发生故障,压力突然升高	排除溢流阀故障
	背压过低或没有设置背压阀	设置背压阀,适当提高背压
垂直运动的液压缸没采取平衡措施		设置平衡阀
混入空气	系统密封不严,吸入空气	加强吸油管路密封
	停机时油液流空	防止元件油液流空
	液压泵吸空	补足油液,减小吸油阻力

表 8-3 运动部件爬行的原因及排除方法

产生原因		排除方法
系统负载刚度太低		改进回路设计
节流阀或调速阀流量不稳		选用流量稳定性好的流量阀
液压缸产生爬行	混入空气	排除空气
	运动密封件装配过紧	调整密封圈,使之松紧适当
	活塞杆与活塞不同轴	校正、修整或更换
	导向套与缸筒不同轴	修正调整
	活塞杆弯曲	校直活塞杆
	液压缸安装不良,中心线与导轨不平行	重新安装
	缸筒内径圆柱度超差	镗磨修复,重配活塞或增加密封件
	缸筒内孔锈蚀、毛刺	除去锈蚀、毛刺或重新镗磨
	活塞杆两端螺母拧得过紧,使其同轴度降低	略松螺母,使活塞杆处于自然状态
	活塞杆刚性差	加大活塞杆直径
	液压缸运动件之间间隙过大	减小配合间隙
	导轨润滑不良	保持良好润滑
混入空气	油箱液面过低,吸油不畅	补加液压油
	过滤器堵塞	清洗过滤器
	吸、回油管相距太近	将吸、回油管远离
	回油管未插入油面以下	将回油管插入油面之下
	吸油管路密封不严,造成吸空	加强密封
	机械停止运动时,系统油液流空	设背压阀或单向阀,防止油液流空

(续表)

产生原因		排除方法
油液污染	油污卡住液动机,增加摩擦阻力	清洗液动机,更换油液,加强过滤
	油污堵塞节流孔,引起流量变化	清洗液压阀,更换油液,加强过滤
	油液粘度不适当	用指定粘度的液压油
导轨	托板楔铁或压板调整过紧	重新调整
	导轨精度不高,接触不良	按规定刮研导轨,保持良好接触
	润滑油不足或选用不当	改善润滑条件

表 8-4　液压传动系统发热、油温升高的原因及排除方法

产生原因	排除方法
液压系统设计不合理,压力损失过大,效率低	改进回路设计,采用变量泵或卸荷措施
工作压力过大	降低工作压力
泄漏严重,容积效率低	加强密封
管路太细而且弯曲,压力损失大	加大管径,缩短管路,使油流通畅
相对运动零件间的摩擦力过大	提高零件加工装配精度,减小运动摩擦力
油液粘度过大	选用粘度适当的液压油
油箱容积小,散热条件差	增大油箱容积,改善散热条件,设置冷却器
由外界热源引起升温	隔绝热源

表 8-5　液压传动系统产生泄漏的原因及排除方法

产生原因	排除方法
密封件损坏或装反	更换密封件,改正安装方向
管接头松动	拧紧管接头
单向阀阀芯磨损,阀座损坏	更换阀芯,配研阀座
相对运动零件磨损,间隙过大	更换磨损的零件,减小配合间隙
某些铸件有气孔、砂眼等缺陷	更换铸件或维修缺陷
压力调整过高	降低工作压力
油液粘度太低	选用适当粘度的液压油
工作温度太高	降低工作温度或采取冷却措施

表 8-6　液压传动系统产生振动和噪声的原因及排除方法

产生原因	排除方法
液压泵本身或其进油管路密封不良或密封圈损坏、漏气	拧紧泵的连接螺栓及管路各管螺母或更换密封元件

(续表)

产生原因	排除方法
泵内零件卡死或损坏	修复或更换
泵与电动机联轴器不同心或松动	重新安装紧固
电动机振动,轴承磨损严重	更换轴承
油箱油量不足或泵吸油管过滤器堵塞,使泵吸空引起噪声	将油量加至油标处或清洗过滤器
溢流阀阻尼孔被堵塞,阀座损坏或调压弹簧永久变形、损坏	可清洗、疏通阻尼孔,修复阀座或更换弹簧
电液换向阀动作失灵	修复该阀
液压缸缓冲装置失灵造成液压冲击	进行检修和调整

任务实施

组合机床 YT4543 型动力滑台液压系统在工作中,如果出现压力调不上去、进给速度过大或过小、负荷增大时进给速度显著下降、负荷不变时进给速度逐渐下降、工作部件爬行、噪音等问题,可按表 8-7 排查。

表 8-7 组合机床液压系统常见故障及其产生原因和排除方法

故障现象	产生原因	排除方法
压力调不上	1. 液压泵中的零件损坏 2. 液压泵壳体有气孔、砂眼 3. 管道中有较大的泄漏 4. 液压缸中有较大泄漏 5. 溢流阀由下列原因而处于打开位置：如阻尼孔堵塞、控制卸荷油路中有泄漏、污物卡阻或锥阀座处不密封、主阀弹簧太弱等 6. 管路连接错误,使油泵卸荷 7. 换向阀卡死于中间位置,使液压泵卸荷 8. 限压式变量泵调压弹簧太弱 9. 压力计或压力计开关堵塞,系统中压力没有反映出来	1. 检修或更换液压泵 2. 更换泵体 3. 排除管道泄漏 4. 排除液压缸泄漏 5. 排除溢流阀故障,保证溢流阀正常工作 6. 更正管路的连接 7. 修理换向阀 8. 更换弹簧 9. 清洗压力计或压力计开关
噪音	1. 液压泵吸油管道或过滤器堵塞 2. 吸油管道或过滤器通油能力不够 3. 吸油管道或液压泵轴密封处漏气 4. 吸入油中含有气泡 5. 油箱的空气滤清器堵塞 6. 叶片泵的叶片卡死、定子断裂等 7. 液压泵壳体未固定好 8. 液压泵轴和电机轴不同心	1. 清洗吸油管道或过滤器 2. 更换吸油管道或过滤器 3. 排除管道或液压泵轴处漏气 4. 排除空气进入油中的可能性 5. 清洗空气滤清器 6. 修理或更换泵 7. 固定好泵壳体 8. 重新调整

(续表)

故障现象	产生原因	排除方法
	9. 溢流阀振动或系统共振 10. 管路未固定牢 11. 管道中油的流速过高 12. 油的粘度过大	9. 检查溢流阀,消除共振原因 10. 将管路固定牢 11. 换较大直径的管道 12. 换粘度较低的油
工作部件爬行	1. 系统中有空气 2. 油箱中油面过低 3. 导轨镶条或压板过紧 4. 导轨润滑不良或导轨表面有机械损伤 5. 液压缸中心线与导轨面不平行 6. 液压缸活塞杆的密封件扭曲,或润滑不良 7. 液压缸回油腔背压不足 8. 液压泵供油不均匀 9. 溢流阀振动或系统共振 10. 立式机床的平衡重锤与床身内壁摩擦 11. 溢流阀的压力调整过低 12. 液压缸过于细长 13. 调速阀中的减压阀或溢流阀卡死 14. 主轴箱过大 15. 进给量过小	1. 排气系统中空气 2. 油箱补充加油 3. 调整镶条或压板 4. 改善润滑,修理导轨面 5. 调整缸与导轨面的平行度 6. 调整或更换密封件,改善润滑 7. 适当调高背压 8. 修理或更换泵 9. 检修溢流阀,消除共振根源 10. 调整重锤位置 11. 适当调高溢流阀的压力 12. 更换缸 13. 检修调速阀 14. 改进设计 15. 适当改变进给量
进给速度过大或过小	1. 节流阀前的过滤器堵塞 2. 节流阀的节流口堵塞 3. 调整阀中的溢流阀或减压阀的弹簧过弱或过强 4. 调速阀中的溢流阀或减压阀卡死 5. 节流阀的调速机构定位不准确	1. 清洗过滤器 2. 清洗节流阀开口 3. 检查节流阀进出口压力降(应在0.2～0.35 MPa范围内),必要时更换弹簧 4. 清洗、检修调速阀 5. 修理调节机构
负荷增加时,进给速度显著下降	1. 液压泵、液压缸活塞处或系统中其他部位泄漏过大 2. 调速阀中的减压阀或溢流阀卡死于打开位置	1. 排除有关部位泄漏 2. 清洗、检修调速阀
负荷不变时进给速度逐渐下降	1. 油中混入杂质太多 2. 节流阀前的过滤器或节流阀的节流开口堵塞 3. 油温过高、油的粘度降低	1. 清洗油箱、管道和元件并换油 2. 清洗过滤器和节流阀开口 3. 排除油温过高的因素

知识链接

液压系统的安装、调试与维护

设计合理的液压传动系统,是保证设备正常工作的先决条件。但一台设计合理的液压设备能否保持长期良好的工作性能,就要看对它的安装、使用和维护如何。新设备在经过安装、精度检验合格之后,或者使用中设备经过修理、保养或重新装配之后,都必须调整试车,检验其能否在正常运转状态下满足生产工艺对设备提出的各项要求,并达到设备设计时的最大生产能力。液压传动系统的安装、调试及维护是一个实践性很强的问题。

一、液压系统的安装

液压系统的安装,包括液压元件(液压泵、液压缸、液压马达和液压阀等)和液压管路等辅助元件的安装,其实质就是通过流体连接元件(油管和管接头的总称)或者液压集成块将系统的各单元或元件连接起来。

液压设备在安装前,首先要弄清主机对液压系统的要求及液压系统与机、电、气的动作关系,以充分理解其设计意图;然后验收所有零部件(型号、规格、数量和质量),并且经过认真清洗后才能进行安装。

1. 液压系统的配管和安装

(1) 根据通过流量、允许流速和工作压力选配管径、壁厚、材质和连接方式。对管子要进行检验和处理。油管必须有足够的强度,内壁光滑清洁,无砂眼、锈蚀、氧化铁皮等缺陷。

(2) 管路的敷设位置应便于支管的连接,并应靠近设备或基础。管路布置应平行或垂直,并注意整齐、美观,管子的交叉要尽量少。管间要有 10 mm 以上的距离,以防止接触和振动。尽量减少弯管数量,油管长度应尽量短。

(3) 管子弯曲加工时,允许椭圆度为 10%,弯曲部分的内外侧不允许有锯齿形、凹凸不平、扭坏、压坏等缺陷。管子弯曲半径 R 一般应大于 3 倍管子外径 D,推荐管子弯曲半径见表 8-8。

表 8-8 推荐管子弯曲半径   单位:mm

管子外径 D	10	14	18	22	28	34	42	50	63
弯曲半径 R	50	70	75	80	90	100	130	150	190

(4) 管道应用管夹固定好,以防振动。

(5) 管路最高部位应设有排气装置,以便启动时放掉管路中的气体。

(6) 吸油管要粗、短、直,尽量减少吸油阻力,确保吸油高度一般不大于 0.5 m;严防管接头处泄漏。回油管应插入液面以下,防止产生气泡。溢流阀的回油管口不应与泵的吸油口接近,否则油液温度将升高。

(7) 安装橡胶软管要防止扭转,应留有一定的松弛量。

(8) 全部配管要进行两次安装;第一次试装后,取下配管用温度在 40~60℃ 的 10%~20% 的稀硫酸或稀盐酸溶液清洗 30~40 min,取出后用温度为 30~40℃、浓度为 10% 的苏打水中和,然后再用温水清洗、干燥、涂油以备正式使用。正式安装时,管内不得有砂子、氧化皮和杂物等。

2. 液压元件的安装

各种液压元件的安装方法和具体要求在元件说明书中都有详细的说明。液压元件在安装前应用煤油清洗,并进行耐压和密封性能试验,合格后方可安装。安装前还应将控制仪表进行校验,以免造成事故。

(1) 液压泵和电动机的安装　泵与电动机的轴线在安装时应保证同心,一般要求用弹性联轴节连接,不允许使用皮带传动泵轴,以免受径向力的作用,破坏轴的密封。安装基础要有足够的刚性;液压泵进、出口不能接反;有外引泄的泵必须将泄漏油单独引出;需要在泵壳内灌油的泵,要灌液压油;单向泵不能反转,可用手调转。

(2) 液压缸的安装　首先应校正液压缸外圆的上母线、侧母线与机座导轨导向面的平行;垂直安装的液压缸要防止因重力跌落;长行程缸应一端固定,允许另一端浮动,并允许其伸长;液压缸的负载中心与推力中心最好重合,以免受颠覆力矩,保护密封件不受偏载;液压缸缓冲机构不得失灵;密封圈的预压缩量不要太大;活塞在缸内移动灵活、无阻滞现象。

(3) 液压阀的安装　阀体孔或阀板的安装,要防止紧固螺钉因拧得过紧而产生变形;纸垫不得破损,以免窜腔短路;方向阀各油口的通断情况应与原理图上的图形符号一致;方向控制阀一般应保持轴线水平放置,要特别区分外形相似的溢流阀、减压阀和顺序阀;调压弹簧要放松,等调试时再逐步旋紧调压;安装伺服阀必须先安装冲洗板、冲洗管路;在油液污染度符合要求后,才能正式安装;伺服阀进口应安装精密过滤器。

二、液压系统的调试

液压系统的调试,包括空车运转调试和负载运转调试。对组成液压系统自动工作循环中各个工作部件的力(转矩)、速度、行程的始点和终点,各个动作的时间和整个循环的总时间等进行测试,并调整到正确的数值。同时,还应检验力(转矩)、速度和行程的可调性,以及操纵方面的可靠性,否则应予校正。此外,还应判定系统的功率损失和油温升高是否符合要求,否则应采取措施加以解决。

液压系统的运转调试应有书面记载,并纳入设备技术档案,作为设备投产使用和设备维修的原始技术依据。

1. 空载调试

空载调试的作用是在空载运转条件下,全面检查液压系统的各个回路和液压元件、辅助装置的工作是否正常可靠,工作循环或各种动作的自动换接是否符合要求。

(1) 空载调试前应进行外观全面检查,其检查项目有:

① 各个液压元件及管道连接是否正确、可靠。例如,液压泵的进、出油口及旋转方向是否与泵上标注的符合,各种阀的进油口、出油口及回油口的位置是否正确。

② 油箱、电动机及各个液压部件的防护装置是否具备和完善。

③ 油箱中的油面高度及所用油液是否符合要求。

④ 系统中各液压部件、油管及管接头的位置是否便于安装、调节、检查和维修,压力计等仪表是否安装在便于观察的地方。

外观检查发现的问题,应加以改正后才能运转试。

(2) 空载调试　具体步骤如下:

① 空载间歇启动液压泵,使液压系统在卸荷状况下以额定转速、规定转向运转(如将溢流阀拧松或使换向阀处于中位等),检查液压泵卸荷压力的大小是否在允许的数值内,观察其运转是否正常,有无刺耳的噪声;油箱中液面是否有过多的泡沫,液位高度是否在规定范围内。

② 系统在无负载状况下运转,先使液压缸活塞顶盖或运动部件顶死在挡铁上(若为液

压马达则固定输出轴),将溢流阀逐渐调节到规定压力值,检查溢流阀在调节过程中有无异常现象;然后,将液压缸以最大行程多次往复运动或使液压马达转动,打开系统的排气阀排出积存的空气;检查安全防护装置(如安全阀、压力继电器等)工作的正确性和可靠性,从压力表上观察各油路的压力,并调整安全防护装置的压力值到规定范围内;检查各液压元件及管道的外泄漏、内泄漏是否在允许的范围内;空载运转一段时间后,检查油箱的液面下降是否在规定高度范围内。由于油液进入了管道和液压缸中,使油箱液面下降,甚至使吸油管上的过滤网露出液面,或使液压系统和机械传动润滑不充分而发出噪声,所以必须及时给油箱补充油液。对于液压机构和管道容量较大而油箱偏小的机械设备,必须重视这个问题。

③ 与电气设备配合,调整自动工作循环或动作顺序,检查各动作的协调和顺序是否正确;检查启动、换向和速度换接时运动的平稳性,不应有爬行、跳动和冲击现象。

④ 液压系统连续运转一段时间(一般 30 min),检查油液的温度是否在允许的规定值内(一般工作油温为 35～60℃)。空载试车结束后,才能进行负载试车。

2. 负载调试

负载调试是在空载调试完成后进行,目的是检查液压设备在设计规定的负载下,能否实现预定的工作要求。

(1) 能否实现设计对工作部件的力(或转矩)和运转特性等方面的要求。
(2) 噪声和振动是否在允许的范围内。
(3) 工作部件运动、换向和速度换接的平稳性是否合乎要求。
(4) 工作部件运动时,是否有爬行、跳动和冲击现象。
(5) 各液压元件及管道是否有泄漏。
(6) 系统的功率损耗、油液温升是否在允许的范围内。

应当指出,在进行负载试车时,应先在低于最大负载的一二种负载情况下试车,发现问题及时调整,当一切情况都正常后,才能在最大负载下试车。这样,可以避免出现设备损坏事故。

三、液压系统的使用与维护

液压系统使用得当,维护保养好,是保证液压系统少出(不出)故障,可靠工作的先决条件。

1. 使用液压设备应具备的基本知识

(1) 使用者应充分地认识到,液压系统是液压设备的重要组成部分,因此要正确使用液压设备。除了具有液压传动的基本知识,还应具有机械、润滑等管理、维修和检查知识。

(2) 了解并会使用液压设备的使用说明书,同时要长期妥善地保存好使用说明书。

(3) 液压元件如果是单件购进,且由本厂自行装配到主机上时,必须了解其结构图,以便弄清液压元件的结构和工作原理。特别是复杂的液压元件,使用与维护者最好要直接接受使用操作的指导和培训,并学习使用、维护说明书,以便在操作、拆装时正确使用。

(4) 掌握易发生故障的部位和故障现象。

(5) 确立检查第一的思想,按时重点地进行检查,力争早期发现异常状态。对于大型的液压设备,应作检查日记,记录异常情况、修理、换油等内容以备查;对于新安装好的液压设备,至少在运转 6 个月后详细记录维护日记,对运转状态、必须检查的部分和检查周期进行研究或确定;对于重要的长期使用的液压设备,一年中应请专家诊断 1～2 次,同时接受专家关于操作和维护的适当指导,并解决疑问。

2. 正确使用说明书

(1) 把使用说明书视为教科书一样,可以从中得到液压设备各方面的知识。

(2) 掌握液压系统中各种元件的型号、规格,动作顺序和功用,其中包括使用范围、调整范围及其各种注意事项。

(3) 使用说明书中的液压系统图、元件结构图、使用注意事项、规格和技术参数等资料,都是事故产生原因和解决办法的参考资料。

(4) 作为管理手册使用,如液压泵等重要液压元件,使用说明书上记载着管理、维护的要点,可作为该设备维护、操作上的要点来应用。

(5) 使用说明书对于定期检查、修理、拆装、改进等工作,也具有指导意义。

3. 使用与维护液压系统应注意事项

(1) 保持液压油清洁。油液清洁程度是决定液压系统能否正常工作的重要因素。据资料统计,液压系统故障有75%是由于液压油不清洁造成的。因此,使用过程中必须重视液压油的清洁。

液压油要定期检查更换。新投入使用的液压设备,使用3个月左右就应清洗油箱,更换新油。以后每隔半年至一年进行清洗和换油一次。

注意过滤器的使用情况,滤网应在清洗油箱时清洗,滤芯应定期清洗或更换。

(2) 排除系统中的气体。空气进入系统和气穴都会在油液中形成气泡,并引起噪声、振动和爬行等。另外,油液中混入一定量空气后,油液容易变质,以致不能使用。系统中有气体的原因主要是管接头、液压泵、控制元件、蓄能器和液压缸等密封不好及油箱中有气泡或油液质量差(消泡性能不好)等因素所引起。

防止空气混入方法是,及时更换不良的密封元件,降低液压泵的高度,正确选择工作油液等,并随时注意各连接处的密封情况。液压系统应设立排气装置。

(3) 系统油温适当。油箱的油温一定不能超过60℃,一般液压设备在35~60℃范围内工作比较合适。通常液压系统发热量增加或散热量减少会引起油温升高。其原因有:

① 液压泵输油量与系统用油量不匹配时,或在节流调速系统中,大量高压油将从溢流阀溢流,造成功率损失,转换成热量,促使油温升高。

② 环境温度升高,散热减少造成油温升高。

③ 冷却器水温过高或冷却水源堵塞等造成油温升高。

④ 油的粘度太高,油箱容量太小,散热慢造成油温升高。

另外,冬季由于天气冷,温度低、油液粘度较大,也应设法升温。有时,工作前启动机器,连续运转一段时间,以使油温升高。也可让全部油液在低压下全部通过溢流阀一段时间,使其升温。

(4) 保证系统中有足够的油量。输油量由执行装置速度决定,为此要求油箱的液面要尽量高些。特别是第一次运行时,当各液压元件充满油液后,一定要注意观察油箱的液面高度,使液面处在允许的位置上。

(5) 开车前应检查液压系统中各调节手轮、手柄是否正常,电器开关和行程挡铁位置是否牢固等,然后擦净导轨及活塞杆的外露部分后才可开车。开车时,首先启动控制油路液压泵,没有控制油路液压泵时,可直接启动主液压泵。

(6) 熟悉液压元件控制机构的操作特点,严防调节错误造成事故。应注意各液压元件调节手柄、转动方向和压力、流量大小变化的关系等。

(7) 随时注意各种仪表的变化情况,遇到不正常变化,立即停车检查。

(8) 设备若长期不用,应将各手轮全部放松,防止弹簧产生永久变形而影响元件性能。

(9) 检查溢流阀的调定压力不要超过系统的最高工作压力。需要调整溢流阀时,应从零逐渐向高升压。

(10) 注意日常维护。为了使液压设备保持必要的工作精度,延长设备的使用寿命,经常性的维护保养工作是很重要的。对系统中连接件间有无松动和泄漏,阀的动作是否可靠,泵的噪声和发热,以及油的温升和污染等,应按时进行检查,有时对重要设备,每天都需要进行检查,并将检查情况填入"日检维修卡"。表 8-9 是"日检维修卡"的形式之一。

表 8-9　日检维修卡

机床编号＿＿＿＿＿＿ 机床名称＿＿＿＿＿＿		日检维修卡					×××工厂 操作者＿＿＿＿＿＿		
序号	日期 检查情况 日检项目	1	2	3	4	……	29	30	31
1	液压泵声音								
2	系统密封情况								
3	控制阀功能								
4	液压缸动作								
5	油液污染情况								
6	油液温升								
符号	每天将检查情况用符号填入格内,待维修人员处理 "√"——完好;×——有问题;⊗——修好								

思考与练习

简述题

1. 液压系统的安装通常包括哪些内容?
2. 液压系统安装时,对于油管、液压元件和液压泵的安装应注意什么问题?
3. 液压系统进行空载调试时,应检查哪些项目?
4. 液压系统负载试车应检查的内容是什么?
5. 液压系统的故障为什么难以查找?查找故障常用的方法有哪些?
6. 试用故障逻辑分析法诊断系统流量不足的原因(用框图表示)。

学习情境九

气动系统的分析和应用

气动是气动技术或气压传动与控制的简称。气动技术是以压缩空气为工作介质,进行能量传递或信号传递的工程技术,是实现各种生产控制、自动控制的重要手段之一。由于气压传动具有防火、防爆、节能、高效、无污染等优点,因此,近年来在国内外发展很快。本学习情境将通过5个任务了解气动系统的工作和应用。

任务9.1 气压传动的基本知识

知识点

(1) 气压传动的工作原理及基本组成。
(2) 气压传动的特点。

技能点

掌握气压传动的工作原理、基本组成及应用特点。

任务引入

尽管液压传动有许多优点,但在高净化、无污染的场合,如食品、印刷、木材、纺织等工业就不能使用,而气压设备就较为合适,因为压缩空气排出后基本不污染环境。那么,气压传动系统是怎样的一种系统?其工作原理和基本组成是怎样的?

相关知识

一、气压传动的基本工作原理

图9-1(a)所示为气动剪切机的结构原理图,图示位置为剪切前的情况。空气压缩机1

产生的压缩空气经冷却器2、油水分离器3、贮气罐4、分水滤气器5、减压阀6、油雾器7到达换向阀9,部分气体经节流通路a进入换向阀9的下腔,使上腔弹簧压缩,换向阀阀芯位于上端;大部分压缩空气经换向阀9后由b路进入气缸10的上腔,而气缸10的下腔经c路、换向阀9与大气相通,故气缸10活塞处于最下端位置。当上料装置把工料11送入剪切机并到达规定位置时,工料压下行程阀8,此时换向阀9的阀芯下腔压缩空气经d路、行程阀排入大气,在弹簧的推动下,换向阀9的阀芯向下运动至下端;压缩空气则经换向阀9后由c路进入气缸的下腔,上腔经b路、换向阀9与大气相通,气缸10活塞向上运动,剪刃随之上行剪断工料。工料被剪下后,即与行程阀8脱开,行程阀8的阀芯在弹簧作用下复位,d路堵死,换向阀阀芯上移,气缸10活塞向下运动,又恢复到剪断前的状态。

由以上分析可知,剪刀克服阻力剪断工料的机械能来自于压缩空气的压力能,提供压缩空气的是空气压缩机;气路中的换向阀、行程阀改变气体流动方向,控制气缸活塞运动方向。图9-1(b)所示为用图形符号绘制的气动剪切机系统原理图。

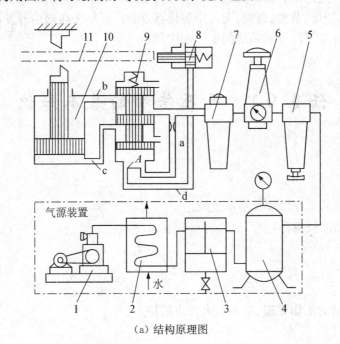

(a) 结构原理图

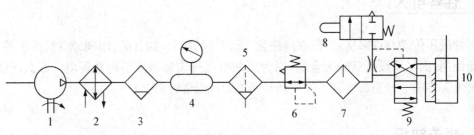

(b) 图形符号图

1—空气压缩机;2—后冷却器;3—油水分离器;4—储气罐;5—分水滤气器;
6—减压阀;7—油雾器;8—行程阀;9—换向阀;10—气缸;11—工料

图9-1 气动剪切机的工作原理

二、气压传动系统的基本组成

一个完整的气压传动系统由以下几部分组成。

(1) 气源装置 主体部分是空气压缩机,它是将原动机供给的机械能转变为气体的压力能,为各类气动设备提供压缩空气的装置。

(2) 气动控制元件 用以控制、调节压缩空气的压力、流量和流动方向,以及系统执行机构的工作程序的元件,包括各种压力控制阀、流量控制阀和方向控制阀和逻辑元件等。

(3) 气动执行元件 是将气体的压力能转换成机械能的一种能量转换装置,包括实现直线往复运动的气缸和实现连续回转运动或摆动的气马达或摆动马达等。

(4) 气动辅助元件 是用于辅助保证气动系统正常工作的一些装置,包括过滤器、干燥器、油雾器、管接头及消声器等。

(5) 工作介质 气压传动系统的工作介质是压缩空气,在气压传动控制中起传递运动、动力和信号的作用。

三、气压传动的优缺点

气压传动的优点和缺点,见表9-1、9-2。

表9-1 气压传动的优点

获取	空气是取之不尽用之不竭的
输送	空气通过管道容易传输,可集中供气,远距离输送
存储	压缩空气可以存储在贮气罐中
温度	压缩空气对温度的变化不敏感,从而保证运行稳定
防爆	压缩空气没有爆炸及着火的危险
洁净	无油润滑的排出气体干净,通过管路和元件排出的气体不会污染空气
元件	气动元件结构简单,价格相对较低
过载安全	气动工具和执行元件超载可达到停止不动,而无其他危害

表9-2 气压传动的缺点

处理	压缩空气需要良好的处理,不能有灰尘及湿气
可压缩性	由于压缩空气的可压缩性,执行机构不易获得均匀恒定的运动速度
出力要求	空气压力较低,只适用于压力较小场合
噪音	排气噪音较大,但随着噪音吸收材料及消声器的发展,此问题已大大得到改善

任务实施

教师在实验平台上搭建好气动剪草机的气动系统,如图9-2所示,控制气缸的往复动作,让学生了解系统的工作过程,并指出系统各组成部分的名称及作用。

图 9-2 气动系统实验台

一、气动技术的应用

用气动自动化控制技术实现生产过程自动化,是工业自动化的重要技术手段,也是一种低成本自动化技术。所以,气动技术广泛应用于机械、电子、轻工、纺织、食品、医药、包装、冶金、石化、航空、交通运输等各个工业部门。气动机械手、组合机床、加工中心、生产自动线、自动检测和实验装置等已大量涌现,表 9-3 列举了气压传动的部分应用实例。

表 9-3 气压传动的应用实例

应用领域	采用气压传动的机器设备和装置
轻工、纺织及化工机械	气动上下料装置,食品包装生产线,气动罐装装置,制革生产线
化工	化工原料输送装置,石油钻采装置,射流负压采样器等
能源与冶金工业	冷扎、热轧装置气动系统,金属冶炼装置气动系统
电器制造	印制电路板自动生产线,家用电器生产线,转动机械手动装置
机械制造工业	自动生产线,工业机械手和机器人,零件加工及检测装置

二、气压传动与其他传动的性能比较

气动技术在提高生产效率、自动化程度、产品质量、工作可靠性和实现特殊工艺等方面显示出极大的优越性,这主要是因为气压传动与机械、电气、液压传动相比有以下特点,见表 9-4。

表 9-4 气压传动与其他传动的性能比较

类型	操作力	动作快慢	环境要求	构造	负载变化影响	操作距离	无级调速	工作寿命	维护	价格
气压传动	中等	较快	适应性好	简单	较大	中距离	较好	长	一般	便宜
液压传动	最大	较慢	不怕振动	复杂	有一些	短距离	良好	一般	要求高	稍贵

(续表)

类型		操作力	动作快慢	环境要求	构造	负载变化影响	操作距离	无级调速	工作寿命	维护	价格
电传动	电气	中等	快	要求高	稍复杂	几乎没有	远距离	良好	较短	要求较高	稍贵
	电子	最小	最快	要求特高	最复杂	没有	远距离	良好	短	要求更高	最贵
机械传动		较大	一般	一般	一般	没有	短距离	较困难	一般	简单	一般

任务 9.2 认识气源装置

知识点

气源装置的组成和各部分的作用。

技能点

掌握气源装置的正确使用和保养方法。

任务引入

空气是气动技术的工作介质,气动技术就是利用压缩空气来驱动不同的执行元件。气源装置负责提供满足一定质量要求的压缩空气,是气压传动系统的重要组成部分。如何正确应用气源装置?如何进行日常维护保养?

任务分析

空气是混合物,主要由氧、氮、水蒸气、其他微量气体和一些杂质等组成,而且不同的环境和温度条件下,空气的组成成分不同。气动系统工作时,空气中水分和固体颗粒等杂质的含量影响着系统的工作效能和寿命。要了解合格的压缩空气是怎样产生的,必须了解气源装置的组成和每部分的作用。

相关知识

气源装置组成和各部分作用

一、气动系统对压缩空气的要求

(1) 压力和流量 压缩空气是气动装置的动力源,没有一定的压力就不能保证执行机构产生足够的推力;没有足够的流量,就不能满足对执行机构运动速度和程序的要求。所以气动系统要求压缩空气具有一定的压力和足够的流量。

(2) 清洁度和干燥度　清洁度是指气源中所含的油量、灰尘杂质的质量及颗粒大小都要控制在很低范围内。干燥度是指压缩空气中含水量的多少,气动系统要求压缩空气的含水量越低越好。由于气动设备所使用的空气压缩机一般需要采用油润滑,空气压缩机排出的压缩空气温度一般可达 140~170℃。此时,压缩空气中的水分和部分润滑油已汽化,形成的油气、水汽与含在空气中的灰尘混合而成杂质。这些杂质若被带进气动设备中,会引起管道堵塞和锈蚀,加速元件的磨损,缩短使用寿命。水汽和油气还会使膜片、橡胶密封件老化,严重时还会引起燃烧和爆炸。因此,高压气体进入气动系统之前,要经过除油、除水、除尘和干燥处理。即气动系统要求压缩空气要有一定的清洁度和干燥度。

二、气源装置的组成及布置

气源装置,又称压缩空气站,简称空压站,其组成及布置如图 9-3 所示。

气源装置一般包括空气压缩机、气源净化装置、气源调节装置及管道系统 4 部分,为气动系统提供一定压力和流量的洁净和干燥的压缩气体。启动空气压缩机,空气经过压缩后提高压力,同时温度升高。高温、高压气体离开空气压缩机后,先进入后冷却器 2 冷却,析出水分和油雾,再经过油水分离器 3 除去凝结的水和油,存于贮气罐 4 内。对气体清洁度要求不高的工业用气,可以从贮气罐 4 直接引出使用。若用于气动装置,则还需经干燥器 5、过滤器 6 和贮气罐 7,对压缩空气进一步干燥和去除杂质后方可使用。另外,压缩气体在到达气动装置之前还必须经过气源调节装置(图中未画出)。

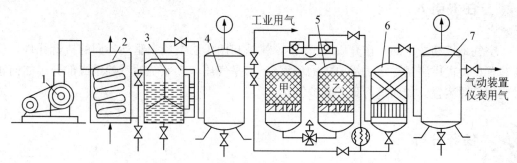

1—空气压缩机;2—后冷却器;3—油水分离器;4、7—贮气罐;5—干燥器;6—过滤器

图 9-3 压缩空气站设备组成及布置示意

1. 空气压缩机

空气压缩机简称空压机,是空压站的核心装置,作用是将电动机输出的机械能转换成压缩空气的压力能供给气动系统使用。

空气压缩机种类很多,分类形式也有数种。例如,按其工作原理,可分为容积型压缩机和速度型压缩机。容积型压缩机的工作原理是压缩气体的体积,使单位体积内气体分子的密度增大以提高压缩空气的压力。速度型压缩机的工作原理是提高气体分子的运动速度,然后使气体的动能转化为压力能以提高压缩空气的压力。一般,常用容积型压缩机。

(1) 容积型压缩机的工作原理　如图 9-4 所示,当活塞下移时,气缸内气体体积增加,缸内气体压力小于大气压,空气便从进气阀门进入缸内;在冲程末端,活塞向上运动,气缸内气体体积减小压力增大,排气阀门被打开,压缩空气排出。活塞的往复运动由电动机带动曲柄滑块机构完成。

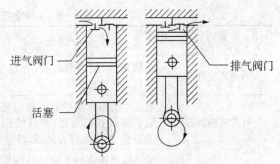

图 9-4 单级活塞式空压机

这种空压机是单级活塞式空压机,只要一个工作过程就将吸入的大气压空气压缩到所需要的压力。单级活塞式空压机通常用于需要 0.3~0.7 MPa 气压范围的系统。在单级空压机中,若压缩空气的压力超过 0.6 MPa,由于缸内温度过高,产生的过热将大大地降低压缩机的效率。因此,当输出压力较高时,应采取多级压缩。

多级压缩可降低排气温度,节省压缩功,提高容积效率,增加压缩气体排量。

工业中使用的活塞式空压机通常是两级的,图 9-5 所示为两级活塞式空压机的工作原理图。如果压缩空气最终压力为 0.7 MPa,那么一级气缸通常将空气压缩到 0.3 MPa,然后压缩空气经中间冷却器冷却,再输送到二级气缸中压缩到 0.7 MPa。因为压缩空气通过中间冷却器后温度大大下降,再进入第二级气缸,所以相对于单级空压机提高了效率。

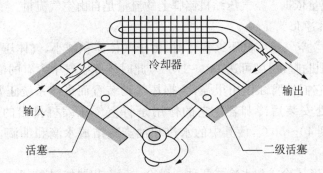

图 9-5 两级活塞式空压机的工作原理图

图 9-6 所示为活塞式空压机的外观。

(a) 单级活塞式　　　(b) 两级活塞式

图 9-6 活塞式空压机的外观

(2) 容积型空压机的种类　常见的容积式空压机有活塞式空压机、叶片式空压机和螺杆式空压机,优缺点比较见表 9-5。

表 9-5 3种空压机的优缺点比较

类型	优点	缺点
活塞式空压机	结构简单、使用寿命长,容易实现大流量和高压输出	振动大、噪声大、输出有脉动,需要设置贮气罐
叶片式空压机	能连续输出脉动小的压缩空气,所以一般不需设置贮气罐,并且结构简单、制造容易、操作维修方便、运转噪声小	叶片、转子和机体之间机械摩擦较大,产生较高的能量损失,因而效率也较低
螺杆式空压机	能输送出连续的无脉动的压缩空气,输出流量大,无需设置贮气罐,结构中无易损件,寿命长、效率高	制造精度要求高,运转噪声大

(3) 空气压缩机的选用原则 选用空气压缩机的依据是气动系统所需的空气的工作压力、流量和一些特殊的工作要求。一般,空气压缩机为中压空气压缩机,额定排气压力为 1 MPa。另外,还有低压空气压缩机,排气压力 0.2 MPa;高压空气压缩机,排气压力为 10 MPa;超高压空气压缩机,排气压力为 100 MPa。目前,气动系统常用的工作压力为 0.1~0.8 MPa,常直接选用额定压力为 1 MPa 的空气压缩机。

输出流量的选择,要根据整个气动系统对压缩空气的需要再加一定的备用余量,作为选择空气压缩机的流量依据。空气压缩机铭牌上的流量是自由空气流量。

2. 常用的气源净化装置

(1) 后冷却器 空气压缩机压缩气体时,由于气体体积减小,气体压力增高,温度也增高。一般空气压缩机排气温度可达 140~170℃,此时压缩空气中含有的油、水为气态,是易燃易爆的气源,且它们的腐蚀作用很强,会损坏气动装置而影响系统正常工作,因此必须在空压机排气口处安装后冷却器。它的作用是将空气压缩机排出的压缩空气温度由 140~170℃冷却到 40~50℃,使其中的水汽和油雾凝结成水滴和油滴,以便经油水分离器排出。

后冷却器主要有风冷式和水冷式两种。风冷式后冷却器如图 9-7(a)所示,它是靠风扇将冷空气吹向带散热片的热气管道来降低压缩空气的温度的。风冷式后冷却器结构紧凑、重量轻、占地面积小,不需要循环冷却水,不用担心断水或水结冰,使用维护方便,但处理的压缩空气量小。后冷却器一般采用水冷方式。水冷式后冷却器散热面积可达风冷式的 25 倍,效率高,适用于处理空气量大的场合。水冷式后冷却器是通过强迫冷却水与压缩空气反方向流动来进行冷却的。通常使用间接式水冷冷却器,其结构形式有蛇管式、列管式、散热片式、套管式等。蛇管式后冷却器的结构如图 9-7(b)所示,主要由一蛇状空心盘管和一盛装此盘管的圆筒组成。蛇状盘管可用铜管或钢管弯曲制成,蛇管的表面积也是该冷却器的散热面积。空气压缩机排出的热空气由蛇管上部进入,通过管外壁与管外的冷却水进行热交换,冷却后,由蛇管下部输出。这种冷却器结构简单,使用和维修方便,因而应用较广泛。

(2) 油水分离器 油水分离器通常安装在后冷却器后的管道上,将压缩空气中的水分、油分和灰尘等杂质分离出来,初步净化压缩空气。

撞击折回并回转式油水分离器结构和图形符号,如图 9-8 所示。

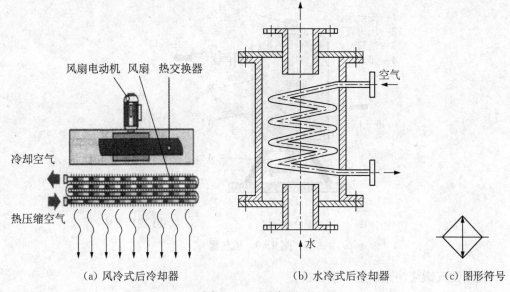

(a) 风冷式后冷却器　　(b) 水冷式后冷却器　　(c) 图形符号

图 9-7　后冷却器

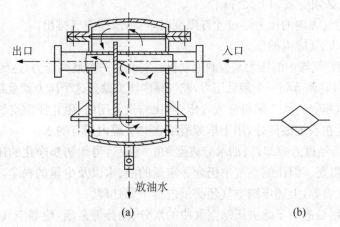

图 9-8　撞击折回并回转式油水分离器

压缩空气由入口进入分离器壳体后,气流先受到隔板阻挡而被撞击折回向下(见图中箭头所示流向);之后,又上升产生环形回转。这样,凝聚在压缩空气中的油滴、水滴等杂质受惯性力作用而分离析出,沉降于壳体底部,由放油水阀定期排出。

为了提高油、水分离的效果,气流回转后的上升速度越小越好,一般上升速度控制在 1 m/s 以内。

选择油水分离器时,其内径 D 可按下式计算,即

$$D = \sqrt{vd}。 \qquad (9-1)$$

式中,v 为气体在管道入口内的流速;d 为入口管道的直径。

(3) 贮气罐　其主要作用有:使压缩空气供气平稳,减少压力脉动;存储一定量的压缩空气,以备停电、发生故障或临时需要时应急使用;进一步分离压缩空气中的油、水等杂质。

贮气罐一般为圆筒状焊接结构,有立式和卧式两种,以立式居多,结构如图 9-9 所示。

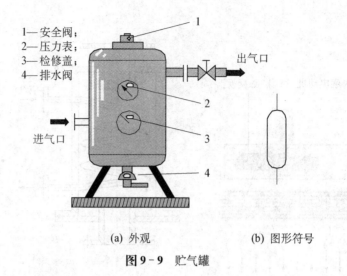

(a) 外观　　　　　　(b) 图形符号

图9-9　贮气罐

使用贮气罐应注意以下事项：

① 贮气罐属于压力容器，应遵守压力容器的有关规定，必须有产品耐压合格证书。

② 贮气罐上必须安装如下元件：

安全阀：当贮气罐内的压力超过允许限度时，可将压缩空气排出。

压力表：显示贮气罐内的压力。

压力开关：用贮气罐内的压力来控制电动机。它调节一个最高压力，达到这个压力就停止电动机工作；同时，它调节到一个最低压力，贮气罐内压力跌到这个压力就重新启动电动机。

单向阀：让压缩空气从压缩机进入气罐，当压缩机关闭时，阻止压缩空气反方向流动。

排水阀：设置在系统最低处，用于排掉凝结在贮气罐内所有的水。

（4）干燥器　经过后冷却器、油水分离器和贮气罐后得到初步净化的压缩空气，已满足一般气压传动的需要。但压缩空气中仍含一定量的油、水以及少量的粉尘，如果用于精密的气动装置、气动仪表等，上述压缩空气还必须进行干燥处理。

干燥器的作用是进一步除去压缩空气中的水分、油分等杂质，使湿空气变成干空气。干燥器主要有冷冻式、吸附式和吸收式，其工作原理及特点见表9-6。

表9-6　干燥器的工作原理及其特点

	冷冻式空气干燥器	吸附式空气干燥器	吸收式干燥器
工作原理图	出气口　进气口　热交换器　制冷器　空气过滤器　自动排水器　恒温器　冷媒压缩机　冷却风扇	潮湿空气　前置过滤器　截止阀　OFF　ON　吸附剂　热空气　ON　OFF　加热器　风扇　干燥空气	干燥空气　干燥剂　潮湿空气　冷凝水　冷凝水排水阀

(续表)

	冷冻式空气干燥器	吸附式空气干燥器	吸收式干燥器
工作原理	将湿空气冷却到其露点温度以下,使空气中的水蒸气凝成水滴,并清除出去,然后再将压缩空气加热到环境温度并输送出去	压缩空气中的水分被吸附剂吸收,达到干燥压缩空气的目的。这种方法所用吸附剂可再生	吸收干燥法是一个纯化学过程。在干燥罐中,压缩空气中的水分与干燥剂发生反应,使干燥剂溶解。液态干燥剂可从干燥罐底部排出。根据压缩空气温度、含湿量和流速,及时填满干燥剂
特点	结构紧凑,使用维护方便,维护费用低;适用于空气处理量较大的场合	不受水的冰点温度限制,干燥效果好	基本建设和操作费用低,但进口温度不超过30℃;干燥剂的化学物质有强烈的腐蚀性,必须检查滤清

(5) 空气过滤器 空气的过滤是气压传动系统中的重要环节,它的作用是进一步滤除压缩空气中的杂质。常用的过滤器有一次性过滤器(也称简易过滤器,滤灰效率为50%～70%)、二次过滤器(滤灰效率为70%～90%)。在要求高的特殊场合,还可使用高效率的过滤器(滤灰效率达99%)。其中,二次过滤器应用最广。

空气过滤器一般由壳体和滤芯组成。按滤芯采用的材料不同,空气过滤器可分为纸质、织物、陶瓷、泡沫塑料和金属等形式,常用的是纸质和金属式。图9-10(a)所示空气过滤器又称为水滤气器(二次过滤器)。空气进入到过滤器后,由于旋风叶片1的导向作用而产生强烈的旋转,混在气流中的大颗粒杂质(水滴、油滴)和粉尘颗粒在离心力作用下被分离出来,沉到杯底,空气在通过滤芯2的过程中得到进一步净化。挡水板4可防止气流的漩涡卷起存水杯中的积水。图9-10(b)所示为空气过滤气图形符号。

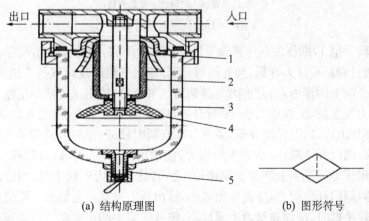

(a) 结构原理图　　(b) 图形符号

图9-10　空气过滤器的结构原理图和图形符号

3. 气源调节装置

气源调节装置通常指气动三联件。气动三联件一般由空气过滤器、减压阀、油雾器3部分组成,安装在用气设备附近,是压缩空气质量和压力的调节装置,如图9-11所示。

(1) 空气过滤器(分水滤气器)　过滤器可进一步除去压缩空气中的水分和固体杂质,进一步净化气源(详见气源净化装置)。

(2) 减压阀　在气动系统中,空气压缩机先将空气压缩,储存在贮气罐内,然后经管路输送给各个气动装置使用。而贮气罐的空气压力往往比各台设备实际所需要的压力高些,同时其压力波动值也较大。因此,需要用减压阀(调压阀)将其压力减到每台装置所需的压力,并使减压后的压力稳定在所需压力值上。

减压阀有直动式和先导式两种。直动式减压阀通径小于 20～25 mm,输出压力在 0～1.0 MPa 范围内最为适当,超出这个范围应选用先导式。

图 9-12 所示为常用的直动式减压阀结构原理,此阀可利用手柄直接调节调压弹簧来改变阀的输出压力。

图 9-11　气动三联件的外观

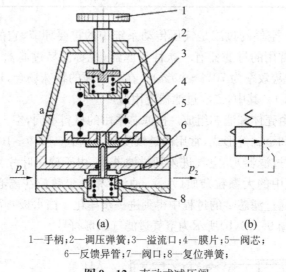

1—手柄;2—调压弹簧;3—溢流口;4—膜片;5—阀芯;
6—反馈导管;7—阀口;8—复位弹簧;

图 9-12　直动式减压阀

顺时针旋转手柄 1,则压缩调压弹簧 2 推动膜片 4 下移,膜片又推动阀芯 5 下移,阀口 7 被打开,气流通过阀口后压力降低;与此同时,部分输出气流经反馈气孔 6 进入膜片气室,在膜片上产生一个向上的推力,当此推力与弹簧力相平衡时,输出压力便稳定在一定的值上。

若输入压力发生波动,如压力 p_1 瞬时升高,则输出压力 p_2 也随之升高,作用在膜片上的推力增大,膜片上移,向上压缩弹簧,溢流口 3 有瞬时溢流,并靠复位弹簧 8 及气压力的作用,使阀杆上移,阀门开度减小,节流作用增大,使输出压力 p_2 回降,直到新的平衡为止,重新平衡后的输出压力又基本上恢复至原值;反之,若输入压力瞬时下降,则输出压力也相应下降,膜片下移,阀门开度增大,节流作用减小,输出压力又基本上回升至原值。

逆时针旋转手柄时,压缩弹簧力不断减小,膜片气室中的压缩空气经溢流口不断从排气孔 a 排出,进气阀芯逐渐关闭,直至最后输出压力降为零。

(3) 油雾器　油雾器是一种特殊的注油装置,其作用是以压缩空气为动力把润滑油雾化以后注入空气流中,并随空气流进入需要润滑的部件,达到润滑的目的。

普通油雾器的结构,如图 9-13 所示。压缩空气从输入口进入后,一部分气体从小孔 a

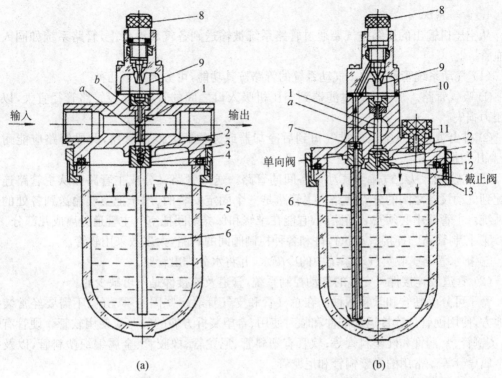

1—喷嘴；2、7—钢球；3—弹簧；4—阀座；5—储油杯；6—吸油管；
8—节流阀；9—视油器；10—密封垫；11—油塞；12—密封圈；13—螺母

图 9-13　普通油雾器

经特殊单向阀进入贮油杯 5 的上腔 c 中，使油面受压，油经吸油管 6 将单向阀的钢球 7 顶起。钢球上部管口是一个小方形孔，不能被钢球完全封死，油能不断地经节流阀 8 流入视油器 9，滴入喷嘴 1 中，再被主管道的气流从小孔 b 中引射出来，并雾化后从输出口输出。通过视油器 9 可以观察滴油量，滴油量可用节流阀 8 调节，调节范围为 0～220 滴/min。油雾器的供油量应根据气动设备的情况确定，一般以 10 m³ 自由空气供给 1 cm³ 润滑油为宜。

油雾器一般应配置在空气过滤器和减压阀之后，形成气动三联件。且油雾器的安装位置应尽量靠近换向阀，与阀的距离一般不应超过 5 m。气动三联件的安装顺序如图 9-14 所示，其图形符号如图 9-15 所示。

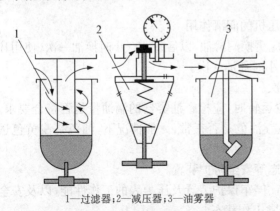

1—过滤器；2—减压器；3—油雾器

图 9-14　气动三联件的安装及工作原理图

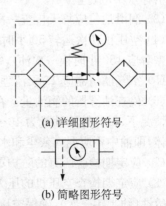

(a) 详细图形符号

(b) 简略图形符号

图 9-15　气动三联件的图形符号

4. 管路系统

从空压机输出的压缩空气要通过管路系统被输送到各气动设备上,管路系统如同人体的血管。

(1) 气动系统管路分类　气动系统的管路按其功能,可分为如下几种。

① 吸气管路。从吸入口过滤器到空压机吸入口之间的管路,此段管路管径宜大,以降低压力损失。

② 排出管路。从空压机排气口到后冷却器或贮气罐之间的管路,此段管路应能耐高温、高压与振动。

③ 气管路。从贮气罐到气动设备间的管路。送气管路又分成主管路和从主管路连接分配到气动设备之间的分支管路。主管路是一个固定安装的、用于把空气输送到各处的耗气系统。主管路中必须安装断路阀,它能在维修和保养期间把空气主管道分离成几部分。

④ 控制管路。连接气动执行件和各种控制阀间的管路,大多数采用软管。

⑤ 排水管路。收集气动系统中的冷凝水,并将水分排出管路。

(2) 管道及连接件　完整的气动控制系统,管道及连接件是不可缺少的。

管子可分为硬管和软管两种。在总气管和支气管等一些固定不动的、不需要经常装拆的地方,使用硬管。连接运动部件和临时使用、希望装拆方便的管路应使用软管。硬管有铁管、黄铜管、紫铜管和硬塑料管等;软管有塑料管、尼龙管、橡胶管、金属编织塑料管,以及挠性金属导管等。常用的是紫铜管和尼龙管。

气动系统中使用的管接头的结构及工作原理与液压管接头基本相似,分为卡套式、扩口螺纹式、卡箍式、插入快换式等。

任务实施

气源装置(空气压缩机及气源净化装置)的日常维护保养工作包括:

(1) 保持机器清洁。

(2) 冷凝水排放。冷凝水排放涉及整个气动系统,从空压机、后冷却器、贮气罐、管道系统直到各处的空气过滤器、干燥器和自动排水器等。在作业结束时,应当将各处的冷凝水排放掉,以防夜间温度低于0℃时冷凝水结冰。由于夜间管道内温度下降,会进一步析出冷凝水,故每天在气动装置运转前应将冷凝水排出,并要注意检查自动排水器是否工作正常,水杯内的存水不应过量。

(3) 润滑油位应每天检查一次,确保空压机的润滑作用。

(4) 空压机初次运转50小时或一周后应更换润滑油,以后每300小时换油一次(使用环境较差者应150小时换一次油),每运转36小时加油一次。

(5) 空气滤清器应15天清理或更换一次。

(6) 检查油雾器的滴油量。在气动装置运转时,应检查油雾器的滴油量是否符合要求,一般情况下,每分钟滴油量为10～15滴;检查油色是否正常,一般情况下,油色是浅黄色透明液体,即油中不应混入灰尘和水分。

(7) 应定期检验所有的防护罩、警告标志等安全防护装置。

(8) 应定期检查空压机的压力释放装置、停车保护装置及压力表的工作性能,以及安全阀灵敏性(约半年一次),确保空压机处于正常工作状态。

任务9.3 气动执行元件的认识和选用

知识点

常用气动执行元件的结构特点和工作原理。

技能点

掌握气动执行元件的应用,能合理选用气动执行元件。

任务引入

如图9-16所示,气动压印机用于塑料件的压印加工。如果气源装置提供的压缩空气的压力为0.7 MPa,该气动冲床所能输出的最大输出力为0.8 kgf,最大有效行程为300 mm,试确定该气动压印机所用气缸的类型和主要结构参数。

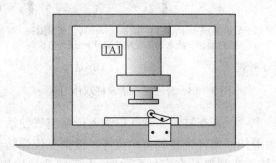

图9-16 压印机示意

任务分析

要确定气缸的类型和主要结构参数,必须了解气缸的结构及基本参数的计算方法。

相关知识

一、普通气缸的结构和原理

普通气缸指活塞式气缸,即缸筒内有活塞和活塞杆的气缸,其结构形式与活塞式液压缸基本相同。图9-17所示为普通气缸的实物图和结构图,主要由活塞杆、活塞、前缸盖、后缸盖、密封圈及缸筒等组成。

普通气缸有单作用和双作用气缸两种。

 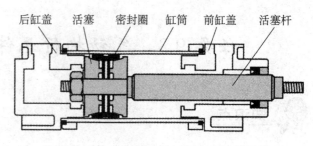

(a) 实物图　　　　　　　　　　(b) 结构图

图 9-17　普通气缸

双作用气缸如图 9-18 所示，通过无杆腔和有杆腔交替进气和排气，活塞杆伸出和缩回，气缸实现往复直线运动。

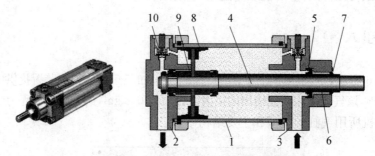

1—缸筒；2—后缸盖；3—前缸盖；4—活塞杆；5—防尘密封圈；6—导向套；
7—密封圈；8—活塞；9—缓冲柱塞；10—缓冲节流阀

(a) 外观　　　　　　　　　　(b) 结构

图 9-18　普通型单活塞杆双作用缸

单作用气缸如图 9-19 所示，在缸盖一端气口输入压缩空气使活塞杆伸出，而另一端靠弹簧力、自重或其他外力等使活塞杆恢复到初始位置。根据复位弹簧位置，将作用气缸分为预缩型气缸和预伸型气缸。当弹簧装在有杆腔内时，由于弹簧的作用力而使气缸活塞杆初始位置处于缩回位置，这种气缸称为预缩型单作用气缸；当弹簧装在无杆腔内时，气缸活塞杆初始位置为伸出位置的称为预伸型气缸。

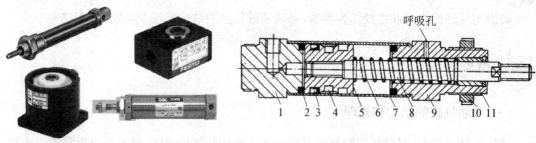

(a) 几种型号单作用气缸外观　　　　　　　　　　(b) 结构

1—后缸盖；2—橡胶缓冲垫；3—活塞密封圈；4—导向环；
5—活塞；6—弹簧；7—缸筒；8—活塞杆；9—前缸盖；10—螺母；11—导向套

图 9-19　单作用气缸

二、气缸的缓冲装置

活塞杆在往复运动中,运行到行程终端换向时,有较大的撞击能。若气缸的行程较短或速度较低,一般在活塞两侧设有缓冲垫。而运动速度较大或行程较长时,仅靠缓冲垫已不足以吸收活塞对缸盖的冲击力,一般要在缸内设置缓冲装置。

如图 9-20 所示,气缸缓冲装置由缓冲套、缓冲密封圈和缓冲阀等组成。当活塞向右运动时,缓冲套、缓冲密封圈关闭主排气通道,活塞右侧便形成一个封闭气室,称为缓冲腔。此缓冲腔内的气体只能通过缓冲阀排出。当缓冲阀开口很小时,缓冲腔向外排气很少,活塞继续右行,缓冲腔内气压升高,使活塞减速,直至停止,避免或减轻了活塞对缸盖的撞击,达到缓冲的目的。调节缓冲阀的开口大小,即可改变缓冲能力。带缓冲阀的气缸,也称为可调缓冲气缸。

缓冲阀的节流开口不能过大,也不能过小。若节流过大,活塞接近行程终端前,可能会出现弹跳现象;若节流过小,活塞可能达不到预定的行程。

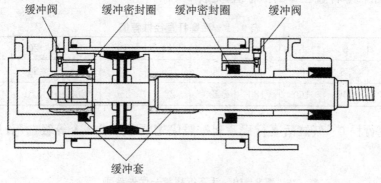

图 9-20 气缸的缓冲装置

三、气缸的图形符号

在气动系统图中,气缸用相应的图形符号表示,常见气缸的图形符号见表 9-7。

表 9-7 常见气缸的图形符号

单作用气缸	双作用气缸		
	普通气缸	缓冲气缸	
弹簧压入	单活塞杆	不可调单向	可调单向
弹簧压出	双活塞杆	不可调双向	可调双向

四、气缸的规格

气缸的结构和参数都已系列化、标准化和通用化。标准气缸是指气缸的功能和规格是普遍使用的,是普通厂商通常作为通用产品供应给市场的气缸,如符合国际标准 ISO6430、ISO6431 或 ISO6432 的普通气缸或符合我国标准 GB 8103—87(即 ISO6431)、德国标准 DIN ISO6431 等气缸都是标准气缸。气缸内径 D(简称缸径)和活塞行程 L 是选择气缸的重要参数。

(1) 气缸内径 D　气缸内径 D 见表 9-8(GB 2348)。

表 9-8　气缸缸径尺寸系列　　　　　　　　　　　　　　　　　　D/mm

8	10	12	16	20	25	32	40	50	63	80	(90)
100	(110)	125	(140)	160	(180)	200	(220)	250	320	400	500	630

注:括号内数非优先选用。

另外,气缸活塞杆直径 d 的推荐值,见表 9-9。

表 9-9　活塞杆直径推荐值　　　　　　　　　　　　　　　　　　单位:mm

4	5	6	8	10	12	14	16	18	20	22	25
28	32	36	40	45	50	56	63	70	80	90	100
110	125	140	160	180	200	220	250	280	320	360	—

(2) 活塞行程 L　气缸活塞行程系列按照优先顺序分成 3 个等级选用,见表 9-10～9-12。

表 9-10　活塞行程第一优先系列　　　　　　　　　　　　　　　　L/mm

25	50	80	100	125	160	200	250	320	400
500	630	800	1 000	1 250	1 600	2 000	2 500	3 200	4 000

表 9-11　活塞行程第二优先系列　　　　　　　　　　　　　　　　L/mm

	40			63		90	110	14	180
220	280	360	450	500	700	900	1 100	1 400	1 800
2 200	2 800	3 600							

表 9-12　活塞行程第三优先系列　　　　　　　　　　　　　　　　L/mm

240	260	300	340	380	420	480	530	600	650
750	850	950	1 050	1 200	1 300	1 500	1 700	1 900	2 000
240	2 600	3 000	3 400	3 800					

五、普通气缸的设计计算

1. 气缸的理论输出力

普通双作用气缸的理论推力为

$$F_0 = \frac{\pi}{4}D^2 p, \tag{9-2}$$

式中，D 表示缸径(m)；p 表示气缸的工作压力(Pa)。

理论拉力为

$$F_1 = \frac{\pi}{4}(D^2 - d^2)p, \tag{9-3}$$

式中，d 表示活塞杆直径，估算时可令 $d = 0.3D$，单位为 m。

普通单作用气缸(预缩型)理论推力为

$$F_0 = \frac{\pi}{4}D^2 p - F_{t1}, \tag{9-4}$$

理论拉力为

$$F_1 = F_{t2}。 \tag{9-5}$$

普通单作用气缸(预伸型)理论推力为

$$F_0 = F_{t2}, \tag{9-6}$$

理论拉力为

$$F_1 = \frac{\pi}{4}(D^2 - d^2)p - F_{t1}, \tag{9-7}$$

式中，F_{t1} 表示压缩空气进入气缸后，弹簧处于被压缩状态时的弹簧力(N)；F_{t2} 表示安装状态时的弹簧力(N)。

2. 气缸的负载率

气缸的负载率(η)是指气缸的实际负载力 F 与理论输出力 F_0 之比，即

$$\eta = \frac{F}{F_0} \times 100\%。 \tag{9-8}$$

负载力是选择气缸的重要因素，负载情况不同，作用在活塞轴上的实际负载力也不同。表 9-13 为几种典型负载状态与负载力的关系。

表 9-13 负载状态与负载力

负载状态	提升	夹紧	水平滚动	水平滑动
负载力	$F = W$	$F = K$(夹紧力)	$F = \mu W$ 取摩擦系数 $\mu = 0.1 \sim 0.4$	$F = \mu W$ 取摩擦系数 $\mu = 0.2 \sim 0.8$

负载率有两种选取方法，一是根据负载的运动状态选取负载率，见表 9-14；二是根据气缸的工作压力选取负载率，见表 9-15。

表 9-14 负载率与负载的运动状态的关系

负载的运动状态	静载荷(如夹紧、低速压铆)	动载荷	
		气缸速度 50~500 mm/s	气缸速度 >500 mm/s
负载率 η	≤0.7	≤0.5	≤0.3

表 9-15 负载率与气缸工作压力的关系

p/MPa	0.16	0.20	0.24	0.30	0.40	0.50	0.60	0.70~1
η	0.1~0.3	0.15~0.4	0.2~0.5	0.25~0.6	0.3~0.65	0.35~0.7	0.4~0.75	0.45~0.75

【例 9-1】 用双作用气缸水平推动台车,负载质量 $m=150\,\text{kg}$,台车与床面间摩擦系数 $\mu=0.3$,气缸行程 $L=300\,\text{mm}$,要求气缸的动作时间 $t=0.8\,\text{s}$,工作压力 $p=0.5\,\text{MPa}$。试选定缸径。

解:轴向负载力为

$$F=\mu mg=0.3\times150\times9.8=450(\text{N}),$$

气缸的平均速度为

$$v=\frac{s}{t}=\frac{300}{0.8}=375(\text{mm/s})。$$

按表 9-14 选取负载率为 $\eta=0.5$,则理论输出力为

$$F_0=\frac{F}{\eta}=\frac{450}{0.5}=900(\text{N})。$$

由式(9-2),得双作用气缸缸径为

$$D=\sqrt{\frac{4F_0}{\pi p}}=\sqrt{\frac{4\times900}{\pi\times0.5}}=47.9(\text{mm}),$$

故选取双作用缸的缸径为 50 mm。

六、气缸的选择要求

合理选用气缸,就是使气缸符合正常的工作条件,主要包括工作压力范围、负载要求、工作行程、工作介质温度、环境条件(温度等)、润滑条件及安装要求等。一般,对气缸有如下几个选择要点:

(1) 根据气缸的负载状态和负载运动状态确定负载力 F 和负载率 η,再根据使用压力应小于气源压力 85% 的原则,按气源压力确定使用压力 p。对单作用缸按杆径与缸径比为 0.5、双作用缸杆径与缸径比为 0.3~0.4 预选,并根据式(9-2)~(9-4)便可求得缸径 D,将所求出的 D 值标准化即可。

(2) 根据气缸及传动机构的实际运行距离来预选气缸的行程,为便于安装调试,对计算出的距离以加大 10~20 mm 为宜,但不能太长,以免增大耗气量。

(3) 根据使用目的和安装位置确定气缸的品种和安装形式,可参考相关手册或产品样本。

(4) 为获得缓慢而平稳的运动,可采用气-液阻尼缸。普通气缸的运动速度为 0.5～1 m/s 左右,对高速运动的气缸应选用缓冲缸或在回路中加缓冲。

七、气缸的使用要求

气缸一般有如下使用要求:

(1) 气缸的一般工作条件是周围环境及介质温度在 5～60℃ 范围内,工作压力在 0.4～0.6 MPa 范围内(表压)。超出此范围时,应考虑使用特殊密封材料及十分干燥的空气。

(2) 不使用满行程工作(特别在活塞伸出时),以避免撞击损坏零件。

(3) 注意合理润滑,除无油润滑气缸外,应正确设置和调整油雾器;否则,将严重影响气缸的运动性能,甚至不能工作。

(4) 气缸使用时,必须注意活塞杆强度问题。由于活塞杆头部的螺纹受冲击会破坏,大多数场合活塞杆承受的是推力负载。因此,必须考虑细长杆的压杆稳定性,以及气缸水平安装时,活塞杆伸出因自重而引起活塞杆头部下垂的问题。安装时,还要注意受力方向,活塞杆不允许承受径向载荷。

(5) 活塞杆头部连接处,在大惯性负载运动停止时,往往伴随着冲击,且由于冲击作用而容易引起活塞杆头部遭受破坏。因此,在使用时应检查负载的惯性力,设置负载停止的阻挡装置和缓冲装置,以及消除活塞杆上承受的不合理的作用力。

任务实施

一、选择气动压印机气缸的类型

根据气动压印机的工作特点,选用双作用气缸作为气动压印机的执行元件。

二、气缸主要参数的计算

1. 气缸内径的确定

(1) 负载力的计算   根据表 9-13,负载力等于最大输出力 800 kgf。

(2) 气缸负载率 η 的选择   根据表 9-15 选择气动压印机的负载率 $\eta = 0.5$。

(3) 气缸内径的计算   具体如下:

已知 $F = 800 \text{ kgf} = 800 \times 9.8 = 7840 \text{ (N)}$,$\eta = 0.5$,$p = 0.7 \text{ MPa}$,则

$$D = \sqrt{\frac{4F}{\pi p \eta}} = \sqrt{\frac{4 \times 7840}{\pi \times 0.7 \times 0.5}} = 168.88 \text{(mm)}.$$

圆整后,根据表 9-8 选取气缸内径 $D = 200$ mm。

2. 气缸活塞杆直径的确定

在确定气缸活塞杆直径时,一般按 $d/D = 0.2 \sim 0.3$ 计算,必要时也可按 $d/D = 0.16 \sim 0.4$ 计算,计算后圆整再按推荐选取。活塞杆直径的推荐值见表 9-9。

根据公式 $d/D = 0.2 \sim 0.3$ 确定气缸活塞杆直径,即

$$d = (0.2 \sim 0.3)D = (0.2 \sim 0.3) \times 200 = 40 \sim 60 (\text{mm})。$$

圆整后,根据表 9-9 选取活塞杆直径 $d = 50$ mm(注:在气缸型号的选择中,该参数往往只作为参考参数)。

3. 气缸的行程确定

根据工作要求,气动压印机最大有效行程为 300 mm,故气缸的行程初定 300 mm。

气动压印机用的气缸在工作时速度较快,需选择有缓冲装置的气缸。所以,根据上述计算应选择内径为 200 mm,活塞杆直径为 50 mm,有效行程为 300 mm,且带有缓冲装置的气缸。根据这些参数及要求,可确定某一厂家的气缸。

知识链接

一、常见特殊气缸

1. 气-液阻尼缸

气-液阻尼缸是由气缸和液压缸构成的组合缸。它由气缸产生驱动力,用液压缸的阻尼调节作用获得平稳运动。这种气缸常用于机床和切削加工的进给驱动装置,用于克服普通气缸在负载变化较大时容易产生的爬行或自移现象,可以满足驱动刀具进行切削加工的要求。

图 9-21 所示为串联式气-液阻尼缸原理,它的液压缸和气缸共用同一缸体,两活塞固联在同一活塞杆上。当气缸右腔供气、左腔排气时,活塞杆伸出的同时带动液压缸活塞左移,此时,液压缸左腔排油经节流阀流向右腔,对活塞杆的运动起阻尼作用。调节节流阀便可控制排油速度。由于两活塞固联在同一活塞杆上,因此,也控制了气缸活塞的左行速度。反向运动时,因单向阀开启,所以活塞杆可快速缩回,液压缸无阻尼。油箱是为了克服液压缸两腔面积差和补充泄漏用的。

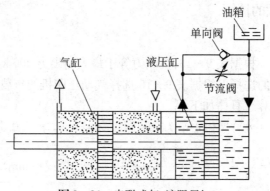

图 9-21 串联式气-液阻尼缸

2. 摆动气缸

摆动气缸是出力轴被限制在某个角度内作往复摆动的一种气缸。摆动气缸目前在工业上应用广泛,常用的摆动气缸的最大摆动角度分为 90°、180°、270°等 3 种规格。图 9-22 所示为其应用实例。按照摆动气缸的结构特点,可分为齿轮齿条式和叶片式两类。

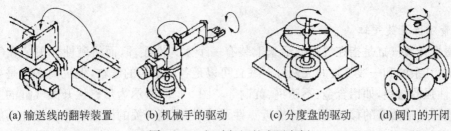

(a) 输送线的翻转装置　　(b) 机械手的驱动　　(c) 分度盘的驱动　　(d) 阀门的开闭

图 9-22　摆动气缸的应用实例

(1) 齿轮齿条式摆动气缸　齿轮齿条式摆动气缸有单齿条和双齿条两种。图 9-23 为单齿条式摆动气缸,其结构原理为压缩空气推动活塞 6 从而带动齿条组件 3 作直线运动,齿条组件 3 则推动齿轮 4 做旋转运动,由输出轴 5(齿轮轴)输出力矩。输出轴与外部机构的转轴相连,让外部机构摆动。

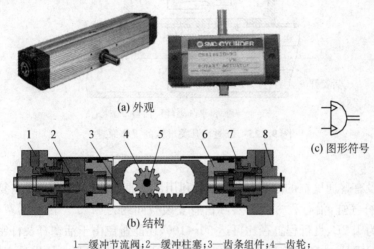

(a) 外观

(b) 结构

(c) 图形符号

1—缓冲节流阀;2—缓冲柱塞;3—齿条组件;4—齿轮;
5—输出轴;6—活塞;7—缸体;8—端盖

图 9-23　齿轮齿条式摆动气缸结构原理

(2) 叶片式摆动气缸　叶片式摆动气缸可分为单叶片式、双叶片式和多叶片式等。叶片越多,摆动角度越小,但扭矩增大。单叶片型输出摆动角度小于 360°,双叶片型输出摆动角度小于 180°,三叶片型则在 120°以内。

如图 9-24(b)所示,分别为单、双叶片式摆动气缸的结构原理。在定子上有两条气路,当左腔进气时,右腔排气,叶片在压缩空气作用下逆时针转动;反之,作顺时针转动。

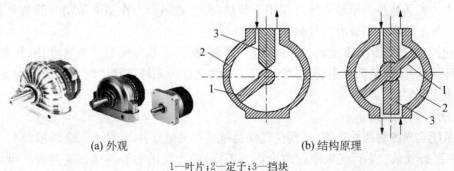

(a) 外观　　　　　　　　　　(b) 结构原理

1—叶片;2—定子;3—挡块

图 9-24　叶片式摆动气缸

3. 带磁性开关气缸

带磁性开关气缸是指在气缸的活塞上装有一个永久性磁环,而将磁性开关装在气缸的缸筒外侧,其余的和一般气缸并无两样。气缸可以是各种型号的气缸,但缸筒必须是导磁性弱、隔磁性强的材料,如铝合金、不锈钢、黄铜等。图 9-25 所示为带磁性开关气缸的工作原理图。当随气缸活塞的移动,且磁环靠近磁性开关时,舌簧开关的两根簧片被磁化而触点闭合,产生电信号;当磁环离开磁性开关后,簧片失磁,触点断开。这样,可以检测到气缸的活塞位置而控制相应的电磁阀动作。

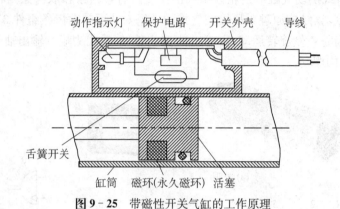

图 9-25 带磁性开关气缸的工作原理

4. 无杆气缸

无杆气缸没有普通气缸的刚性活塞杆,它利用活塞直接或间接地实现往复运动。行程为 L 的有活塞杆气缸,沿行程方向的实际占有安装空间约为 $2.2L$。没有活塞杆,则实际占有安装空间仅为 $1.2L$,且行程缸径比可达 $50\sim100$,还能避免由于活塞杆及杆密封圈的损伤而带来的故障。而且,由于没有活塞杆,活塞两侧受压面积相等,双向行程具有同样的推力,有利于提高定位精度。

这种气缸的最大优点是节省了安装空间,特别适用于小缸径、长行程的场合。无杆气缸已广泛用于数控机床、注塑机等的开门装置上,以及多功能坐标机器手的位移和自动输送线上工件的传送等。

无杆气缸主要分机械接触式和磁性耦合式两种。图 9-26 所示为一种磁性耦合的无杆气缸,它是在活塞上安装了一组高磁性的永久磁环 4,磁力线通过薄壁缸筒(不锈钢或铝合金非导磁材料)与套在外面的另一组磁环 2 作用。由于两组磁环极性相反,因此它们之间有很强的吸力。若活塞在一侧输入气压作用下移动,则在磁耦合力作用下带动套筒与负载一起移动。在气缸行程两端设有空气缓冲装置。

它的特点是体积小、重量轻,无外部空气泄漏,维修保养方便等。当速度快、负载大时,内外磁环易脱开,即负载大小受速度影响,且磁性耦合的无杆气缸中间不可能增加支撑点,最大行程受到限制。

5. 气爪(手指气缸)

气爪能实现各种抓取功能,是现代气动机械手的关键部件,如图 9-27 所示。

(1) 平行气爪 平行气爪通过两个活塞工作,两个气爪对心移动。这种气爪可以输出很大的抓取力,既可用于内抓取,也可用于外抓取。

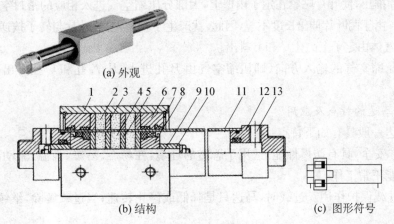

(a) 外观

(b) 结构　　　　　　　　　(c) 图形符号

1—套筒（移动支架）；2—外磁环（永久磁铁）；3—外磁导板；4—内磁环（永久磁铁）；5—内导磁板；
6—压盖；7—卡环；8—活塞；9—活塞轴；10—缓冲柱塞；11—气缸筒；12—端盖；13—进排气口

图 9-26　磁性无活塞杆气缸

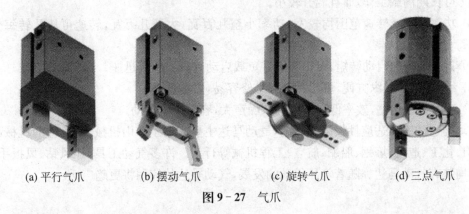

(a) 平行气爪　　　(b) 摆动气爪　　　(c) 旋转气爪　　　(d) 三点气爪

图 9-27　气爪

（2）摆动气爪　内、外抓取 40°摆角，抓取力大，并确保抓取力矩始终恒定。

（3）旋转气爪　其动作和齿轮齿条的啮合原理相似。两个气爪可同时移动，并自动对中，其齿轮齿条原理确保了抓取力矩始终恒定。

（4）三点气爪　三个气爪同时开闭，适合夹持圆柱体工件及工件的压入工作。

二、气动马达应用

气动马达是一种连续旋转运动的气动执行元件，是一种把压缩空气的压力能转换成回转机械能的能量转换装置，其作用和电动机或液压马达一样，输出转矩，驱动执行机构作旋转运动。在气压传动中，使用广泛的是叶片式、活塞式和齿轮式气动马达。

1. 叶片式气动马达的工作原理

如图 9-28 所示，压缩空气由 A 孔输入，小部分经定子两端的密封盖的槽进入叶片底部（图中未

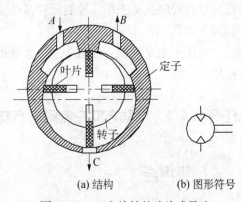

(a) 结构　　　(b) 图形符号

图 9-28　双向旋转的叶片式马达

表示),将叶片推出,使叶片贴紧在定子内壁上,大部分压缩空气进入相应的密封空间而作用在两个叶片上。由于两叶片伸出长度不等,因此,就产生了转矩差,使叶片与转子按逆时针方向旋转,做功后的气体由定子上的孔 C 和 B 排出。

若改变压缩空气的输入方向(即压缩空气由 B 孔进入,从 A 孔和 C 孔排出),则可改变转子的转向。

2. 气动马达的特点及应用

气动马达一般具有如下特点:

(1) 工作安全,具有防爆性能,适用于恶劣的环境,在易燃、易爆、高温、振动、潮湿、粉尘等条件下均能正常工作。

(2) 有过载保护作用。过载时,马达只是降低或停止转速;当过载解除,继续运转,并不产生故障。

(3) 可以无级调速。只要控制进气流量,就能调节马达的转速。

(4) 比同功率的电动机轻 1/10~1/3,输出功率惯性比较小。

(5) 可长期满载工作,而且温升较小。

(6) 功率范围及转速范围均较宽,功率小至几百瓦,大至几万瓦,转速可从几转每分到上万转每分。

(7) 具有较高的启动转矩,可以直接带负载启动,启动、停止迅速。

(8) 结构简单,操纵方便,可正、反转,维修容易,成本低。

(9) 速度稳定性差,效率低,耗气量大,噪声大,容易产生振动。

气动马达的工作适应性较强。目前,气动马达主要应用于矿山机械、专业性的机械制造业、油田、化工、造纸、炼钢、船舶、航空、工程机械等行业。许多气动工具,如风钻、风扳手、风砂轮等均装有气动马达。随着气压传动的发展,气动马达的应用将更趋广泛。

任务 9.4　气动控制元件及其控制回路的应用

在气压传动系统中,气动控制元件是用来控制和调节压缩空气的压力、流量、流动方向和发送信号的重要元件,利用它们可以组成各种气动控制回路,以保证气动执行元件或机构按设计的程序正常工作。控制元件按功能和用途,可分为方向控制阀、流量控制阀和压力控制阀 3 大类。

本任务主要掌握方向控制阀、流量控制阀和压力控制阀三类控制阀及其控制回路的应用。

任务 9.4.1　气动方向控制阀与方向控制回路的应用

知识点

方向控制阀的功用和结构原理,方向控制回路的类型及应用。

技能点

能根据设备动作要求,合理选择方向控制阀组成方向控制回路,实现对系统的动作控制。

 任务引入

如图 9-29 所示,气动送料装置中,工件从垂直料仓中被推到传送带上,并由传送带送到加工位置。工件的推出通过一个气缸来实现,按下按钮,气缸的活塞杆伸出将工件从料仓中推出;松开按钮,气缸活塞杆返回,为下次送料作好准备。试根据要求设计该气动机构的控制回路。

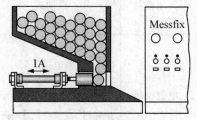

图 9-29 送料装置

 任务分析

要完成所述要求,必须了解方向控制阀和方向控制回路的知识。

 相关知识

方向控制阀主要有单向型方向控制阀、换向型方向控制阀。换向型方向控制阀,即气动换向阀,用于通断气路或改变气流方向,从而控制气动执行元件起动、停止和换向的元件,它是气动系统中应用最多的一种控制元件。

气动换向阀与液压换向阀相比,有很多相似之处,包括结构原理、控制方式,以及位、通的规定和图形符号的画法。

按阀的控制方式,气动换向阀可分人力控制、机械控制、气压控制、电磁控制等,控制方式的符号见表 9-16。

表 9-16 换向阀按控制方式的符号表示

人力控制	⊢ 一般手动操作	⊢ 按钮式
	⊢ 手柄式、带定位	⊢ 脚踏式

(续表)

机械控制	控制轴		滚轮杠杆式
	单向滚轮式		弹簧复位
气压控制	直动式		先导式
电磁控制	单电控		双电控
	先导式双电控,带手动		

1. 气压控制换向阀

气压控制换向阀是以压缩空气为动力来实现阀的切换,使气路换向或通断的换向阀。气压控制换向阀的用途很广,多用于组成全气阀控制的气压传动系统或易燃、易爆以及高净化等场合。

(1) 单气控加压式换向阀 图9-30所示为二位三通单气控加压截止式换向阀的工作原理。图9-30(a)所示是无气控信号K时的状态(即常态)。此时,阀芯1在弹簧2的作用下处于上端位置,使阀口A与O相通,A口排气。图9-30(b)所示是在有气控信号K时阀的状态(即动力阀状态)。由于气压力的作用,阀芯1压缩弹簧2下移,使阀口A与O断开,P与A接通,A口有气体输出。图9-30(c)所示是图形符号。图9-31为二位三通单气控加压截止式换向阀的结构图,这种结构简单、紧凑、密封可靠、换向行程短,但换向力大。

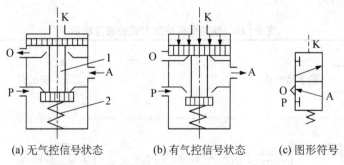

(a) 无气控信号状态　　(b) 有气控信号状态　　(c) 图形符号

图9-30　单气控加压截止式换向阀的工作原理

(2) 双气控加压式换向阀 图9-32为二位五通双气控加压式换向阀的工作原理图。图9-32(a)所示为有气控信号K_2时阀的状态,此时阀停在左边,其通路状态是P与A,B

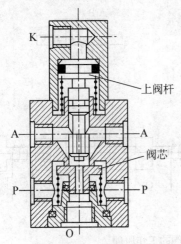

图9-31 二位三通单气控加压截止式换向阀的结构

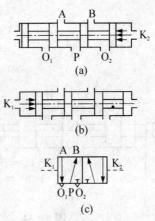

图9-32 双气控加压式换向阀的工作原理和图形符号

与 O_2 相通。图9-32(b)为有气控信号 K_1 时阀的状态(此时信号 K_2 已不存在),阀芯换位,其通路状态变为 P 与 B,A 与 O_1 相通。双气控滑阀具有记忆功能,即气控信号消失后,阀仍能保持在有信号时的工作状态。

2. 电磁控制换向阀

电磁换向阀是利用电磁力的作用实现阀的切换,以控制气流的流动方向。常用的电磁换向阀有直动式和先导式两种。

(1) 直动式电磁换向阀 图9-33为直动式单电控电磁阀的工作原理图,它只有一个电磁铁。图9-33(a)为常态情况,即电磁线圈不通电,此时阀在复位弹簧的作用下处于上端位置,其通路状态为 A 与 O 相通,T 口排气。当通电时,电磁铁1推动阀芯2向下移动,气路换向,其通路为 P 与 A 相通,A 口进气,如图9-33(b)所示。图9-33(c)所示为图形符号。

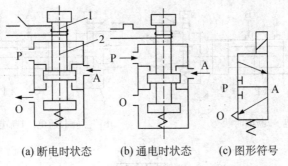

(a) 断电时状态　(b) 通电时状态　(c) 图形符号

图9-33 直动式单电控电磁阀的工作原理

图9-34为直动式双电控电磁阀的工作原理图,它有两个电磁铁。当线圈1通电、线圈2断电,如图9-34(a)所示,阀芯3被推向右端,其通路状态是 P 与 A,B 与 O_2 相通,A 口进气、B 口排气。当线圈1断电时,阀芯仍处于原有状态,即具有记忆性。当电磁线圈2通电、线圈1断电,如图9-34(b)所示,阀芯3被推向左端,其通路状态是 P 与 B,A 与 O_1 相通,B 口进气、A 口排气。若电磁线圈2断电,气流通路仍保持原状态。

(2) 先导式电磁换向阀 直动式电磁阀是由电磁铁直接推动阀芯移动的,当阀通径较

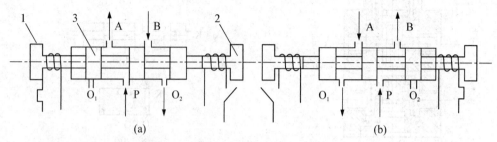

图 9-34 直动式双电控电磁阀的工作原理

大时,用直动式结构所需的电磁铁体积和电力消耗都必然加大,为克服此弱点可采用先导式结构。

先导式电磁阀是由电磁先导阀首先控制气路,产生先导压力,再由先导压力推动主阀阀芯,使其换向。

图 9-35 所示为先导式双电控换向阀的工作原理图。当先导阀 1 的线圈通电,而先导阀 2 断电时,如图 9-35(a)所示,由于主阀 3 的 K_1 腔进气、K_2 腔排气,使主阀阀芯向右移动。此时 P 与 A、B 与 O_2 相通,A 口进气、B 口排气。当先导阀 2 通电,而先导阀 1 断电时,如图 9-35(b)所示,主阀的 K_2 腔进气、K_1 腔排气,使主阀阀芯向左移动。此时 P 与 B、A 与 O_1 相通,B 口进气、A 口排气。先导式双电控电磁阀具有记忆功能,即通电换向,断电保持原状态。为保证主阀正常工作,两个电磁阀不能同时通电,电路中要考虑互锁。

先导式电磁换向阀便于实现电、气联合控制,所以应用广泛。

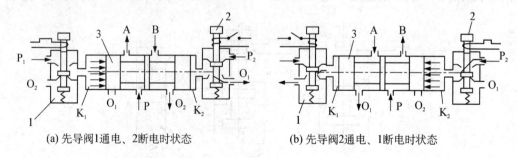

(a) 先导阀1通电、2断电时状态　　　　(b) 先导阀2通电、1断电时状态

(c) 图形符号

图 9-35 先导式双电控换向阀的工作原理

3. 机械控制换向阀

机械控制换向阀又称行程阀,多用于行程程序控制,作为信号阀使用。常依靠凸轮、挡

块或其他机械外力推动阀芯,使阀换向。

图9-36所示为机械控制换向阀的一种结构形式。当机械凸轮或挡块直接与滚轮1接触后,通过杠杆2使阀芯5换向。其优点是减少了顶杆3所受的侧向力,同时,通过杠杆传力也减少了外部的机械压力。

4. 人力控制换向阀

人力控制换向阀,即是用人力获得轴向力使阀芯迅速移动实现换向的换向阀。这类换向阀分为手动及脚踏两种操纵方式。人力控制换向阀应安装在便于操作的地方,以防止操作者长期操作或站立引起的疲劳,且操作力不宜过大。

图9-37所示为推拉式手动控制阀的工作原理和图形符号。如用手压下阀芯,则P与B、A与O_1相通。手放开,而阀依靠定位装置保持状态不变。当用手将阀芯拉出时,则P与A、B与O_2相通,气路改变,并能维持该状态不变。

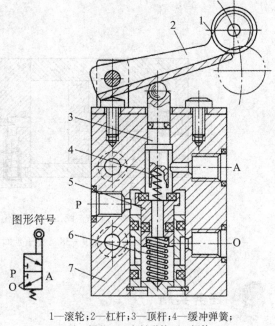

1—滚轮;2—杠杆;3—顶杆;4—缓冲弹簧;
5—阀芯;6—密封弹簧;7—阀体

图9-36 机械控制换向阀结构图

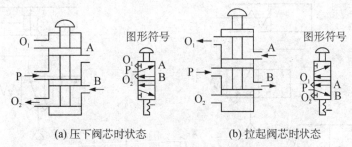

(a) 压下阀芯时状态   (b) 拉起阀芯时状态

图9-37 推拉式手动控制阀的工作原理和图形符号

手动阀的操控方式除了推拉式,还有按钮式、旋钮式等多种形式。

5. 气压延时换向阀

图9-38所示为气压延时换向阀,它是一种带有时间信号元件的换向阀,由气容C和一个单向节流阀组成时间信号元件,用来控制主阀换向。当K口通入信号气流时,气流通过节流阀1的节流口进入气容C,经过一定时间后,使主阀心4左移而换向。调节节流口的大小,可控制主阀延时换向的时间,一般延时时间为几分之一秒至几分钟。去掉信号气流后,气容C经单向阀快速放气,主阀心在左端弹簧作用下返回右端。

在不允许使用时间继电器(电控制)的场合(如易燃、易爆、粉尘大等),使用气压延时换向阀进行时间控制就显出其优越性。

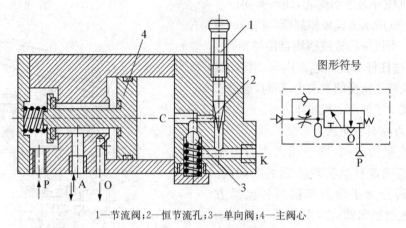

1—节流阀；2—恒节流孔；3—单向阀；4—主阀心

图 9-38 气压延时换向阀及图形符号

 任务实施

采用气动换向阀实现送料装置的回路设计，如图 9-39 所示。本任务执行元件可以采用单作用或双作用气缸两种方案解决。当气缸活塞行程较小时，可采用单作用气缸，如图 9-39(a)所示；行程较大时，可采用双作用气缸，如图 9-39(b)所示。

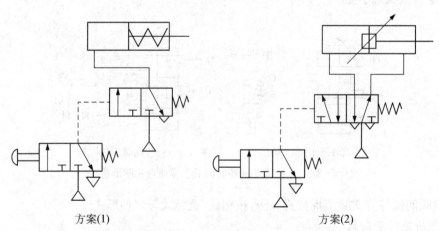

方案(1)　　　　　　　　　方案(2)

图 9-39 采用气动换向阀实现送料装置的控制回路

采用电磁换向阀实现送料装置的控制回路设计，如图 9-40 所示。在送料装置中采用双作用气缸，如图 9-40(a)所示；采用按钮 S1 直接控制电磁阀线圈通、断电，回路简单，如图 9-40(b)所示；采用按钮 S1 控制电磁继电器线圈通、断电，继电器触点控制电磁阀线圈通、断电，回路比较复杂，但由于继电器提供多对触点，使回路具有良好的可扩展性，如图 9-40(c)所示。采用单作用气缸时的电气控制回路图与此基本相同。

学习情境九 气动系统的分析和应用

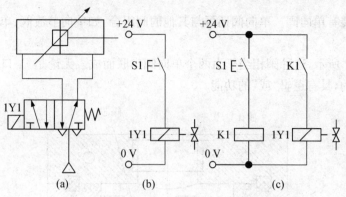

图 9-40 电磁阀换向送料装置的控制回路

知识链接

一、气动单向型控制阀

只允许气流沿一个方向流动的控制阀叫气动单向型控制阀,如单向阀、梭阀、双压阀等。

1. 单向阀

单向阀是指气流只能向一个方向流动,而不能反方向流动的阀,如图 9-41 所示,其工作原理与液压单向阀基本相同。

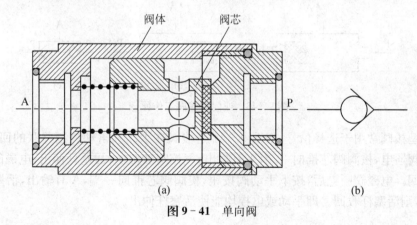

图 9-41 单向阀

正向流动时,P 腔气压推动活塞的力大于作用在活塞上的弹簧力和活塞与阀体之间的摩擦阻力,则活塞被推开,P、A 接通。为了使活塞保持开启状态,P 腔与 A 腔应保持一定的压差,以克服弹簧力。反向流动时,受气压力和弹簧力的作用,活塞关闭,A、P 不通。弹簧的作用是增加阀的密封性,防止低压泄漏;另外,在气流反向流动时帮助阀迅速关闭。单向阀特性包括最低开启压力、压降和流量特性等。因单向阀是在压缩空气作用下开启的,因此在阀开启时,必须满足最低开启压力,否则不能开启。

即使阀处在全开状态也会产生压降,因此在精密的压力调节系统中使用单向阀时,需预先了解阀的开启压力和压降值。一般最低开启压力在 $(0.1 \sim 0.4) \times 10^5$ Pa,压降在 $(0.06 \sim 0.1) \times 10^5$ Pa。在气动系统中,为防止贮气罐中的压缩空气倒流回空气压缩机,在空压机和贮气罐之间应装有单向阀。单向阀还可与其他的阀组合,如单向节流阀、单向顺序阀等。

2. 梭阀

如图 9-42 所示,这种阀相当于由两个单向阀串联而成。无论是 P_1 口,还是 P_2 输入,A 口总是有输出的,具有逻辑"或"的功能。

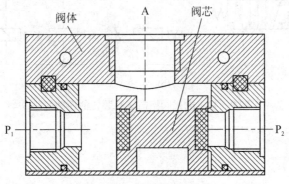

图 9-42 或门型梭阀结构

梭阀的工作原理,如图 9-43 所示。当输入口 P_1 进气时,将阀芯推向右端,通路 P_2 被关闭,于是气流从 P_1 进入通路 A,如图 9-43(a)所示;当 P_2 有输入时,则气流从 P_2 进入 A,如图 9-43(b)所示;若 P_1、P_2 同时进气,则哪端压力高,A 就与哪端相通,另一端就自动关闭。图 9-43(c)所示为其图形符号。

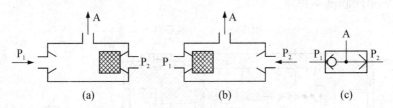

图 9-43 或门型梭阀工作原理

或门型梭阀常用于选择信号,如图 9-44 是梭阀在手动和自动控制并联的回路中的应用。电磁阀通电,梭阀阀芯推向一端,A 有输出,气控阀被切换,活塞杆伸出;电磁阀断电,则活塞杆收回。电磁阀断电后,按下手动阀按钮,梭阀阀芯推向一端,A 有输出,活塞杆伸出;放开按钮,则活塞杆收回。即手动或电控均能使活塞杆伸出。

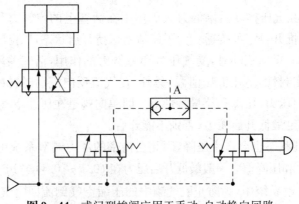

图 9-44 或门型梭阀应用于手动-自动换向回路

3. 双压阀

双压阀有两个输入口 P_1 和 P_2，一个输出口 A。当输入口 P_1、P_2 同时都有输入时，A 才会有输出，因此具有逻辑"与"的功能。图 9-45 所示是双压阀的结构，图 9-46 所示是双压阀的工作原理。

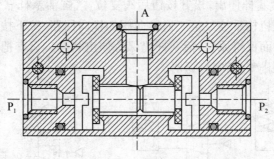

图 9-45 双压阀结构

图 9-46 双压阀工作原理

当 P_1 或 P_2 单独输入时，如图 9-46(a、b) 所示，此时 A 无输出。只有当 P_1 和 P_2 同时有输入时，A 口才有输出，如图 9-46(c) 所示。当 P_1、P_2 气体压力不等时，则气压低的通过 A 口输出。双压阀的图形符号，如图 9-46(d) 所示。

双压阀应用较广，如用于钻床控制回路中，如图 9-47 所示。只有工件定位信号压下行程阀 1 和工件夹紧信号压下行程阀 2 之后，双压阀 3 才会有输出，使气控阀换向，钻孔缸进给。定位信号和夹紧信号仅有一个时，钻孔缸不会进给。

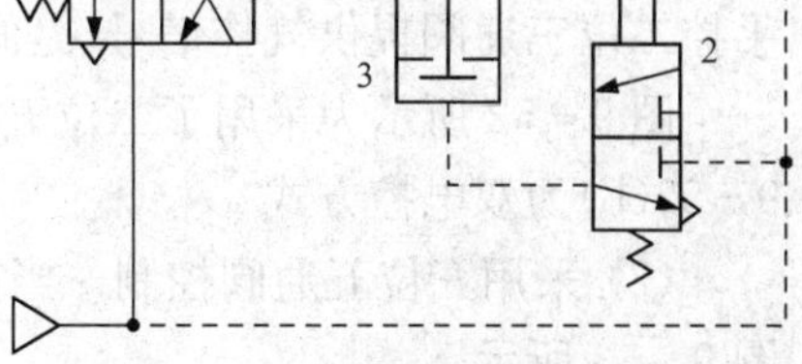

二、常见气动换向回路

气动执行元件的换向主要是利用方向控制阀来实现的。利用气动换向阀可以构成单作用执行元件和双作用执行元件的各种换向控制回路。

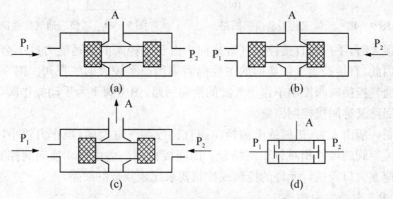

图 9-47 双压阀的应用回路

1. 单作用气缸的换向回路

单作用气缸靠气压使活塞杆朝单方向伸出,反向依靠弹簧力或自重等其他外力返回。图 9-48 所示为采用二位三通手控换向阀直接控制单作用气缸的换向回路,适用于气缸缸径较小的场合。图 9-48(a)为采用弹簧复位式手控二位三通换向阀的换向回路。按下按钮后阀进行切换,活塞杆伸出;松开按钮后阀复位,气缸活塞杆靠弹簧力返回。图 9-48(b)所示为采用带定位机构手控二位三通换向阀的换向回路,按下按钮后活塞杆伸出;松开按钮,因阀有定位机构而保持原位,活塞杆仍保持伸出状态。只有把按钮上拨时,二位三通阀才能换向,气缸进行排气,活塞杆返回。

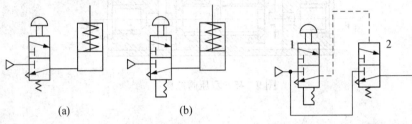

图 9-48　二位三通手动换向回路　　图 9-49　二位三通气控换向回路

当缸径很大时,手控阀直接控制气缸换向。由于手控阀的流通能力过小会影响气缸的运动速度。因此,直接控制气缸换向的主控阀需采用通径较大的气控阀。图 9-49 所示为采用二位三通气控换向阀控制单作用气缸的换向回路,图中阀 1 为手动操作阀,可用机控阀代替。这一回路又称间接控制回路。

直接控制一般由人力、机械或电磁换向阀直接控制气缸换向,操作力较小,只适用于所需气流量和控制阀的尺寸相对较小的场合。而间接控制一般由气动换向阀控制气缸换向,主要用于高速或大口径执行元件的控制或控制要求比较复杂的回路。

2. 双作用气缸的换向回路

双作用气缸的换向回路是指通过控制气缸两腔的供气和排气来实现气缸的伸出和缩回运动的回路。

(1) 采用二位五通阀控制　图 9-50 所示为采用二位五通手动换向阀直接控制双作用气缸换向回路。其中,图 9-50(a)所示为采用弹簧复位的手动二位五通阀换向回路,它是不带记忆的换向回路;图 9-50(b)所示为采用有定位机构的手动二位五通阀,是有记忆的手控阀换向回路,是直接控制方向的换向回路。图 9-51 所示为采用二位五通气控换向阀控制双作用气缸换向回路,图中的换向回路采用了单气控二位五通阀为主控阀,由带定位机构的手控二位三通阀提供气控信号,是间接控制换向回路。

图 9-52 所示为采用了二位五通阀电气控制的换向回路,图 9-52(a)为单电控方式,图 9-52(b)为双电控方式。

(2) 采用三位五通阀控制　当需要中间定位时,可采用三位五通阀构成的换向回路,如图 9-53 所示。

图 9-53(a)所示为双气控三位五通阀换向回路。当 m 信号输入时,换向阀移至左位,气缸活塞杆伸出;当 n 信号输入时,换向阀至右位,气缸活塞杆缩回;当 m、n 均排气时,换向阀回到中位,活塞杆在中途停止运动。图 9-53(b)是用双电控气动三位五通阀组成的换向回路。活塞可在中途停止运动,由电气控制线路控制。

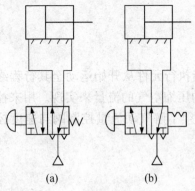

图9-50 二位五通手动换向回路

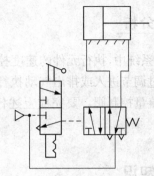

图9-51 二位五通气控换向回路

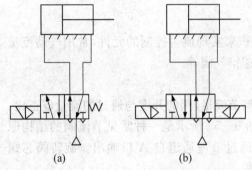

图9-52 二位五通电气控制换向回路

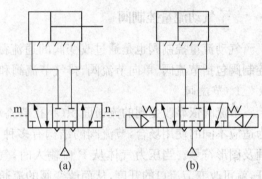

图9-53 三位五通阀换向回路

任务 9.4.2　气动流量控制阀与速度控制回路的应用

知识点

流量控制阀和速度控制回路的原理。

技能点

能根据设备工作要求,合理选择流量控制阀组成速度控制回路,实现对系统速度的控制。

任务引入

图 9-54 所示的剪板机可以剪裁不同大小的板材,在防护网罩(图中未画出)放下后,按下一个按钮使刀具伸出进行裁切,裁切结束后刀具自动缩回。为保证裁切质量,要求刀具伸出时有较高的速度;返回时应减少冲击,速度则不应过快。试设计该气动剪板机速度控制回路。

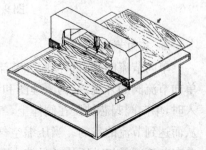

图9-54 剪板机示意

 **任务分析**

气压传动系统中,执行元件的速度控制是指执行元件从开始运动至其行程终点平均速度的控制,通过调节进入或排出气动执行元件的压缩空气的流量来实现。用来控制气体流量的阀,称为流量控制阀。要完成上述任务,必须了解气动流量控制阀与速度控制回路的知识。

 **相关知识**

一、气动流量控制阀

气动流量控制阀也是通过改变阀的通流截面积来实现流量控制的元件,常用气动流量控制阀包括节流阀、单向节流阀、排气节流阀和快速排气阀等。

1. 节流阀

节流阀依靠改变阀的流通面积(小孔节流)来调节流量,阀的开度与通过的流量成正比。为适应不同的使用场合,节流阀的结构有多种。图 9-55 所示是一种常见节流阀的结构原理及图形符号。当压力气体从 P 口输入时,气流通过节流通道自 A 口输出。旋转阀芯螺杆,就可改变节流口的开度,从而改变阀的流通面积。

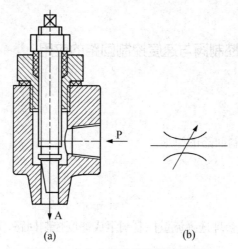

图 9-55 节流阀的结构及图形符号

2. 单向节流阀

单向节流阀是由单向阀和节流阀并联而成的组合式流量控制阀。图 9-56 所示是一种单向节流阀的外观、结构原理图和图形符号。当压缩空气从图所示的单向节流阀的右腔进入时,单向阀阀芯被压在阀体上,气体只能通过由调节螺钉调整大小的节流口从左腔输出,从而达到节流的目的。当压缩空气从左腔进入时,气体推开单向阀阀芯,直接从右腔流出。单向节流阀是气动压传动系统中最常用的速度控制元件,常称为速度控制阀。

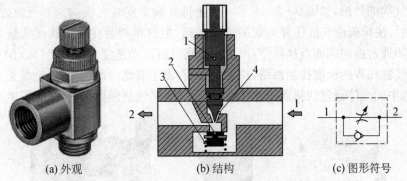

(a) 外观　　(b) 结构　　(c) 图形符号

1—调节针阀；2—单向阀阀芯；3—压缩弹簧；4—节流口

图 9-56　单向节流阀

3. 排气节流阀

排气节流阀是装在执行元件的排气口处，调节排至大气中气体流量的一种控制阀。它不仅能调节执行元件的运动速度，还常带有消声器件，所以也能起降低排气噪声的作用。

图 9-57 所示为排气节流阀的结构原理和图形符号。其工作原理和节流阀类似，靠调节节流阀 1 处的通流面积来调节排气流量，由消声套 2 来减小排气噪声。排气节流阀通常安装在换向阀的排气口处，与换向阀联用，起单向节流阀作用。

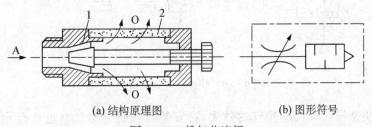

(a) 结构原理图　　(b) 图形符号

图 9-57　排气节流阀

4. 快速排气阀

快速排气阀又称快排阀，是令气缸快速排气，从而加快气缸运动速度的气动阀。

图 9-58 所示为快速排气阀工作原理图。进气口 P 处进入压缩空气，并将密封活塞迅速上推，开启阀口 2，同时关闭排气口 O，使进气口 P 和工作口 A 相通，如图 9-58(a) 所示。P 口没有压缩空气进入时，在 A 口和 P 口压差作用下，密封活塞迅速下降，关闭 P 口，使 A 口通过 O 口快速排气，如图 9-58(b) 所示。

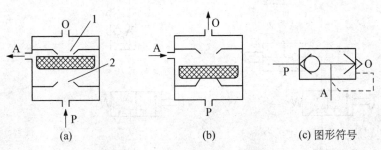

(a)　　(b)　　(c) 图形符号

图 9-58　快速排气阀工作原理

快速排气阀的外形,如图9-59所示。快速排气阀常安装在换向阀和气缸之间。如图9-60(a)所示,快排阀使气缸往复运动加速的回路,把快排阀装在换向阀和气缸之间,使气缸排气时不用通过换向阀而直接排空,可大大提高气缸运动速度。如图9-60(b)所示,快排阀用于加速气缸回程的速度控制回路,按下手动阀,由于节流阀的作用,气缸缓慢进气;手动阀复位,气缸中的气体通过快排阀迅速排空,因而缩短了气缸回程时间,提高了生产率。

图9-59 快速排气阀的外形

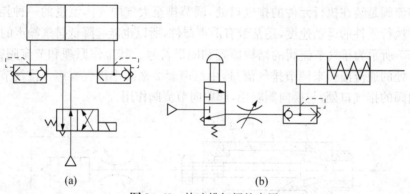

图9-60 快速排气阀的应用

为了保证快速排气阀快速排气的效果,在安装时应把它尽量靠近执行元件的排气侧。图9-61所示的两个回路都希望实现单作用气缸的伸出节流调速和快速返回控制。但在图(a)中,活塞返回时,气缸的排气要通过单向节流阀才能从快速排气阀的排气口排出;在图(b)中,气缸的排气则是直接通过快速排气阀的排气口排出,因此更加合理。

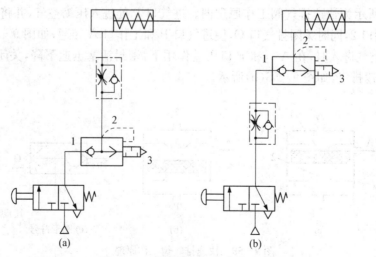

图9-61 快速排气阀安装方式比较

二、气动系统常用的调速方式

根据节流阀在回路中的位置不同,一般可以将气压传动中的速度控制方式分为进气节流速度控制和排气节流速度控制,如图 9-62 所示。

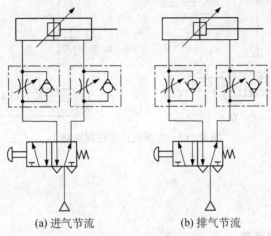

(a) 进气节流　　　　(b) 排气节流

图 9-62　气缸两种速度控制方式

1. 进气节流

图 9-62(a)所示是采用进气节流,气流经节流阀调节后进入气缸,推动活塞运动。气缸排出的气体不经过节流阀,通过单向阀自由排出。采用进气节流进行速度控制,活塞上微小的负载波动都会导致气缸活塞速度的明显变化,使得气运动速度稳定性较差;当负载的方向与活塞运动方向相同时(负值负载),可能会出现活塞不受节流阀控制的前冲现象。该方法仅用于单作用气缸、小型气缸或短行程气缸的速度控制。

2. 排气节流

图 9-62(b)所示是采用排气节流,压缩空气经单向阀直接进入气缸,推动活塞运动。气缸排出的气体则必须通过节流阀节流后才能排出,气缸排气腔由于排气受阻形成背压。排气腔形成的这种背压,减少了负载波动对速度的影响,提高了运动的稳定性,使排气节流成为最常用的调速方式。在负值负载时,排气节流由于有背压的存在,活塞不会出现前冲现象。

 任务实施

剪板机速度控制回路设计如图 9-63 所示。采用 3 个行程开关来检测网罩放下及气缸活塞杆的位置,并采用电气控制方式来完成。气缸通过安装在有杆腔的快速排气阀来实现活塞的高速伸出。为减少冲击,气缸返回时在气缸无杆腔安装一个单向节流阀对气缸返回进行节流排气,实现稳定的慢速返回。

本任务也可以采用全气动控制方式来实现,请读者自行画出。

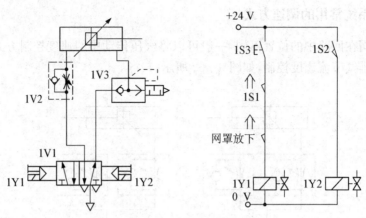

图9-63 剪板机速度控制回路

知识链接

气液转换速度控制回路

由于空气的可压缩性,气缸活塞的速度很难平稳,尤其在负载变化大时其速度波动更大。在有些场合,例如机械切削加工中的进给气缸要求速度平稳、加工精确,普通气缸难以满足此要求。为此可使用气液转换器或气液阻尼缸,形成气液转换速度控制回路,实现平稳的进给运动。

1. 采用气液转换器的速度控制回路

如图9-64所示是采用气液转换器的双向调速回路,执行元件是液压缸,但原动力还是压缩空气。由换向阀1输出的压缩空气通过气液转换器2转换成油压,推动液压缸4作前进与后退运动。两个节流阀3串联在油路中,可控制液压缸活塞进、退运动的速度。由于油是不可压缩的介质,因此其调节的速度容易控制、调速精度高、活塞运动平稳。

需要注意的是,气液转换器的贮油容积应大于液压缸的容积,而且要避免气体混入油中;否则,就会影响调速精度与活塞运动的平稳性。

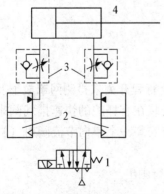

图9-64 采用气液转换器的双向调速回路

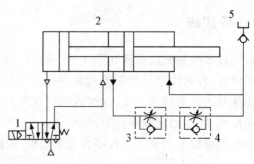

图9-65 气液阻尼缸双向调速回路

2. 采用气液阻尼缸的速度控制回路

图 9-65 所示为串联型气液阻尼缸双向调速回路。由换向阀 1 控制气液阻尼缸 2 的活塞杆前进与后退，阀 3 和阀 4 调节活塞杆的进、退速度，油杯 5 起补充回路中少量漏油的作用。此油路用气缸传递动力，由液压缸进行阻尼和稳速，由于调速是在液压缸和油路中进行的，因而调速精度高、运动速度平稳。这种调速回路应用广泛，尤其在金属切削机床中用得最多。

任务 9.4.3　气动压力控制阀及压力控制回路的应用

知识点

压力控制阀和压力控制回路的工作原理。

技能点

掌握压力控制阀和压力控制回路的应用，能根据设备工作要求，合理选择压力控制阀组成压力控制回路，实现对系统压力的控制。

任务引入

图 9-66 所示为气动夹紧装置，利用气缸带动夹具活动端向前推进，并夹紧工件，要求气缸的推力能随工件的材料和大小改变随时调整，保证所需的夹紧力。试设计该气动夹紧装置夹紧压力的控制回路。

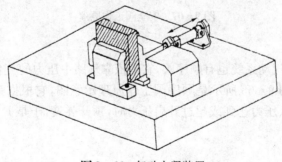

图 9-66　气动夹紧装置

任务分析

气动系统的压力控制主要指控制、调节气动系统中压缩空气的压力，以满足系统对压力的要求。气动系统的压力控制需要通过气动压力控制阀组成压力控制回路来实现。本任务需要掌握气动压力控制阀及其控制回路的应用知识。

一、常用压力控制阀

1. 调压阀(减压阀)

调压阀实质是减压阀,可以将较高的空气压力降低,并保持调节后的压力稳定,以满足使用要求。调压阀(减压阀)结构及原理见任务 9.2。

2. 安全阀(溢流阀)

除了调压阀(减压阀),为了限定系统最高压力,防止元件和管路损坏,气动系统还需要能在出现超过系统最高设定压力时自动排气的安全阀(溢流阀)。

图 9-67 所示是安全阀工作原理图。当系统中气体压力在调定范围内时,作用在活塞 3 上的压力小于弹簧 2 的预调和力,活塞处于关闭状态,如图 9-67(a)所示。当气压升高时,作用在活塞 3 上的压力大于弹簧的预定压力时,活塞 3 向上移动,阀门开启排气,如图 9-67(b)所示。直到气压降到调定范围以下,活塞又重新关闭。开启压力的大小与弹簧的预压量有关。

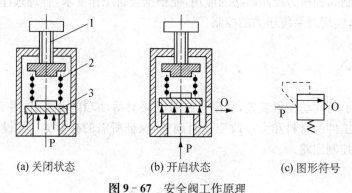

图 9-67 安全阀工作原理

3. 顺序阀

和液压系统一样,气动系统也有顺序阀,它是依靠气路中压力的变化控制执行元件顺序动作的压力控制阀。图 9-68 所示是顺序阀工作原理示意图,它根据弹簧的预压缩量来控制其开启压力。当输入压力达到或超过开启压力时,顶开弹簧,于是 P 到 A 才有输出;反之 A 无输出。

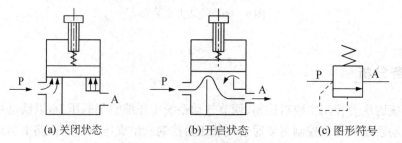

图 9-68 顺序阀工作原理示意图

顺序阀一般很少单独使用，往往与单向阀配合在一起，构成单向顺序阀。图9-69所示为单向顺序阀的工作原理图。压缩空气由左端进入阀腔后，作用于活塞3上的气压力超过压缩弹簧2上的力时，将活塞顶起，压缩空气从P经A输出，如图9-69(a)所示，此时单向阀4在压差力及弹簧力的作用下处于关闭状态。反向流动时，输入侧变成排气口，输出侧压力将顶开单向阀4由O口排气，如图9-69(b)所示。

调节手柄1就可改变单向顺序阀的开启压力，以便在不同的开启压力下，控制执行元件的顺序动作。

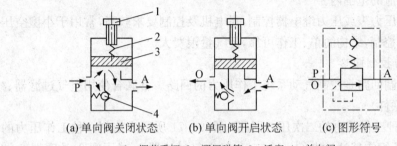

(a) 单向阀关闭状态　　(b) 单向阀开启状态　　(c) 图形符号

1—调节手柄；2—调压弹簧；3—活塞；4—单向阀

图9-69　单向顺序阀工作原理图

二、常用气动压力控制回路

在气动系统中，压力控制不仅是维持系统正常工作必需的，而且也是关系到总的经济性、安全性及可靠性的重要因素。气动压力控制回路通常可分为一次压力控制回路和二次压力控制回路。

1. 一次压力控制回路

一次压力控制回路主要目的是控制贮气罐的压力，使贮气罐内压力保持在规定范围内。图9-70所示回路是用于控制压缩空气站的贮气罐的输出压力，使之既不超过调定的最高压力值，也不低于调定的最低压力值，以保证贮气罐定量且安全贮气的一次压力控制回路。

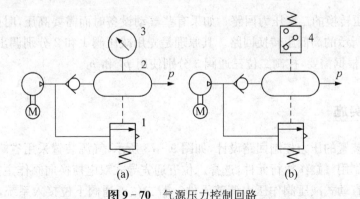

图9-70　气源压力控制回路

如图9-70(a)所示，空气压缩机由电动机带动，启动后，压缩空气经单向阀向贮气罐2内送气，罐内压力上升。当p升到最大值p_{max}时，电触点压力表3内的指针碰到上触点，即控制其中间继电器断电,控制电动机停转,压缩机停止运转,压力不再上升;当压力 p 下降到最小值 p_{min} 时,指针碰到下触点,使中间继电器闭合通电,控制电动机起动和压缩机运转,并向贮气罐供气,p 上升。上、下两触点可调。

如图9-70(b)所示,用压力继电器(压力开关)4代替了图(a)中的电触点压力表3。压力继电器同样可调节压力的上限值和下限值,这种方法常用于小容量压缩机的控制。该回路中的安全阀1的作用是当电触点压力表、压力继电器或电路发生故障而失灵后,导致压缩机不能停止运转,贮气罐内压力不断上升,当压力达到调定值时,该安全阀会打开溢流,使 p 稳定在调定压力值的范围内。

采用电触点压力表或压力继电器控制,对电机及控制要求较高,常用于小型空压机的控制。采用溢流阀控制,结构简单、工作可靠,但气量浪费大。

2. 二次压力控制回路

二次压力控制回路是控制气动系统工作压力的回路。常联合使用空气过滤器、减压阀、油雾器(气动三联件)。

(1) 控制一种工作压力的二次压力回路　图9-71所示为控制一种工作压力的二次压力控制回路,从压缩空气站过来的压缩空气,经空气过滤器1、减压阀2、油雾器3供给气动设备使用,在其过程中,调节减压阀就能得到气动设备所需的工作压力 p。应该指出,这里的油雾器3主要用于对气动换向阀和执行元件润滑。如果采用无给油润滑气动元件,则不需要油雾器。

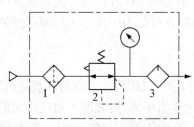

图9-71　一种工作压力控制回路

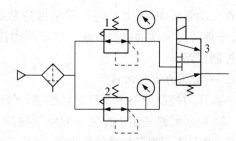

图9-72　高低压转换回路

(2) 高低压转换的二次压力回路　如果有些气动设备时而需要高压,时而需要低压,可采用图9-72所示的高低压转换回路。其原理是先用减压阀1和2分别调出两种不同的压力 p_1 和 p_2,再根据需要,控制二位三通阀3分别使用 p_2 和 p_1。

任务实施

气动夹紧装置的压力控制回路设计,如图9-73所示,气源装置采用省略简化画法。选择单活塞杆双作用气缸作执行元件,选择二位五通先导式双电控换向阀作主控阀(电气控制线路略),选择直动式减压阀作压力调节元件。若二位五通阀下位接入系统,压缩空气经阀进入气缸的下腔,气缸活塞缩回;若二位五通阀上位接入系统,压缩空气经阀进入气缸的上腔,气缸活塞伸出,进行工件夹紧。随着工件的材料和大小改变,所需夹紧力不同,可调整减压阀的输出压力,改变气缸的推力,从而使压紧力满足工作需要。

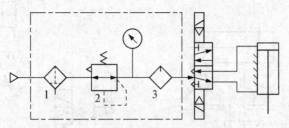

图9-73 夹紧装置的压力控制回路

知识链接

其他常用回路

1. 安全保护回路

气动机构负荷的过载、气压的突然降低以及气动执行机构的快速动作等原因,都可能危及操作人员或设备的安全,因此在气动系统中,常常要设计安全回路。

(1) 过载保护回路 图9-74所示为过载保护回路。正常工作时,按下手动阀1,主控阀2切换至左位,气缸活塞右行。当活塞杆上的挡块碰到行程阀5时,控制气体又使阀2切换至右位,活塞缩回。在气缸活塞右行时,若遇到故障而造成负载过大,使气缸左腔压力升高到超过预定值,顺序阀3打开,控制气体经梭阀4将主控阀2切换至右位,使活塞杆缩回,气缸左腔的气体经阀2排掉,这样就防止了系统过载。

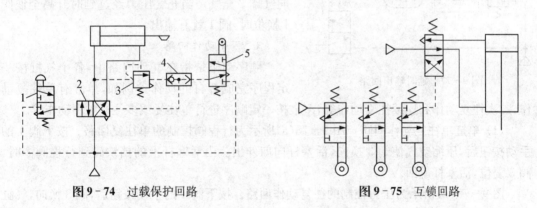

图9-74 过载保护回路　　　　图9-75 互锁回路

(2) 互锁回路 图9-75所示为一互锁回路,回路中主控阀(二位四通阀)的换向受3个串联的机动三通阀的控制。即只有在3个机动阀都接通,主控阀才能换向,活塞杆才能向下伸出。

(3) 双手操作回路 所谓双手操作回路就是使用两个手动阀,且只有同时按动两个阀才动作的回路。在锻造、冲压机械上常用来避免产生误动作,以保护操作者的安全。

图9-76所示为双手操作回路,图9-76(a)所示为使用逻辑与回路的双手操作回路。为使主控阀3换向,必须使压缩空气信号进入阀3左侧,为此必须使两只三通手动换向阀1和2同时换向,而且,这两个阀必须安装在单手不能同时操作的距离上。在操作时,如任何一只手离开,则控制信号消失,主控阀复位,活塞杆后退。

图9-76(b)所示为使用三位主控阀的双手操作回路。把此主控阀1左信号A作为手

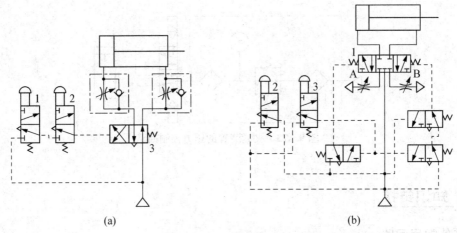

图 9-76 双手操作回路

动阀 2 和 3 的逻辑与回路,亦即只有手动阀 2 和 3 同时动作时,主控阀 1 换向到左位,活塞杆前进。把右信号 B 作为手动阀 2 和 3 的逻辑或非回路,即当手动阀 2 和 3 同时松开时(图示位置),主控制阀 1 换向到右位,活塞杆返回。若手动阀 2 或 3 任何一个动作,将使主控阀复位到中位,活塞杆处于停止状态。

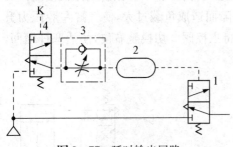

图 9-77 延时输出回路

2. 延时回路

图 9-77 所示为延时输出回路。当阀 4K 口有控制信号时,压缩空气经阀 4 和单向节流阀 3 向气罐 2 充气。当充气压力经过延时升高至使阀 1 换位时,阀 1 就有输出。

3. 顺序动作回路

顺序动作是指在气动回路中,各个气缸按一定程序完成各自的动作。例如,单缸有单往复动作、二次往复动作和连续往复动作等,多缸按一定顺序进行单往复或多往复顺序动作等。

(1) 单缸单往复动作回路 图 9-78(a)所示为行程阀控制的单往复回路。按下阀 1 的手动按钮后,压缩空气使阀 3 换向,活塞杆向前伸出。当活塞杆上的挡铁碰到行程阀 2 时,阀 3 复位,活塞杆返回。

图 9-78(b)所示为压力控制的往复动作回路。按下阀 1 的手动按钮后,阀 3 换向,气缸无杆腔进气使活塞杆伸出(右行),同时气压还作用在顺序阀 2 上。当活塞到达终点后,无杆腔压力升高,并打开顺序阀 2,使阀 3 又切换至右位,活塞杆缩回(左行)。

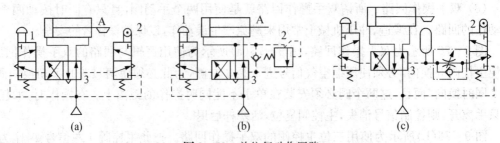

图 9-78 单往复动作回路

图9-78(c)所示是利用延时回路形成的时间控制单往复动作回路。按下阀1的手动按钮后,阀3换向,气缸活塞杆伸出。压下行程阀2后,延时一段时间后,阀3才能换向,然后活塞杆再缩回。

(2) 单缸连续往复动作回路 图9-79所示为单缸连续往复动作回路,它能在机动换向阀(行程阀)3和2的安装距离之间完成连续的运动循环,且活塞杆的初始位置是将行程阀3压下的状态。按下阀1的按钮后,阀4换向,活塞杆向右运动,这时由于阀3复位而将气路封闭,使阀4不能复位,活塞杆继续前进。到行程终点压下行程阀2,使阀4控制气路排气,在弹簧作用下阀4复位,活塞杆返回;在终点压下阀3,在控制压力下阀4又切换到左位,活塞杆再次前进。就这样连续往复,只有当提起阀1的按钮后,阀4复位,活塞杆返回而停止运动。

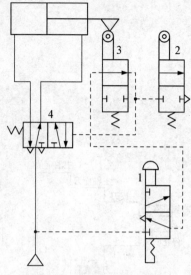

图9-79 连续往复动作回路

任务9.5 气动系统的分析、维护和故障诊断

任务9.5.1 气压传动系统分析

知识点

气动元件和基本回路的应用。

技能点

能分析气动系统的工作原理。

任务引入

试分析图9-80所示的H400型数控加工中心换刀部分气压传动系统的工作原理。

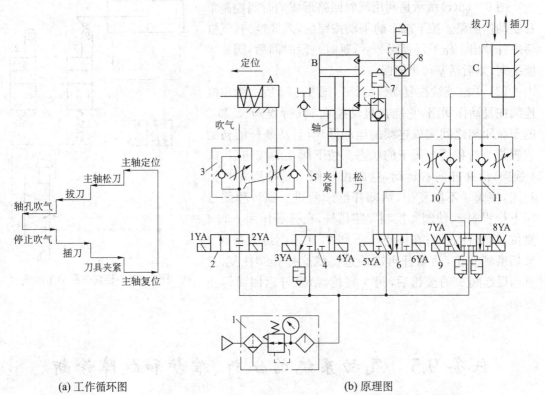

(a) 工作循环图　　　　　　　　　(b) 原理图

1—气动三联件；2—二位二通电磁换向阀；3、5、10、11—单向节流阀；4—二位三通电磁换向阀；
6、9—二位五通电磁换向阀；7—消声器；8—快速排气阀

图 9-80　数控加工中心换刀部分气压传动系统

任务分析

正确分析气压传动系统的工作原理是对气动设备维护保养、安装调试、故障排除等工作的必要条件。本任务要求综合运用所学知识，正确分析气动系统工作过程。

任务实施

数控加工中心是具有快速换刀功能，能进行铣、钻、镗、攻螺纹等加工，一次装夹后能自动完成工件的大部分或全部加工的数控机床。加工中心自动换刀装置一般由气压传动系统控制，其功能是将夹持在机床主轴上的刀具和刀具库或刀具传送装置上的刀具进行交换。这种数控加工中心的换刀机构不需要机械手，结构比较简单，其刀库转位由伺服电机通过齿轮、蜗杆蜗轮的传动来实现。数控加工中心气压传动系统的换刀过程如下：主轴定位—主轴松刀—机械手拔刀—向主轴锥孔吹气—机械手插刀—刀具夹紧—主轴复位。

（1）主轴定位　当数控系统发出换刀指令，主轴停转，同时 4YA 通电。压缩空气经气动三联件1、换向阀4、单向节流阀5进入主轴定位缸A右腔，缸A的活塞左移，主轴自动定位。

（2）主轴松刀　主轴定位后，压下无触点开关，6YA 通电，压缩空气经阀6、阀8进入气

液增压缸 B 的上腔,缸增压腔的高压油使活塞伸出,实现主轴松刀。

(3) 机械手拔刀　主轴松刀同时 8YA 通电,压缩空气经阀 9、阀 11 进入缸 C 的上腔,活塞下移实现机械手拔刀。

(4) 主轴锥孔吹气　回转刀库交换刀具的同时,1YA 通电,压缩空气经阀 2、阀 3 向主轴锥孔吹气。

(5) 机械手插刀　1YA 断电、2YA 通电,停止吹气,8YA 断电、7YA 通电,压缩空气经阀 9、阀 10 进入缸 C 的下腔,活塞上移机械手插刀。

(6) 刀具夹紧　6YA 断电、5YA 通电,压缩空气经阀 6 进入气液增压缸 B 的下腔,使活塞退回(上移),主轴的机械机构使刀具夹紧。

(7) 主轴复位　4YA 断电、3YA 通电,缸 A 的活塞在弹簧力作用下复位,带动主轴复位,恢复刀具开始状态,换刀过程结束。

任务 9.5.2　气动系统故障诊断和维护

知识点

气动系统使用与维护的基本知识,常见故障诊断与排除的方法。

技能点

能根据气动系统使用与维护的基本知识,以及气动故障诊断与排除的方法解决实际问题。

任务引入

图 9-80 所示 H400 型数控加工中心气动换刀系统出现以下故障:
(1) 该加工中心换刀时,向主轴锥孔吹气,把含有铁锈的水分子吹出,并附着在主轴锥孔和刀柄上。
(2) 该加工中心换刀时,主轴松刀动作缓慢。

请根据故障的现象,分析故障原因,提出维修方案。并针对该气压传动系统,制定合理的预防性维修方案。

任务分析

气动系统的工作效果,与气动系统的使用和维护等环节直接有关。如果能科学、正确地使用气动系统,则可发挥其工作效率,减少故障,延长使用寿命。而气动系统的故障诊断能力是应用气动系统的重要能力,需要掌握气动系统的故障类型和诊断方法,并不断积累实践经验来加强。

一、气动系统故障的分类和分析方法

1. 气动系统故障分类

根据故障发生的时期、内容和原因,将故障分为初期故障、突发故障和老化故障。

(1) 初期故障　主要是元件加工、装配不良,设计失误,安装不良,维护管理不善,在调试阶段和开始运转的二三个月内发生的故障。

(2) 突发故障　系统在稳定运行时期突然发生的故障。

(3) 老化故障　个别或少数元件达到使用寿命后发生的故障,其发生期限是可以预测的。

2. 故障的诊断方法

(1) 经验法　可按中医诊断病人的"望、闻、问、切"4字法诊断故障。

① 望:看执行元件的运动速度有无异常变化,各测压点的压力表显示的压力是否符合要求,有无大的波动;润滑油的质量,滴油是否符合要求;电磁阀指示灯显示是否正常;紧固螺钉及管接头有无松动;管道有无扭曲和压扁,有无明显振动存在;加工产品质量有无变化;冷凝水能否正常排出;换向阀排气口排出空气是否干净。

② 闻:包括耳闻和鼻闻。例如,执行元件及换向阀换向时,有无异常声音;系统停止工作,但尚未泄压时,各处漏气情况;电磁线圈和密封圈有无因过热而发出的特殊气味等。

③ 问:查阅系统的技术档案,了解系统的工作程序、运行要求及主要技术参数;查阅产品样本,了解每个元件的作用、结构、性能;查阅维护检查记录,了解日常维护保养工作情况;访问现场操作人员,了解设备运行情况,了解故障发生前的征兆及故障发生时的状况,了解曾经出现过的故障及排除方法。

④ 切:触摸手感相对运动件外部和电磁线圈等处的温升,感到烫手,则应查明原因;触摸气缸、管道等处有无振动感、有无爬行感、各接头、元件处手感有无漏油、漏气等。

(2) 逻辑推理　原则是由简到繁、由易到难、由表及里地逐一进行分析,排除掉不可能的和非主要的故障原因。先查故障发生前曾调试或更换的元件和故障率高的元件。

(3) 仪表分析法　利用检测仪器仪表,如压力表、差压计、电压表、温度计、电秒表及其他电子仪器等,检查系统或元件的技术参数是否合乎要求。

(4) 部分停止法　即暂时停止气动系统某部分的工作,观察对故障征兆的影响。

(5) 试探反证法　即试探性地改变气动系统中部分工作条件,观察对故障征兆的影响。

(6) 比较法　即用标准的或合格的元件代替系统中相同的元件,通过工作状况的对比,来判断被更换的元件是否失效。

二、气压系统的预防性维修

对气压系统的预防性维修,是保持气压系统长期、可靠运行的基础,并且减少维修量,降低维修成本。气压系统预防性维修主要针对压缩空气和气动元件两方面进行。

1. 压缩空气污染的预防性维修

压缩空气的质量对气动系统性能的影响极大,压缩空气的污染主要来自水分、油分和粉尘3个方面。水分会使管道、阀和气缸腐蚀,油分会使橡胶、塑料和密封材料变质,粉尘会造成阀体动作失灵。针对上述问题,应采取以下预防措施:

(1) 及时排除系统各排水阀中积存的冷凝水,经常注意自动排水器、干燥器的工作是否正常,定期清洗空气过滤器、自动排水器的内部元件等。

(2) 清除压缩空气中油分。较大的油分颗粒,通过除油器和空气过滤器的分离作用同空气分开,从设备底部排污阀排除;较小的油分颗粒,则可通过活性炭吸附作用清除。

(3) 及时清洁、清扫、擦拭设备,注意保护、保持环境的清洁和保持良好的通风;选用合适的过滤器,可减少和清除压缩空气中的粉尘。

2. 气动元件的预防性维修

(1) 适度的润滑 气动系统中,从控制元件到执行元件凡有相对运动的表面都需要润滑,如润滑不良会使摩擦阻力增大、密封面磨损等,摩擦阻力增大会导致元件动作不良,密封面磨损会引起系统泄漏。预防措施是,保证空气中含有适量的润滑油。润滑的方法一般采用油雾器进行喷雾润滑,油雾器一般安装在过滤器和减压阀之后,润滑油的性质直接影响润滑效果。通常,高温环境下用高粘度润滑油,低温环境下用低粘度润滑油。如果温度特别低,为克服起雾可在油杯内装加热器。供油量是随润滑部位的形状、运动状态及负载大小而变化,一般需大于实际需要量,以每 10 m³ 自由空气供给 1 mL 的油量为基准。检查润滑是否良好的一个方法是,用一张白纸放在换向阀的排气口附近,如果阀在 3~4 个循环后,白纸上只有很轻的斑点,表明润滑良好。

(2) 保持良好的密封性 泄漏不仅增加能量的消耗,也会导致供气压力的下降,甚至会造成气动元件的工作失常。严重的漏气可凭漏气引起的响声发现;轻微的漏气,则可应用仪表或用涂抹肥皂水的办法进行检测。

(3) 保证气动元件中运动零件的灵敏性 从空气压缩机排出的压缩空气,包含有粒度为 0.01~0.08 μm 的压缩机油微粒,在高温下,这些油粒会迅速氧化,粘性增大,并逐步液态固化成油泥。当它们进入换向阀后便附在阀心上,使阀的灵敏度逐步降低,甚至出现动作失灵。为了清除油泥、保证灵敏度,可在气动系统的过滤器后,安装油雾分离器,将油泥分离出来。此外,定期清洗阀也可以保证阀的灵敏度。

(4) 制定和建立必要的定期保养制度 各类机床因其功能、结构及系统的不同,各具不同的特性。其维护保养的内容和规则也各有其特点,具体应根据其机床种类、型号及实际使用情况,并参照机床使用说明书要求,制定和建立必要的定期保养制度。具体内容可参照表 9-17。

表 9-17 气动元件的定检表

元件名称	点检内容
气缸	1. 活塞杆与端盖之间是否漏气 2. 活塞杆是否划伤、变形 3. 管接头、配管是否划伤、损坏 4. 气缸动作时,有无异常声音 5. 缓冲效果是否合乎要求

（续表）

元件名称	点检内容
电磁阀	1. 电磁阀外壳温度是否过高 2. 电磁阀动作时，工作是否正常 3. 气缸行程到末端时，通过检查阀的排气口是否有漏气来确诊电磁阀是否漏气 4. 紧固螺栓及管接头是否松动 5. 电压是否正常，电线是否损伤 6. 通过检查排气口是否被油润湿，或排气是否会在白纸上留下油雾斑点来判断润滑是否正常
油雾器	1. 油杯内油量是否足够，润滑油是否变色、混浊，油杯底部是否沉积有灰尘和水 2. 滴油量是否合适
调压阀	1. 压力表读数是否在规定范围内 2. 调压阀盖或锁紧螺母是否锁紧 3. 有无漏气
过滤器	1. 储水杯中是否积存冷凝水 2. 滤芯是否应该清洗或更换 3. 冷凝水排放阀动作是否可靠
安全阀及压力继电器	1. 在调定压力下，动作是否可靠 2. 校验合格后，是否有铅封或锁紧 3. 电线是否损伤，绝缘是否可靠

上述各项检查和修复的结果应记录下来，以作为设备出现故障时查找原因和设备大修时的参考。

任务实施

一、H400 型数控加工中心气动系统故障分析

1. 现象（一）的故障分析及处理过程

吹气吹出含有铁锈的水分子，说明空气中含有水分，水分会使管道、阀和气缸锈蚀。如采用空气干燥机，使用干燥后的压缩空气问题即可解决；若受条件限制，没有空气干燥机，也可在主轴锥孔吹气的管路上进行两次分水过滤，设置自动放水装置，并对气路中相关零件进行防锈处理，故障即可排除。

2. 现象（二）的故障分析及处理过程

根据该加工中心气动控制原理图分析，推理主轴松刀动作缓慢的原因可能是：
(1) 气动系统压力太低或流量不足。
(2) 机床主轴拉刀系统有故障，如碟型弹簧破损等。
(3) 主轴松刀气缸 B 有故障。

故障排查过程是：首先检查气动系统的压力，压力表显示压力正常。然而将机床操作转

为手动,手动控制主轴松刀,发现系统压力下降明显,气缸的活塞杆缓慢伸出,故判定气缸内部漏气。最后拆下气缸,打开端盖,压出活塞和活塞环,发现密封环破损、气缸内壁拉毛,更换新的气缸后,故障排除。

二、H400型卧式加工中心的预防性维修

(1) 管路系统点检　主要内容是对冷凝水和润滑油的管理。冷凝水的排放,一般应当在气动装置运行之前进行。但是当夜间温度低于零度时,为防止冷凝水冻结,气动装置运行结束后,应开启放水阀门排放冷凝水。补充润滑油时,要检查油雾器中油的质量和滴油量是否符合要求。此外,点检还应包括检查供气压力是否正常、有无漏气现象等。

(2) 气动元件的定检　主要内容是彻底处理系统的漏气现象。例如,更换密封元件,处理管接头或连接螺钉松动等;定期检验测量仪表、安全阀和压力继电器;定期对各润滑、气压系统的过滤器或分滤网进行清洗或更换;定期对液压系统进行油质化验检查,添加和更换液压油。

(3) 定期更换易损零件　气动系统的大修间隔期为一年或几年。其主要内容是检查系统各元件和部件,判定其性能和寿命,并对平时产生故障的部位进行检修或更换元件,排除修理间隔期间内一切可能产生故障的因素。

一、填空题

1. 空气压缩机的种类按工作原理可分为(　　　)和(　　　)两种。
2. 气动系统中,冷却器的作用是(　　　　　　)。
3. 气动系统中,油雾器的作用是(　　　　　　)。
4. 过滤器用以除去(　　　)中的油污、水分和灰尘等杂质。
5. 电磁控制换向阀按控制方法不同,可分为(　　　)和(　　　)两种。
6. 减压阀的功用是将(　　　)减到每台气动装置需要的压力并,保证减压后压力值稳定。减压阀按调压方式,可分为(　　　)和(　　　)两大类。
7. 一次压力控制回路用于控制(　　　),使之不超过规定的压力值。
8. 二次压力控制回路主要是对气动系统(　　　)的控制。
9. 气液转换速度控制回路是用(　　　)将气压变成液压,再利用液压油去驱动液压缸的速度的控制回路。
10. 安全保护回路通常有(　　　)、(　　　)、(　　　)。

二、问答题

1. 简述气压传动的优缺点。
2. 简述一个典型的气动系统由哪几个部分组成。
3. 气压传动系统对压缩空气都有哪些要求?
4. 气源装置都包括哪些设备,它们各起什么作用?

5. 空压机有哪些类型,常用的是哪类空压机?
6. 什么叫气动三联件?每个元件各起什么作用?
7. 贮气罐的作用是什么?
8. 使用气缸时,应注意哪些事项?
9. 气液阻尼缸有何用途?
10. 气压传动和液压传动的溢流阀、减压阀、顺序阀等的原理、结构及应用有何异同?
11. 写出下列阀的图形符号:二位三通双气控加压换向阀、双电控二位五通电磁换向阀、中位机能 O 型的三位五通气控换向阀、梭阀、快速排气阀、减压阀。
12. 简述梭阀的工作原理,并举其应用实例。
13. 快速排气阀为什么能快速排气?在使用和安装快速排气阀时,应注意什么问题?
14. 用一个单电控二位五通阀、一个单向节流阀、一个快速排气阀,设计一个可使双作用气缸慢进—快速返回的控制回路。
15. 图 9-81 所示为双手控制气缸往复运动回路,问此回路能否可靠工作?为什么?如不能工作需要更换哪个阀?

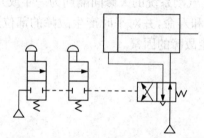

图 9-81 双手控制气缸往复运动回路

16. 试画出气缸连续往复动作回路。
17. 试分析如图 9-82 所示的气动回路的工作过程,并指出各元件的名称。

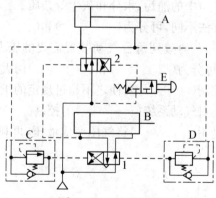

图 9-82 气动回路

18. 试分析如图 9-83 所示气动回路的工作原理。

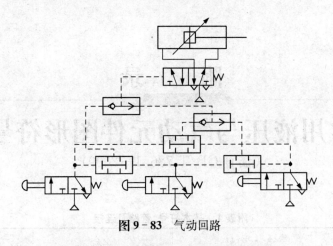

图 9-83 气动回路

19. 试分析如图 9-84 所示气动回路在启动后各缸如何动作。

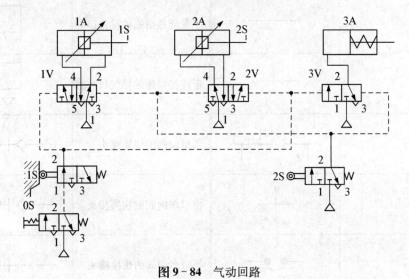

图 9-84 气动回路

附　录

常用液压与气动元件图形符号

（摘自 GB/T 786.1—2009）

附表1　基本符号、管路及连接

名称	符号	名称	符号
工作管路	 ————	不带连接措施的排气口	
控制管路	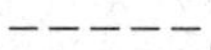 - - - - -	带连接措施的排气口	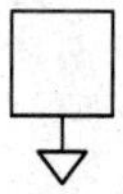
连接管路	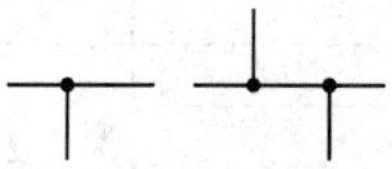	带单向阀的快换接头	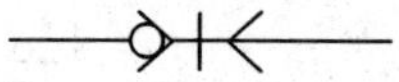
交叉管路		带双单向阀的快换接头	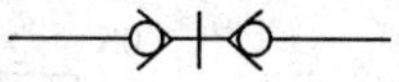
柔性管路		不带单向阀的快换接头	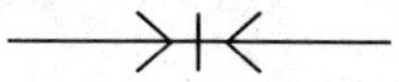
组合元件线	 - - - - -	单通旋转接头	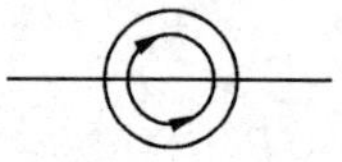
管口在液面以下的油箱	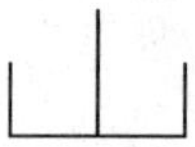	三通旋转接头	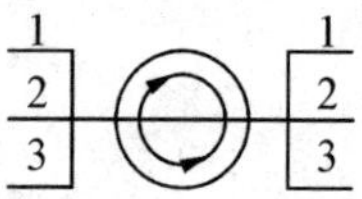
管口在液面以上的油箱	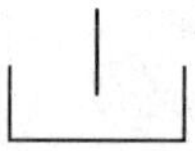	液压源	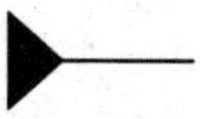
管端连接于油箱底部	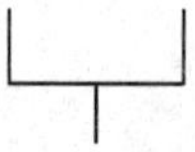	气压源	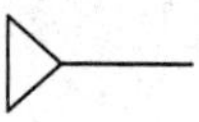

附录　常用液压与气动元件图形符号

附表 2　泵、马达和缸

名称	符号	名称	符号
单向定量液压泵		双作用单活塞杆缸	
双向定量液压泵		双作用双活塞杆缸	
单向变量液压泵		单作用伸缩缸	
双向变量液压泵		双作用伸缩缸	
单向定量马达		单作用单活塞杆弹簧复位缸	
双向定量马达		单向缓冲缸（可调）	
单向变量马达		双向缓冲缸（可调）	
双向变量马达		单作用柱塞缸	
摆动马达		气-液转换器	

245

附表3 控制机构和控制方法

名称	符号	名称	符号
按钮式人力控制		液压先导控制	
推压控制		气压先导控制	
带有定位装置的推压控制		弹簧控制	
手柄式人力控制		加压或泄压控制	
踏板式人力控制		单作用电磁铁控制	
顶杆式机械控制		双作用电磁铁控制	
带有可调行程限制的顶杆式机械控制		比例电磁铁控制	
滚轮式机械控制		步进电机控制	
电-液先导控制		内部压力控制	
电磁-气压先导控制		外部压力控制	

附表4 控制元件

名称	符号	名称	符号
单向阀		二位三通换向阀	
液控单向阀		二位四通换向阀	
二位二通换向阀		二位五通换向阀	

(续表)

名称	符号	名称	符号
三位四通换向阀		直动式减压阀	
三位五通换向阀		先导式减压阀	
不可调节流阀		直动式顺序阀	
可调节流阀		先导式顺序阀	
调速阀		卸荷阀	
单向节流阀		压力继电器	
单向调速阀		分流阀	
带消声器的节流阀		集流阀	
直动式溢流阀		或门型梭阀	
先导式溢流阀		与门型梭阀	
先导式比例电磁溢流阀		快速排气阀	

附表 5　辅助元件

名称	符号	名称	符号
过滤器		流量计	
带压力表的过滤器		手动排水流体分离器（油水分离器）	
旁路节流过滤器		自动排水流体分离器（油水分离器）	
带旁路单向阀的过滤器		空气干燥器	
冷却器		手动排水过滤器（分水滤气器）	
加热器		油雾器	
蓄能器		手动排水式油雾器	
隔膜式充气蓄能器		油雾分离器	
压力计		离心式分离器	
压差计		贮气罐	
温度计		消声器	
液位计		气源处理调节装置（气动三联件）	

参考文献

1. 陈榕林,张磊. 液压技术与应用【M】. 北京:电子工业出版社,2003.
2. 周玮,李海涛. 液压与气压传动【M】. 北京:人民邮电出版社,2013.
3. 张群生. 液压与气压传动【M】. 北京:人民邮电出版社,2003.
4. 胡海清. 气压与液压传动控制技术基本常识【M】. 北京:高等教育出版社,2005.
5. 许福玲,陈尧明. 液压与气压传动(第3版)【M】. 北京:机械工业出版社,2007.
6. 宋新萍. 液压与气压传动【M】. 北京:机械工业出版社,2008.
7. 罗洪波,曹坚. 液压与气动系统应用与维修【M】. 北京:北京理工大学出版社,2009.
8. 左健民. 液压与气压传动【M】. 北京:机械工业出版社,2011.
9. 姜佩东. 液压与气动传动【M】. 北京:高等教育出版社,2009.
10. 王文深,吴尚纯等. 液压与气动技术【M】. 北京:现代教育出版社,2011.
11. 朱梅,朱光力. 液压与气动技术【M】. 西安:西安电子科技大学出版社,2005.
12. 许亚南. 机床数控技术——气动与液压控制技术【M】. 北京:高等教育出版社,2008.
13. 唐建生. 液压与气动【M】. 北京:中国人民大学出版社,2008.
14. 宋军民,周晓峰. 液压传动与气动技术(第二版)【M】. 北京:中国劳动社会保障出版社,2009.
15. 武开军. 液压与气动技术【M】. 北京:中国劳动社会保障出版社,2008.
16. 李新德. 液压系统故障诊断与维修技术手册【M】. 北京:中国电力出版社,2009.
17. 安永东,张德生,夏巍. 汽车液压、气压与液力传动【M】. 北京:化学工业出版社,2010.
18. 贾铭新. 液压传动与控制【M】. 北京:国防工业出版社,2002.
19. 曹玉平,阎祥安. 液压传动与控制【M】. 天津:天津大学出版社,2003.
20. 周曲珠. 图解液压与气动技术【M】. 北京:中国电力出版社,2010.
21. 曹建东,龚肖新. 液压传动与气动技术【M】. 北京:北京大学出版社,2006.
22. 吴卫荣. 液压技术【M】. 北京:中国轻工业出版社. 2006.

图书在版编目(CIP)数据

液压与气动技术/陈燕春主编. —上海:复旦大学出版社,2015.3(2021.1 重印)
(复旦卓越·高职高专 21 世纪规划教材)
ISBN 978-7-309-11253-5

Ⅰ.液… Ⅱ.陈… Ⅲ.①液压传动-高等职业教育-教材②气压传动-高等职业教育-教材 Ⅳ.①TH137②TH138

中国版本图书馆 CIP 数据核字(2015)第 028987 号

液压与气动技术
陈燕春 主编
责任编辑/张志军

复旦大学出版社有限公司出版发行
上海市国权路 579 号 邮编:200433
网址:fupnet@fudanpress.com http://www.fudanpress.com
门市零售:86-21-65102580 团体订购:86-21-65104505
外埠邮购:86-21-65642846 出版部电话:86-21-65642845
大丰市科星印刷有限责任公司

开本 787×1092 1/16 印张 16 字数 370 千
2021 年 1 月第 1 版第 3 次印刷

ISBN 978-7-309-11253-5/T·530
定价:32.00 元

如有印装质量问题,请向复旦大学出版社有限公司出版部调换。
版权所有 侵权必究